普通高等教育系列教材

柴油机涡轮增压技术

第 2 版

主编　陆家祥
参编　刘云岗　李国祥　王桂华
　　　邵　莉　王仁人　闫　伟
主审　苏万华

机 械 工 业 出 版 社

本书介绍了涡轮增压器、中冷器及增压系统方面的基本构造、工作原理、柴油机增压匹配技术及计算方法，同时介绍了近期出现的新技术、新方法、新系统和新动向。本书还增设了生产部门提高产品性能和质量方面的一些新措施。本书在基本概念、基本理论、基本方法方面阐述清晰，内容丰富。本书可作为普通高等院校动力工程类专业本科生的教材和研究生的参考书，对相关工厂的科研人员也有一定参考作用。

图书在版编目（CIP）数据

柴油机涡轮增压技术/陆家祥主编. —2版. —北京：机械工业出版社，2018.7（2022.8重印）
普通高等教育系列教材
ISBN 978-7-111-60398-6

Ⅰ.①柴… Ⅱ.①陆… Ⅲ.①柴油机-涡轮增压-高等学校-教材
Ⅳ.①TK421

中国版本图书馆CIP数据核字（2018）第150193号

机械工业出版社（北京市百万庄大街22号 邮政编码100037）
策划编辑：段晓雅 责任编辑：段晓雅 程足芬 刘丽敏
责任校对：郑 婕 封面设计：张 静
责任印制：郜 敏
北京富资园科技发展有限公司印刷
2022年8月第2版第3次印刷
184mm×260mm · 12.75印张 · 304千字
标准书号：ISBN 978-7-111-60398-6
定价：35.00元

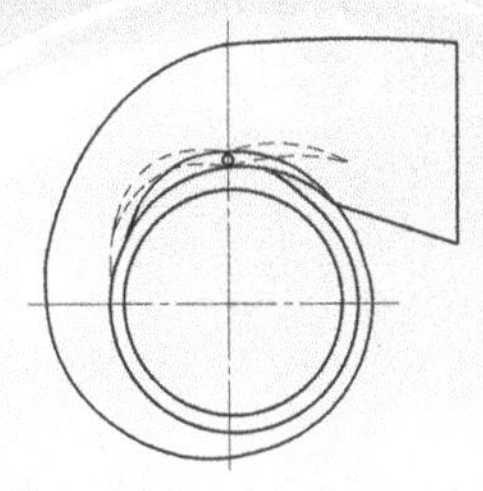

序

内燃机增压可大幅度提高内燃机的动力性、经济性和排放性能，是先进内燃机不可或缺的重要技术。内燃机增压技术涉及两个方面，一是增压器本身的技术，二是内燃机和增压器的匹配技术，两者各有自己的理论方法和技术问题，相互关联，难以分割，共同形成了内燃机增压这一学科发展领域。

陆家祥教授从20世纪60年代就开始从事内燃机增压的教学和科研工作，是我国早期从事该领域研究的专家之一。他在退休之后仍在进行这方面的研究，从未间断。他学术造诣高深，理论知识雄厚，实践经验丰富。他所领导的山东大学增压学术团队，具有很高的科学研究水平，取得了很多科研成果，为我国内燃机增压技术的发展做出了很大贡献。陆教授曾编写过多本与内燃机增压相关的教材或著作。他曾参编教材《燃气叶轮机械》（机械工业出版社，1987）、专著《车用内燃机增压》（机械工业出版社，1993），主编中国内燃机学会科技丛书《柴油机涡轮增压技术》（机械工业出版社，1999）。这些书被许多高校和企业作为教材或参考书使用，对我国内燃机增压理论和技术的教育和普及发挥了重要作用。

在我国，自《柴油机涡轮增压技术》出版以来，近二十年尚无新的内燃机增压方面的教材问世。而在这期间，随着对内燃机性能要求的不断提高，以及自动控制技术和计算机技术的普及和应用，内燃机增压技术的发展很快，涌现出许多新技术和新理论。因此，对第1版进行调整、修改和补充，以满足新时代的需求，是非常有必要的。本书就是为满足这一需求，对第1版进行修订与升级的版本。

第2版在保留第1版内燃机增压技术基本理论体系和设计计算方法的基础上，结合当前的新技术、新理论和新动向进行了修改和补充，论述了增压技术最新的发展现状，特别是在增压系统中的进、排气管和中冷器等关键附件的结构、设计和计算，可变截面增压器、二级增压、相继增压、电辅助涡轮增压等新型增压系统，以及内燃机工作过程模拟计算等技术发展较快领域。为了满足增压器设计和生产的需要，增加了提高增压器效率和可靠性，以及增压器性能试验及其专项试验和检测等方面的内容。本书对增压技术的基本概念、基本理论和技术方法进行了清晰完整的论述，内容丰富，理论体系完整，及时反映了当代的新技术和新动向，可作为高校内燃机增压课程的教材或相关科研人员的参考书。相信本书的出版将为我国内燃机增压技术的发展发挥重要作用。

2018.2.8

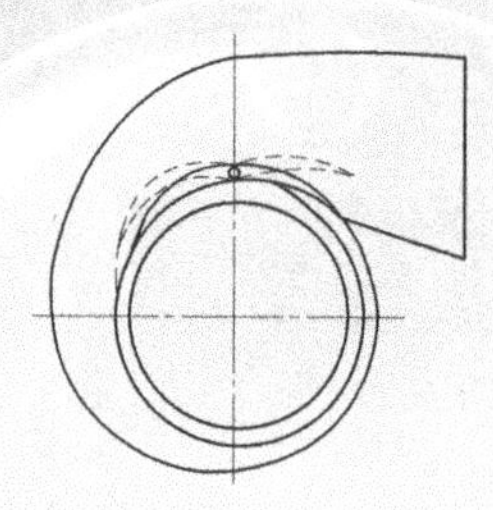

前言

《柴油机涡轮增压技术》出版近20年来，受到了广大读者的欢迎，在内燃机的生产、科研、教学等方面起到一定的积极作用。这些年来，增压技术在内燃机提高动力性、改善经济性、减少排放量等方面立下了新功，技术本身也有许多新的发展，创造了不少新纪录。编者在教学、科研和生产服务方面也有一些新体会，因此对第1版进行修订。

本书共分7章，第1章在介绍基本概念的同时反映了近期的新动向；第2~5章在增压器、中冷器及增压系统方面保留了结构、工作原理、增压匹配与计算方面的基本内容，补充了一些新技术和新计算方法。第6、7章增加了生产部门提高产品性能和质量方面的一些新措施。

本书的编写分工为：第1章的1.1节和1.2节由刘云岗教授在第1版第1、2章的基础上综合而成，1.3节由陆家祥在第1版绪论的基础上做了补充；第2章和第3章的3.1~3.4节由李国祥教授在第1版第2~5章的基础上做了调整，3.5节由闫伟教授完成；第4章的4.1.5节由陆家祥完成，其他由王仁人教授在第1版第6章的基础上做了调整；第5章由王桂华教授增加新内容并整理完成；第6章和第7章由陆家祥完成。全书由邵莉副教授负责统稿。苏万华院士负责主审，并提出了许多宝贵意见。另外，书中的“虚焊检测技术”由程勇教授及其团队发明，在此表示感谢！

本书涉及面广，而新技术像雨后春笋齐出，主编才疏学浅，错误、不妥和疏漏之处在所难免，恳请读者批评指正。

编　者

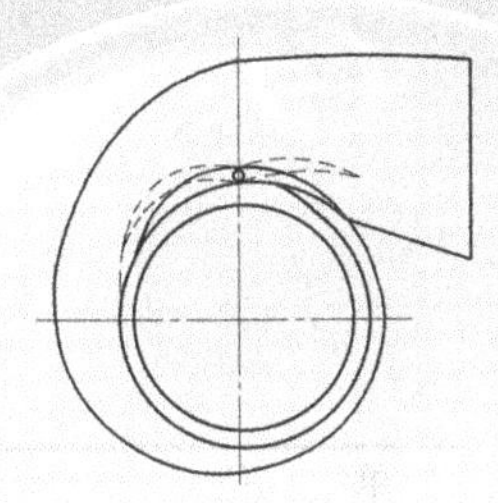

目录

主要符号表

物理量代号及名称	单　位
A——涡轮蜗壳流通截面积	m^2
BDC——下止点	
c_T——声速	m/s
b_e——有效燃油消耗率	g/(kW·h)
BSU——滤纸烟度	
c_1——喷嘴出口速度	m/s
压气机进口速度	m/s
c_2——涡轮出口速度	m/s
压气机出口速度	m/s
c_p——比定压热容	kJ/(kg·K)
c_V——比定容热容	kJ/(kg·K)
D——气缸直径	m
$dx/d\varphi$——燃烧率	
$dQ/d\varphi$——放热率	
E_c——排气门前气体的可用能量	kJ
E_T——涡轮进口气体的可用能量	kJ
f_c——喷嘴环出口面积	m^2
f_p——排气管通流面积	m^2
f_T——涡轮通流面积	m^2
f_{Ve}——排气门开启瞬时面积	m^2
H_u——燃料低热值	kJ/kg
i——汽缸数	
l_0——化学计量比	kg/kg
L_0——化学计量比	kmol/kg
n——发动机转速	r/min
n_b——增压器转速	r/min
n_1——压缩多变指数	
n_2——膨胀多变指数	
p_a——大气压力	kPa
p_b——增压压力	kPa,MPa
p_c——压缩终点压力	kPa,MPa
p_{me}——平均有效压力	kPa
p_{max}——最高燃烧压力	MPa
p_{mi}——平均指示压力	MPa
p_{inj}——喷油压力	MPa
q_{mb},q_{Vb}——进气流量	kg/s,m^3/s
q_{mT},q_{VT}——涡轮流量	kg/s,m^3/s
R——气体常数	kJ/(kg·K)

（续）

物理量代号及名称	单　位
T_a, t_a——大气温度	K,℃
T_b, t_b——压气机出口温度	K,℃
TDC——上止点	
T_r, t_r——气缸出口排气温度	K,℃
T_T, t_T——涡轮进口排气温度	K,℃
T_{tq}——转矩	N·m
v_m——活塞平均速度	m/s
V_a——气缸工作容积	m^3
W_{adb}——定熵压缩功	kJ/kg
W_{adH}——高压级压气机定熵压缩功	kJ/kg
W_{adL}——低压级压气机定熵压缩功	kJ/kg
W_H——高压级压气机实际压缩功	kJ/kg
W_L——低压级压气机实际压缩功	kJ/kg
x——燃烧百分比	
α——空燃比	
ε——压缩比	
κ——空气等熵指数	
κ_T——燃气等熵指数	
η_{adb}——压气机等熵效率	
η_{adT}——涡轮等熵效率	
η_{et}——有效热效率	
η_E——排气能量传递效率	
η_{it}——指示热效率	
η_{Tb}——涡轮增压器总效率	
θ_{fj}——喷油提前角	(°)CA
θ_j——进气门有效开启角	(°)CA
λ_b——增压度	
π_b——增压比	
π_T——膨胀比	
π_b^*——滞止压比	
ρ_a——大气密度	kg/m^3
ρ_b——增压空气密度,发动机进气管的空气密度	kg/m^3
δ_b——中冷度	
τ——冲程数	
τ_i——滞燃期	ms
φ——曲轴转角	(°)CA
ϕ_a——过量空气系数	
ϕ_{as}——总过量空气系数	
ϕ_c——充量系数	
ϕ_r——残余废气系数	
ϕ_s——扫气系数	
ϕ_z——喷油持续角	(°)CA
Ω——反动度	

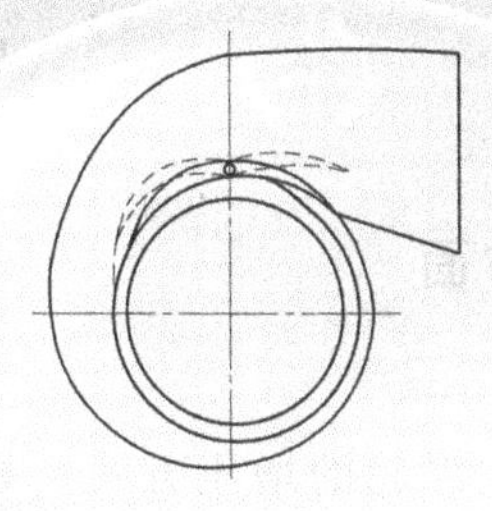

第 1 章

概　论

1.1 名词解释

1.1.1 反映增压程度方面

1. 增压压力

压气机出口的压力称为增压压力，用 p_b 表示。它与压气机的结构、尺寸、转速及效率等因素有关。通常 $p_b \leqslant 0.17$MPa 的增压称为低增压；0.17MPa $< p_b \leqslant 0.25$MPa 的增压称为中增压；0.25MPa $< p_b \leqslant 0.35$MPa 的增压称为高增压；$p_b > 0.35$MPa 的增压称为超高增压。

2. 增压比

压气机出口压力 p_b 与进口压力 p_a 之比称为增压比，简称为比，用 π_b 表示。

$$\pi_b = p_b / p_a \tag{1-1}$$

用滞止压力表示的压比称为滞止压比，即 π_b^*。用静压力表示的压比称为静压比。

3. 增压度

内燃机增压后功率的增长程度称为增压度。通常有两种表达方式：一种是用增压后标定功率与增压前标定功率之比，用 λ_{b1} 表示，即

$$\lambda_{b1} = P_{eb} / P_e \tag{1-2}$$

另一种是用增压后标定功率 P_{eb} 与增压前标定功率 P_e 之差与增压前标定功率 P_e 之比，即

$$\lambda_{b2} = (P_{eb} - P_e) / P_e \tag{1-3}$$

式中，P_e、P_{eb} 分别为增压前、后内燃机的标定功率。

当增压前后内燃机工作容积不变时，也可用升功率增长程度表示，即

$$\lambda_{b3} = (P_{Lb} - P_L) / P_L \tag{1-4}$$

式中，P_L、P_{Lb} 分别为增压前、后内燃机的升功率。

因为内燃机平均有效压力是单位气缸工作容积所发出的有效功，所以当增压前后内燃机工作容积及转速不变时，也可用平均有效压力增长程度表示，即

$$\lambda_{b4}=(P_{meb}-P_{me})/P_{me} \tag{1-5}$$

式中，P_{me}、P_{meb}分别为增压前、后内燃机的平均有效压力。

1.1.2 反映涡轮进口气流压力稳定程度和能量利用程度方面

1. 定压增压

所谓定压增压，是指各缸排气汇入一根较粗的排气管，再进入涡轮的增压方式。如图1-1所示，定压增压系统中，排气管中的压力波动较弱，最大压力与平均压力之差一般要小于0.02~0.075MPa，所以有时又称为恒压增压或等压增压。定压增压主要利用排气的等压能量，涡轮进口气流参数比较稳定，涡轮效率较高，气缸泵气功损失较少。

2. 脉冲增压

所谓脉冲增压是气缸排气通过各自较细的排气歧管分别进入涡轮的增压方式。如图1-2所示，排气歧管也可以由2~3个扫气互不干扰的气缸引出的排气短管组成。脉冲增压系统中，排气压力波较强，各缸排气对扫气互不干扰，所以有时又称为变压系统。由于利用了脉冲压力波的能量，所以较定压增压有更好的增压效果，适用于低增压场合。但也正是因为涡轮前压力的波动，影响了涡轮效率。随着增压度的提高，排气平均压力能增大，脉冲能量所占份额相对减少，故高增压场合一般不采用脉冲增压。在脉冲增压中，若排气歧管设计合理，可使进、排气门叠开期内处于较低的排气波谷，有利于扫气。由于排气管总容积较小，从而改善了柴油机的部分负荷性能和加速性能。

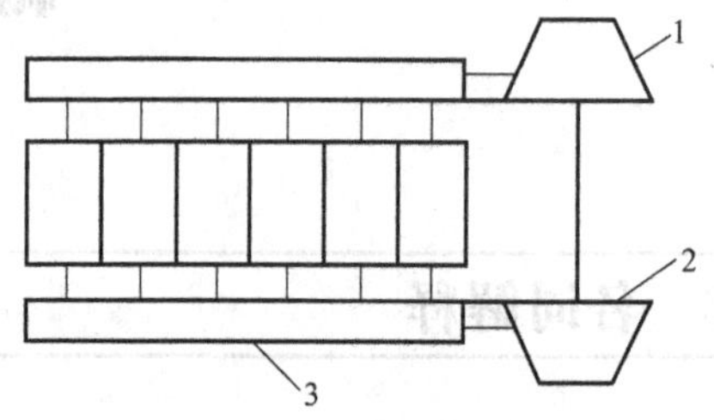

图1-1　定压增压系统示意图

1—压气机　2—涡轮　3—排气管

在脉冲增压系统中，还可以有脉冲转换和多脉冲转换之分：

（1）脉冲转换系统　在增压系统中，1个或2~3个排气互不干扰的气缸引出的排气短管组成排气歧管，直接与涡轮进口相连，这实质上是简单脉冲转换器，即脉冲转换系统，多用于4、6、8、12缸发动机，如图1-2所示。

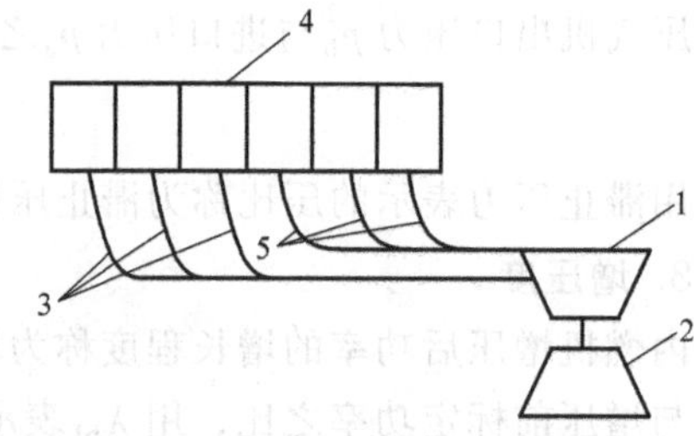

图1-2　脉冲转换系统示意图

1—涡轮　2—压气机　3—1、2、3缸排气歧管　4—发动机　5—4、5、6缸排气歧管

（2）多脉冲转换系统　在增压系统中，1个或2个排气互不干扰的气缸引出的排气短管，后接渐缩喷管。各喷管均经过共同的混合稳压管与涡轮进口相连，这就是多脉冲转换系统，如图1-3所示。多脉冲转换系统几乎无反射，适用于5缸以上的任何缸数的柴油机，尤其在7、10、14缸的柴油机上应用较多。

1.1.3 反映增压器级数多少方面

1. 单级涡轮增压

由一个压气机和一个涡轮组成的增压器进行增压的方式称为单级增压，广泛应用于汽车、火车、工程机械、发电和船舶运输等动力装置中。

2. **二级涡轮增压**

空气经两台串联的涡轮增压器压缩后进入发动机，这类增压系统称为二级涡轮增压，如图 1-4 所示。二级涡轮增压系统有两种形式：

1）二级离心式压气机串联并且各自由排气涡轮驱动，每级压气机后都有中冷器。

2）二级串联的压气机叶轮与二级串联的涡轮叶轮装在同一轴上，第一级压气机后无中冷器。

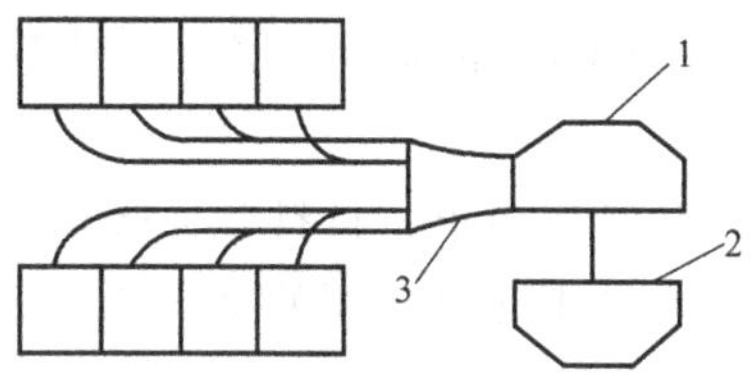

图 1-3 多脉冲转换系统示意图

1—涡轮 2—压气机 3—混合稳压管

1.1.4 反映驱动压机能量形式方面

1. **惯性增压**

在发动机进气管内，利用气体流动的惯性和可压缩性所产生的惯性效应和波动效应来改善充气效果，这种增压方式称为惯性增压。在进气过程中，进气管的气流速度增加，压力下降。当进气门逐渐关小时，流速下降，压力有所升高。当活塞过了下止点，进气门延迟关闭，仍可继续进气，不致出现气流倒灌，这样就利用了惯性效应增加气缸充量。在进气过程中，压力间歇而周期性地进行升降，从而出现的压力波又以当地声速传播，并在进气门和进气管之间往复反射，产生了波动效应。若进气管长度得当，这种反射波和下一个压力波重合，就会使振幅加大，波动效应增强。如果在进气门打开时恰好波峰到达，则进气密度增加，这样就利用了波动效应增加气缸充量。惯性增压与进气管长度有密切关系，可用下式计算

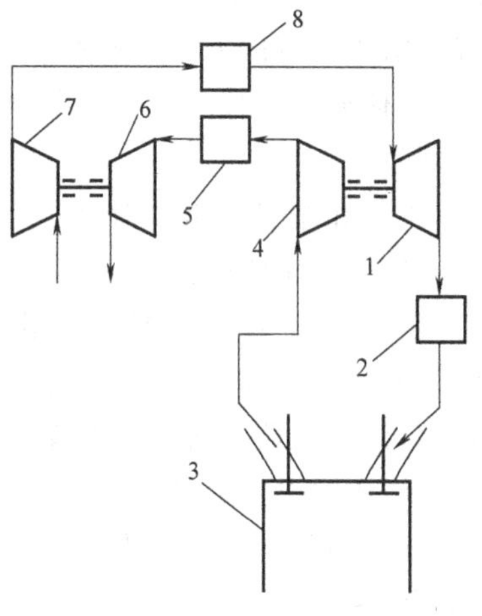

图 1-4 二级涡轮增压系统示意图

1—高压级压气机 2—高压级压气机后的中冷器 3—发动机 4—高压级涡轮 5—排气稳压箱 6—低压级涡轮 7—低压级压气机 8—低压级压气机后的中冷器

$$L=\frac{\theta_j c_T}{12nm} \tag{1-6}$$

式中，L 为进气管长度（m）；θ_j 为进气门有效开启角（°）CA；c_T 为当地声速（m/s）；n 为发动机转速（r/min）；m 为整数系数，可取 2、3、4。

采用惯性增压时，由于进气管较长，实际应用中受到总体布置的限制，故很少应用。目前已向谐振增压发展。

2. **气波增压**

气波增压器是利用气体的压缩波和膨胀波来传递能量的一种增压器。它由一个转子和两个定子组成，如图 1-5 所示。从发动机排出的高压燃气流经燃气定子，在转子中对空气进行压缩。被压缩的空气压力、温度升高后，从另一定子进入气缸。同时，空气对高压燃气产生一个膨胀波，使燃气压力、温度下降。低压燃气从原来的定子排入大气。转子由发动机曲轴

通过传动装置驱动，消耗整机有效功率的1.0%~1.5%。

气波增压器与涡轮增压器比较有以下一些优点：

1）结构简单，材料要求低。

2）低工况有较高的增压压力，因而低工况性能比涡轮增压器好。

3）由于气体直接接触，加速性好。

4）由于转子中排气和空气直接接触，有2%~4%的排气回到发动机中，对降低 NO_x 有利。

5）工况变动范围大，适应性好。

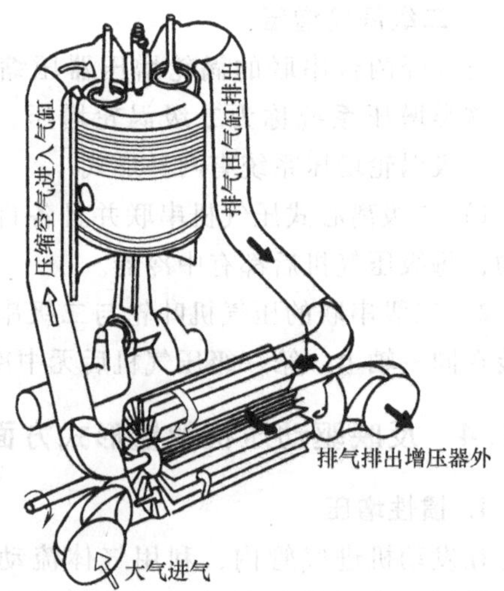

图1-5　气波增压器工作原理示意图

气波增压器有以下一些缺点：

1）整体质量、尺寸比涡轮增压器大，安装位置受到限制。

2）进气和排气的阻力对性能很敏感，故进气滤清、排气背压要严格控制。

3）燃气与空气直接接触，由于受传热影响，使气波增压器效率低，全负荷时燃油消耗率高。

4）气波增压器本身是一个噪声源，使整机噪声增加。

气波增压器设想很早，经半个世纪的努力，才达到实用阶段。20世纪70年代以来，瑞士Brown Boveri（布朗·波维利）公司拟定了CX系列型谱，空气体积流量为0.075~0.3m^3/s，压比为2~3，可供75~315kW的柴油机增压用。气波增压器由于燃油消耗率偏高、噪声偏大而限制了其应用，但在拖拉机、工程机械和载货汽车方面有应用前景。

3. 机械增压

所谓机械增压，是指压气机由内燃机曲轴通过传动装置直接驱动的增压方式。机械增压装置如图1-6所示。压气机可用离心式、罗茨式及刮片式等结构，目前较多采用的是螺杆式、罗茨式和汪克尔式等形式。机械增压的特点是：不增加发动机背压，但消耗其有效功率，总体布置有一定局限性。增压压力一般不超过0.15~0.17MPa。过多地提高增压压力，会使驱动压气机耗功过大，机械效率明显下降，经济性恶化。

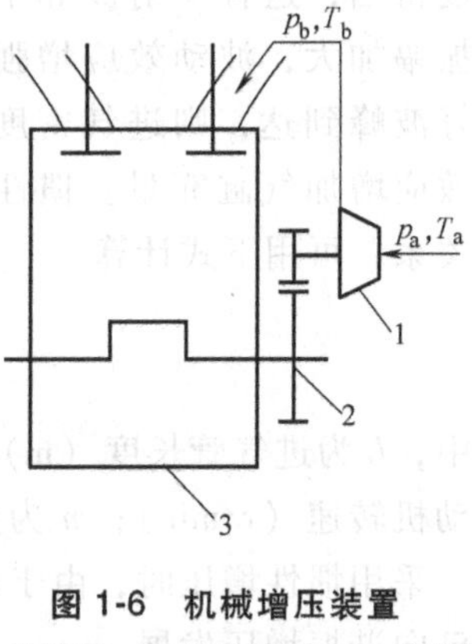

p_b, T_b　p_a, T_a　1　2　3

图1-6　机械增压装置

1—压气机　2—传动装置　3—发动机

4. 涡轮增压

利用内燃机排气在涡轮内膨胀回收的机械功，驱动压气机压缩空气提高内燃机进气密度，称为涡轮增压。

5. 复合增压

所谓复合增压，是指增压系统中既采用涡轮增压，又采用机械增压的增压方式。复合增压一般可分串联式、并联式及机械传动式三种形式。

（1）串联式　在串联式复合增压系统中，空气先由排气涡轮增压，再经机械增压，然

后进入柴油机，如图 1-7 所示。由于第二级是机械增压，可以保证在低转速和小负荷时发动机仍有必要的增压扫气压力。这种系统早期在低速二冲程柴油机上有所应用。目前，美国 AVCR-1360 坦克柴油机及 12V230 船用二冲程柴油机上仍用了这种增压方式。

（2）并联式　在并联式复合增压系统中，空气分别由排气涡轮增压器及机械增压器同时压缩，然后进入柴油机，如图 1-8 所示。并联增压中的机械增压，主要用来补充排气涡轮增压低工况供应不足的空气量。在二冲程低速柴油机中，一般用电动机来带动机械增压器。

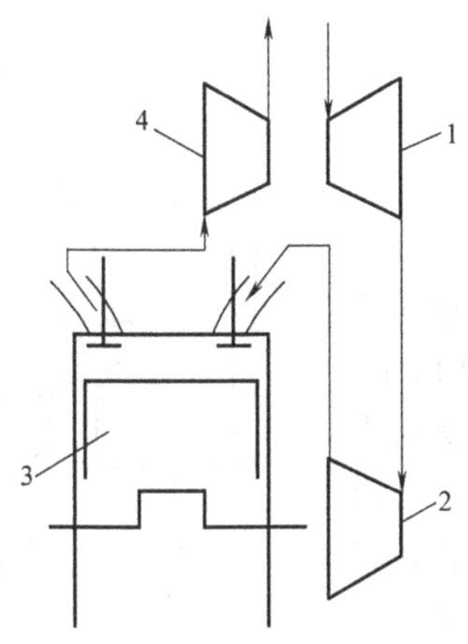

图 1-7　串联式复合增压系统

1—第一级压气机　2—第二级压气机

3—发动机　4—排气涡轮

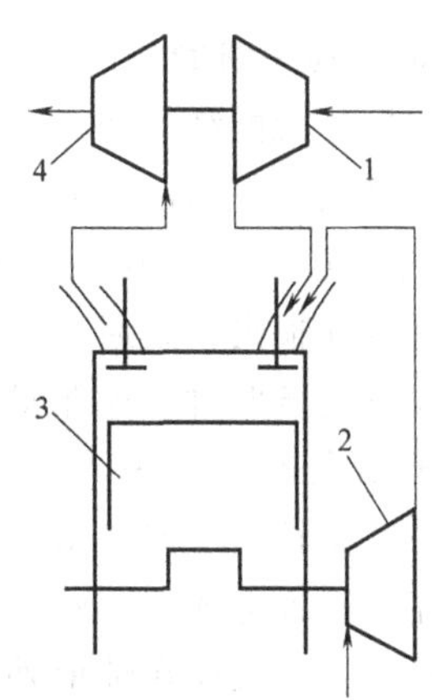

图 1-8　并联式复合增压系统

1—第一级压气机　2—第二级压气机

3—发动机　4—排气涡轮

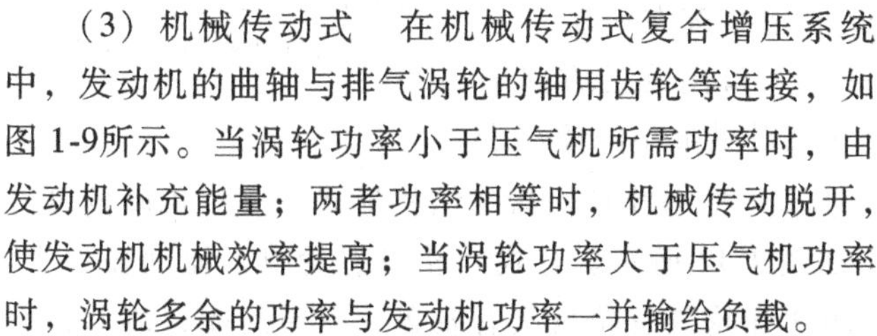
（3）机械传动式　在机械传动式复合增压系统中，发动机的曲轴与排气涡轮的轴用齿轮等连接，如图 1-9所示。当涡轮功率小于压气机所需功率时，由发动机补充能量；两者功率相等时，机械传动脱开，使发动机机械效率提高；当涡轮功率大于压气机功率时，涡轮多余的功率与发动机功率一并输给负载。

前两种增压方式在二冲程柴油机上应用较多，日本 10ZF 坦克发动机上也采用了此方案。俄罗斯成批生产的轻型快艇的 7 列星形结构 ЧН16/17 型高速柴油机，其涡轮增压器由柴油机曲轴传动，增压系统保证了柴油机按近似二次方螺旋桨特性线工作时，有较好的加速性、较高的动力稳定性与经济性。柴油机全功率时的增压压力 $p_b = 0.23 \sim 0.24\text{MPa}$。

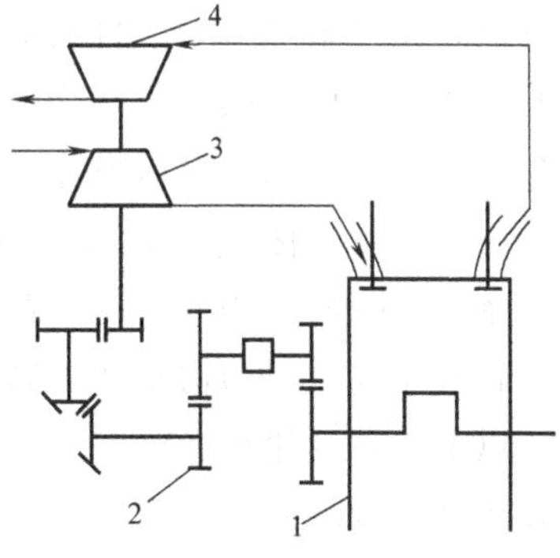

图 1-9　机械传动式复合增压系统

1—发动机　2—传动装置

3—压气机　4—排气涡轮

1.2　涡轮增压器

涡轮增压器由压气机、涡轮及轴承三部分组成。从结构上分析，又可分转子及壳体两部分。转子由压气机叶轮、涡轮叶轮及轴承组成。壳体由压气机壳、涡轮壳及中间

壳组成。压气机可分轴流式和离心式两类，活塞式内燃机用的增压器，其压气机一般均为离心式。中小型内燃机用的增压器，其涡轮均为径流式，大型内燃机用的增压器其涡轮为轴流式。轴流式压气机和轴流式涡轮结构相似，工作机理相反。离心式压气机和径流式涡轮其结构相似，工作机理相反，本节重点讨论离心式压气机和轴流式涡轮。

1.2.1　离心式压气机

1. 离心式压气机的结构

离心式压气机的结构如图1-10所示，由进气道、叶轮、扩压器和压气机蜗壳等部件组成。

（1）进气道　进气道的作用是将外界空气导向压气机叶轮。为降低流动损失，其通道为渐缩形。进气道可分为轴向进气道和径向进气道两种基本形式。轴向进气道如图1-10所示，气流沿转子轴向不转弯进入压气机，其结构简单、流动损失小。中、小型涡轮增压器多采用这种结构。径向进气道的气流开始是沿径向进入进气道，然后转为轴向进入压气机叶轮，其流动损失较大。一般仅在轴承外置的大型涡轮增压器或空气滤清器等装置的空间布置受限时，才采用这种形式。

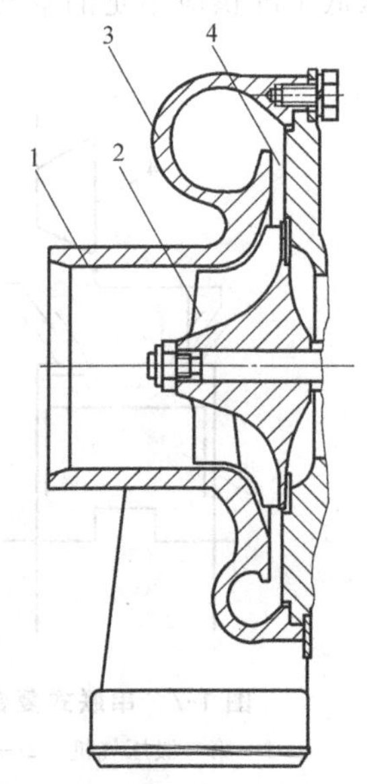

图1-10　离心式压气机的结构

1—进气道　2—压气机叶轮
3—压气机蜗壳　4—扩压器

（2）压气机叶轮　压气机叶轮是压气机中唯一对空气做功的部件，它将涡轮提供的机械能转变为空气的压力能和动能。压气机叶轮分为导风轮和工作叶轮两部分，中、小型涡轮增压器两者做成一体，大型涡轮增压器则是将两者装配在一起。

导风轮是叶轮入口的轴向部分，叶片入口向旋转方向前倾，直径越大处前倾越多，其作用是使气流以尽量小的撞击进入叶轮。导风轮的结构及通道如图1-11所示。根据叶轮轮盘的结构形式，压气机叶轮可分为开式、半开式、闭式、星形等形式，如图1-12所示。开式叶轮没有轮盘，流动损失大，叶轮效率低，且叶片刚性差，易振动。闭式叶轮既有轮盘又有轮盖，流道封闭，流动损失小，叶轮效率高；但结构复杂，制造困难，且由于有轮盖，在叶轮高速旋转时离心力大，强度差。以上两种叶轮在涡轮增压器上都很少采用。半开式叶轮只有轮盘，没有轮盖，其性能介于开式和闭式之间。但其结构较简单，制造方便，且强度和刚度都较高，在涡轮增压器中应用广泛。星形叶轮是在半开式叶轮的轮盘边缘叶片之间挖去一块，减轻了叶轮的质量，从而减小了叶轮应力，并保持一定的刚度，因此能承受很高的转速，多在小型涡轮增压器中应用。

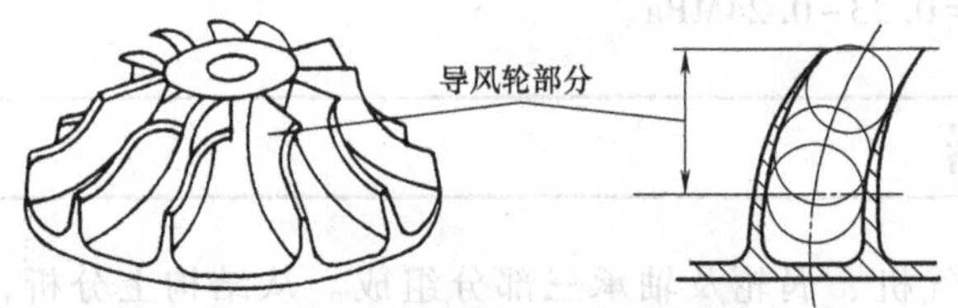

图1-11　导风轮的结构及通道

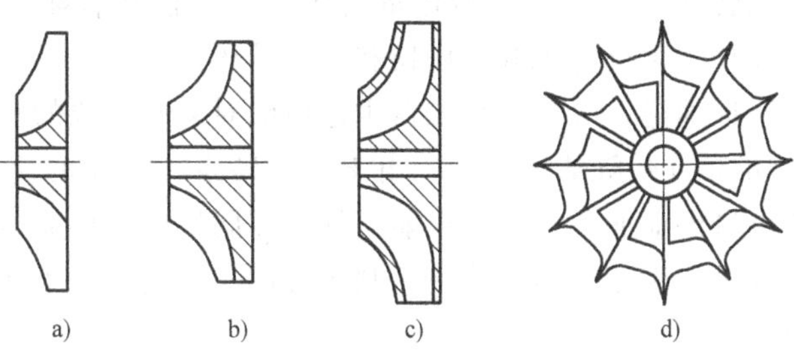

图 1-12 压气机叶轮的结构形式

a）开式 b）半开式 c）闭式 d）星形

按叶片的长短，压气机叶轮还可分为全长叶片叶轮和长短叶片叶轮。全长叶片叶轮进口流动损失小，效率高，但对于小直径叶轮，进口处气流阻塞较为严重。因此，小型涡轮增压器中多采用长短叶片叶轮，如图 1-13 所示。

图 1-13 长短叶片叶轮

根据叶片沿径向的弯曲形式，压气机叶轮又可分为前弯叶片叶轮、后弯叶片叶轮、径向叶片叶轮和后掠式叶轮等，如图 1-14 所示。前弯叶片叶轮的叶片沿径向向旋转方向弯曲。这种叶轮对空气的做功能力最大，但其做功主要是增加了空气的动能，对压力能却提高较少，这就要求空气的动能更多地要在扩压器和蜗壳中转化为压力能。因为扩压器和蜗壳的效率比叶轮低，因此压气机效率低，涡轮增压器中不采用这种叶轮。径向叶片叶轮的叶片沿径向分布，不弯曲。这种叶轮的压气机效率比前弯叶片的高，比后弯叶片的低。由于其强度和刚度最好，能承受较高的圆周速度，从而在增压比较低的涡轮增压器中得到较多的应用。后弯叶片叶轮的叶片沿逆旋转方向弯曲。虽然它的做功能力小，但空气压力的提高大部分是在叶轮中完成的。这种叶轮由于压气机效率高，应用也较多。前倾后弯式叶轮（也称后掠式叶轮），其叶片沿径向后弯的同时还向旋转方向前倾。这种叶轮不仅压气机效率高，而且高效率范围广，近年来在车用柴油机涡轮增压器上受到了重视和广泛应用。

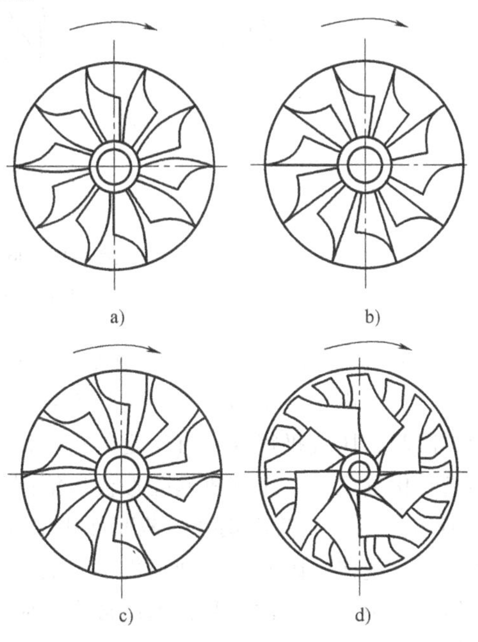

图 1-14 压气机叶轮叶片的形式

a）前弯叶片叶轮 b）径向叶片叶轮 c）后弯叶片叶轮 d）后掠式叶轮

（3）扩压器 扩压器的作用是将压气机叶轮出口高速空气的动能转变为压力能。扩压器的效率是动能实际转化为压力能和没有任何流

动损失的定熵过程动能转化为压力能的转化量之比，扩压器效率对压气机效率有重要的影响。按扩压器中有无叶片，可分为无叶扩压器和叶片扩压器。

无叶扩压器是一环形通道。气流在扩压器中近似沿对数螺旋线的轨迹流动，即气流流动迹线在任意直径处与切向的夹角基本不变。由于这一特点，气流的流动路线长，流动损失大，效率低，扩压器出口流通面积小，抗压能力低，在同样的扩压能力下，扩压器出口直径较大。但无叶扩压器流量范围宽，结构简单，制造方便，在经常处于变工况运行的小型涡轮增压器上得到广泛应用。

叶片扩压器是在环形通道上加上若干导向叶片，使气流沿叶片通道流动。由于气流的流动路线短，流动损失小，故效率高。且叶片构造角沿径向增大，使气流的流通面积迅速增大，因此扩压能力大，尺寸小。但当流量偏离设计工况，叶片入口气流角不等于叶片构造角时，将产生撞击损失，使效率急剧下降。在工况范围变化不大的大、中型涡轮增压器上，常采用无叶扩压器和叶片扩压器的组合形式。气流先经过无叶扩压器，再进入叶片扩压器，气流的动能主要在叶片扩压器中转变为压力能。叶片扩压器叶片的形式较多，图 1-15 列出了常用的三种。其中，平板形叶片和圆弧形叶片两种扩压器制造简单，但性能较差，在增压比较低、系列化生产的涡轮增压器中应用较多；机翼形叶片扩压器流动损失最小，压气机工况性能相对较好，但制造较为复杂，多在增压比要求较高的涡轮增压器中采用，近年来有应用增多的趋势。

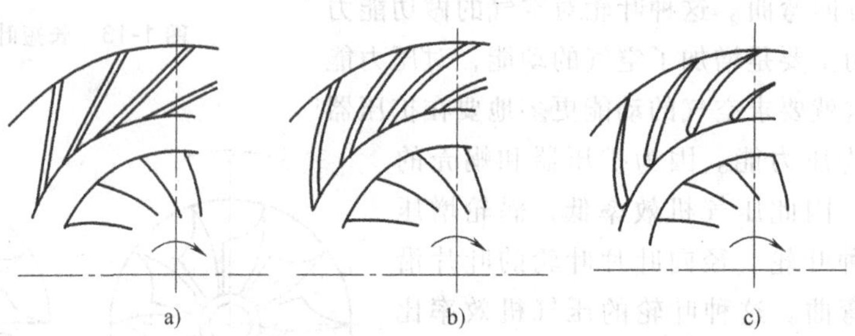

图 1-15　叶片扩压器叶片的形式

a）平板形叶片　b）圆弧形叶片　c）机翼形叶片

（4）压气机蜗壳　压气机蜗壳的作用是收集从扩压器出来的空气，将其引导到发动机的进气管。由于扩压器出来的空气仍有较大的速度，在蜗壳中还将进一步把动能转化为压力能，因此，压气机蜗壳也有一定的扩压作用。蜗壳效率是动能转化为压力能的实际转化量和定熵转化量之比。压气机蜗壳按流道沿圆周变化与否，可分为变截面蜗壳和等截面蜗壳，如图 1-16 所示。变截面蜗壳的截面面积沿周向越接近出口越大，符合越接近出口收集的空气越多这一规律。因此，流动损失小，效率较高。变截面蜗壳的最大优点是外形尺寸小，对涡轮增压器小型化非常有利，因而被广泛应用。等截面蜗壳的流道截面沿周向是不变的，截面积按压气机的最大流量确定。其流动损失大，效率低，故用得较少。

蜗壳截面的形状有梨形、圆形、梯形和扇形等几种形式，如图 1-17 所示。根据发动机的需要，蜗壳可有单个或多个出口，如图 1-18 所示。

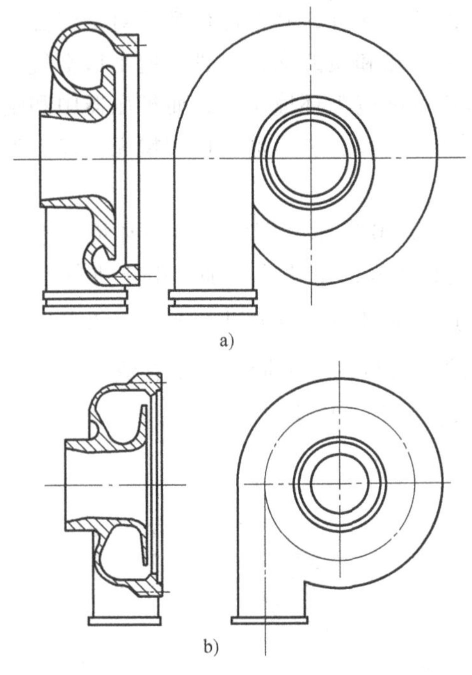

图 1-16 离心式压气机蜗壳

a) 变截面蜗壳 b) 等截面蜗壳

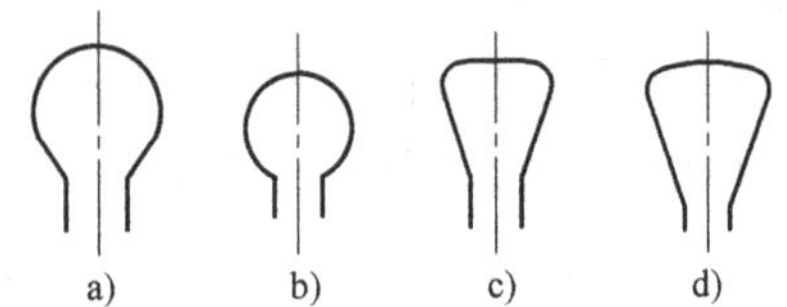

图 1-17 压气机蜗壳的截面形状

a) 梨形 b) 圆形 c) 梯形 d) 扇形

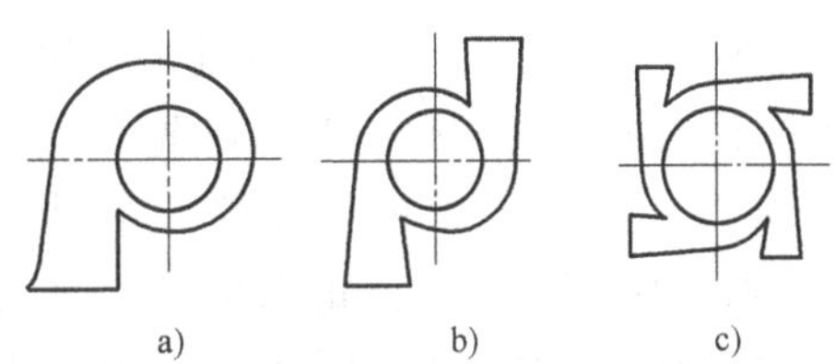

图 1-18 压气机蜗壳出口形式

a) 单出口 b) 双出口 c) 四个出口

2. 离心式压气机工作原理

（1）压气机中空气状态的变化 空气流经压气通道时，压力 p、速度 c 和温度 T 的变化趋势如图 1-19 所示。

在进气道入口，空气从环境状态进入，压力、速度、温度分别为 p_a、c_a、T_a。由于进气道是渐缩形的通道，少部分压力能转化为动能。因此，在进气道中，空气的压力略有降低，速度略有升高。由于压力降低，温度随之降低。在进气道出口，亦即叶轮入口，空气的压力、速度、温度分别为 p_1、c_1、T_1。在压气机叶轮中，叶轮对空气做了功，使空气的压力、温度和速度都升高。在叶轮出口，亦即扩压器入口，空气的压力、速度、温度分别为 p_2、c_2、T_2。在扩压器中，由于扩压器的流通面积渐扩，使气体的部分动能转化为压力能。因此，空气的速度降低，压力升高，温度也随压力而升高。在扩压器出口，亦即蜗壳的入口，空气的压力、速度、温度分别为 p_3、c_3、T_3。在压气机蜗壳中，仍有部分动能进一步转化为压力能，使空气的速度进一步降低，压力和温度升高，在蜗壳出口，亦即整个压气机出口，空气的压力、速度、温度分别为 p_b、

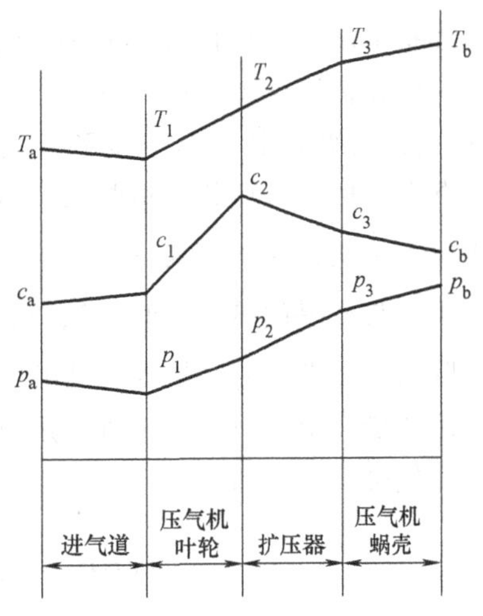

图 1-19 压气机通道中气体状态的变化

c_b、T_b。

在压气机的通道中，只有叶轮是唯一对空气做功的元件，其他部位都不对空气做功，而只进行动能和压力能之间的相互转化。如果不计外界热和质的交换，进气道出口空气的总能量与环境状态空气的总能量相等，此处空气的滞止温度应为环境温度；而扩压器中和蜗壳中空气的总能量也应与叶轮出口的总能量相等，即叶轮出口、扩压器出口和蜗壳出口三处的滞止温度相等，$T_2^*=T_3^*=T_b^*$。

（2）压气机中的焓熵图　压气机的焓熵图如图 1-20 所示，图中 a 点为环境状态，即进入气道中的滞止状态。在进气道中，压力将由 p_a降为 p_1，而动能增加。由于进气道内有流动损失使熵增加，所以实际进气道出口状态为 1 点。此处空气具有动能 $c_1^2/2$，将动能滞止后为 1^*点。由于进气道中与外界无能量交换，1^*的焓值与 a 点相同。由于有流动损失使熵增加的缘故，进气道出口的滞止压力 p_1^* 低于进气道入口的滞止压力 p_a。

在压气机叶轮中，叶轮对气体做功，使气体的压力由 p_1增加到 p_2。如为没有任何损失的定熵过程，叶轮出口状态为 $2s$ 点，将此处的动能滞止后处于 $4s^*$点，$4s^*$点到 1^*点的焓值之差 W_{adb} 即为定熵过程压气机的定熵压缩功。但实际过程有流动损失使熵增加，实际叶轮出口状态为 2 点，滞止状态为 2^*点，此时具有动能 $c_2^2/2$，2^*和 1^*点的焓熵值之差 W_b即为实际过程的压气机定熵压缩功。可见，压缩至同样的压力，定熵过程耗功最少。

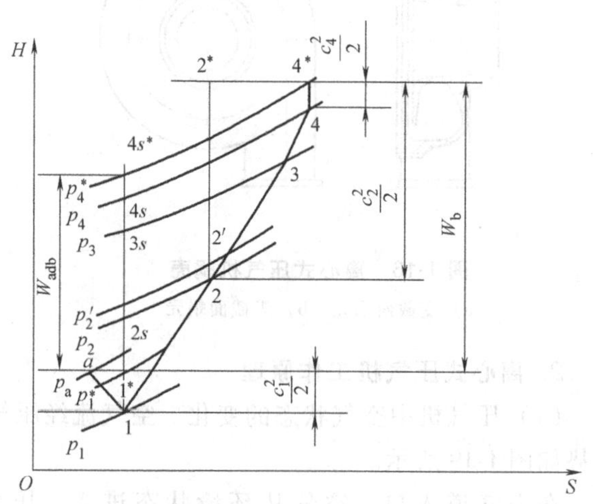

图 1-20　气体压缩过程的焓熵图

如整个压气机中的流通过程为定熵过程，则在扩压器中气体状态从 $2s$ 点变到 $3s$ 点，在蜗壳中从 $3s$ 点变到 $4s$ 点，在此期间任何位置滞后都是 $4s^*$点。对于实际过程，由于存在熵增，气体状态从叶轮出口的 2 点到扩压器出口为 3 点，此时还有动能 $c_3^2/2$，到蜗壳出口为 4 点，还剩动能 $c_4^2/2$，将这部分动能滞止后为 4^*点。由于这期间不对气体做功，因此不计与外界的热交换时，2、3、4 各点的滞止焓相等，$H_2^*=H_3^*=H_4^*$。4 点就是压气机的实际出口状态，p_4就是压气机出口压力 p_b，p_4^* 就是压气机出口的滞止压力 p_b^*。

由能量守恒定律，压气机对单位质量空气所做的功等于空气滞止焓的增加量。

压气机实际耗功：

$$W_b=H_2^*-H_1^*=c_p(T_2^*-T_1^*)=\frac{\kappa RT_1^*}{\kappa-1}\left(\frac{T_2^*}{T_1^*}-1\right) \tag{1-7}$$

压气机定熵耗功：

$$W_{adb}=H_{2s}^*-H_1^*=c_p(T_{2s}^*-T_1^*)=\frac{\kappa RT_1^*}{\kappa-1}\left[\left(\frac{p_b^*}{p_1^*}\right)^{\frac{\kappa-1}{\kappa}}-1\right] \tag{1-8}$$

（3）压气机的主要性能参数 压气机的主要性能参数有增压比 π_b，空气流量 q_{mb}，定熵效率 η_{adb}及转速 n_b等。并用这些参数及其相互关系表示压气机的性能。

1）增压比 π_b，压气机出口和进口的气体压力之比。

$$\pi_b=\frac{p_b}{p_1} \tag{1-9}$$

$$\pi_b^*=\frac{p_b^*}{p_1^*} \tag{1-10}$$

2）空气流量 q_{mb}，压气机的空气流量是单位时间内流经压气机的空气质量，以 kg/s 表示。

当压气机工作的环境状态不同于标准大气状态时，其空气流量也会不同。为了具有可比性，常用相似流量或折合流量代替。相似流量是以马赫数作为相似准则推导出的无量纲流量，用公式 $q_{mb}\sqrt{T_1^*}/p_1^*$ 计算。式中，q_{mb}为实际空气流量，p_1^*、T_1^* 为实际叶轮进口滞止状态的压力和温度。

折合流量是将非标准大气状态下的流量折合成标准大气状态下的流量：

$$q_{mbnp}=q_{mb}\frac{[p_a]}{p_1^*}\sqrt{\frac{T_1^*}{[T_a]}} \tag{1-11}$$

式中，q_{mbnp}为折合流量；$[p_a]$、$[T_a]$ 为标准大气状态下的压力和温度，$[p_a]=1.013\times10^5$Pa，$[T_a^*]=293$K；p_1^* 和 T_1^* 为实用中常用环境压力 p_a和环境温度 T_a代替。

3）压气机的定熵效率 η_{adb}，压气机定熵效率（简称压气机效率）是压气机的重要性能指标，表明压气机设计与制造的完善程度，压气机定熵效率是指将气体压缩到一定增压比时，压气机的定熵耗功和实际耗功之比

$$\eta_{adb}=\frac{W_{adb}}{W_b}=\frac{\pi_b^{*\frac{\kappa-1}{\kappa}}-1}{\frac{T_b^*}{T_1^*}-1} \tag{1-12}$$

4）压气机转速 n_b，压气机工作时叶轮每分钟的转数称为压气机转速，以 r/min 表示。由于压气机与涡轮同轴，故压气机转速也是涡轮转速，统称涡轮增压器转速。在同样的做功能力下，压气机转速越高，叶轮的尺寸可越小，有利于缩小涡轮增压器的结构尺寸和减轻质量。为了不同环境状态下的通用性，通常也用相似转速或折合转速代替。相似转速用 $n_b/\sqrt{T_1^*}$ 计算求得，折合转速则为

$$n_{bnp}=n_b\times\sqrt{[T_a]/T_1^*} \tag{1-13}$$

式中，n_b为压气机的实际转速。

增压比和定熵效率由于本身就是无量纲量，可以作为相似参数，因此不进行换算。

3. 离心式压气机的特性

（1）压气机的特性曲线 压气机在工作中，其主要性能参数将随着压气机运行工况的变化而变化。压气机的主要性能参数在各种工况下的相互关系曲线称为压气机的特性曲线。通常所说的压气机特性曲线是指在不同的转速下，增压比和定熵效率随流量的变化关系，即

流量特性。它包括效率特性和增压比特性，如图 1-21 所示。为了特性曲线在不同环境条件下的通用性，转速和流量应换算为相似参数或折合参数。由图 1-21 可见，在转速保持一定的情况下，有如下特点：

1）在某一流量下，增压比和效率有一最大值时，随流量的增大或减小，增压比和效率都降低。

2）当流量减小到某一数值时，压气机出现不稳定流动状态。压气机中气流发生强烈的低频脉动，引起叶片的振动，并产生很大的噪声，这种现象称为压气机的喘振。每一转速下都有一个喘振点，在效率特性上各喘振点的连线称作喘振线，喘振线以左的区域为喘振区。压气机不允许工作在喘振区。

3）当流量增大到某一数值时，增压比和效率均急速下降。换言之，即使以增压比和效率下降很多作为代价，流量也难以增加。这个现象称为压气机的阻塞。产生阻塞的原因，是在压气机叶轮入口或扩压器入口这种局部喉口截面处，气流的速度达到了当地声速，从而限制了流量的增加。由于阻塞点难以严格界定，通常人为地规定，当效率降低到 $\eta_{adb}=55\%$ 时，就认为出现了阻塞。

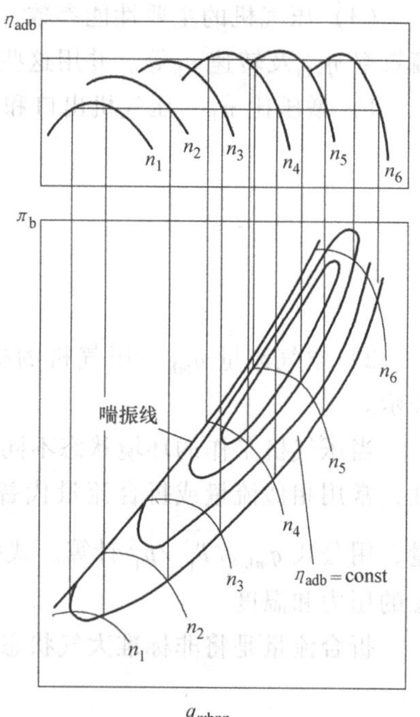

图 1-21 压气机的性能曲线及其绘制方法

在实际应用中，为了使用方便，往往将增压比特性线与效率特性线画在同一张图上，其绘制方法如图 1-21 所示。首先以效率 η_{adb} 的某一数值在效率特性线上画一平行于横坐标的线，然后找出该线与各转速的效率特性线的交点，并自各点作平行于纵坐标的线，连接各线与对应转速的增压比曲线的交点，绘出等效率线。依据不同的效率值可作出不同的等效率线。这样，就把增压比、效率、转速、流量四个参数之间的关系画在了一张图上，可以完整地表达压气机的特性，统称为压气机的特性曲线。等效率线类似鸭蛋形，最内圈的中心部分是压气机的高效率区，$\eta_{adb}=55\%$的等效率线被称为“阻塞”线。压气机特性曲线反映了压气机的性能以及适合匹配什么样的柴油机。

（2）压气机喘振及其产生原因 压气机产生喘振是由于压气机在某一小流量下工作时，在导风轮入口或叶片扩压器入口气流撞击叶片，在叶片通道内产生并加剧了气流的分离而引起的。当叶轮或叶片扩压器通道内产生强烈的气流分离时，使压气机内的压力低于后面管道内的压力，因此发生气流由管道向压气机倒灌。倒灌发生后，管道内压力下降，气流又在叶轮的作用下正向流动，管道内压力升高，再次发生倒灌。如此反复，压气机内的气流产生强烈的脉动，使叶片振动、噪声加剧、管道内压力大幅度波动，此时即产生所谓喘振。

1）导风轮入口。在一定转速下，当流量为设计流量时，导风轮入口的气流速度三角形如图 1-22a 所示。图中画出了导风轮任一半径处的轴向剖面，u_1 为该处导风轮的圆周线速度，即气流流入的牵连速度；c_{1a} 为气流的绝对速度，它与流量成正比；w_1 为气流流入导风轮的相对速度。u_1、c_{1a}、w_1 这三个速度的矢量构成一个封闭的速度三角形，即绝对速度矢量等于相对速度和牵连速度的矢量和。根据绝对速度和牵连速度，可以确定气流流入导风轮时的相对速度。当流量等于设计流量时，相对速度的气流角（w_1和u_1的夹角）等于叶片入口的构造角（入口处叶片与u_1的夹角），气流顺叶片流入，没有撞击，不产生气流的分离。

当流量大于设计流量时，c_{1a}增大，由于转速不变从而u_1不变，使相对速度w_1的气流角大于叶片入口构造角，如图1-22b所示。此时，气流撞击叶片的背部，在叶片的腹部产生气流的分离。由于叶片旋转，腹部为迎风面，使分离被压抑在较小的区域不扩散，故不会发生喘振。

当流量小于设计流量时，c_{1a}减小，在转速不变的前提下，相对速度w_1的气流角小于叶片入口构造角，如图1-22c所示。此时，气流撞击叶片的腹部，在叶片的背部产生气流的分离。由于气流沿圆弧状叶背流动时产生离心力，加剧了气流分离。当流量减小到一定程度就会发生喘振。

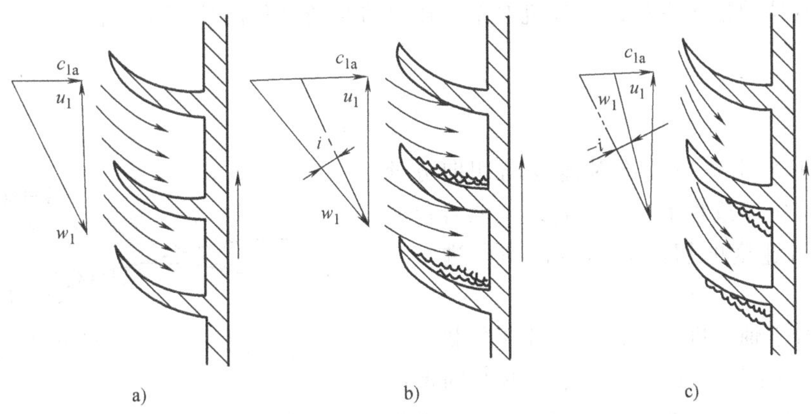

图1-22 导风轮入口速度三角形

a）设计流量 b）大于设计流量 c）小于设计流量

2）叶片扩压器入口。图1-23是在转速一定时，气流从叶轮流出后以绝对速度流入叶片扩压器的情况。图中c_2为叶轮出口亦即叶片扩压器入口气流的绝对速度，c_{2r}和c_{2u}分别是其径向和切向的分速度。c_{2r}与流量成正比，而c_{2u}与叶轮圆周线速度u_2成正比。对于径向叶轮，$c_{2u}=\mu u_2$，当转速不变时，c_{2u}不变。

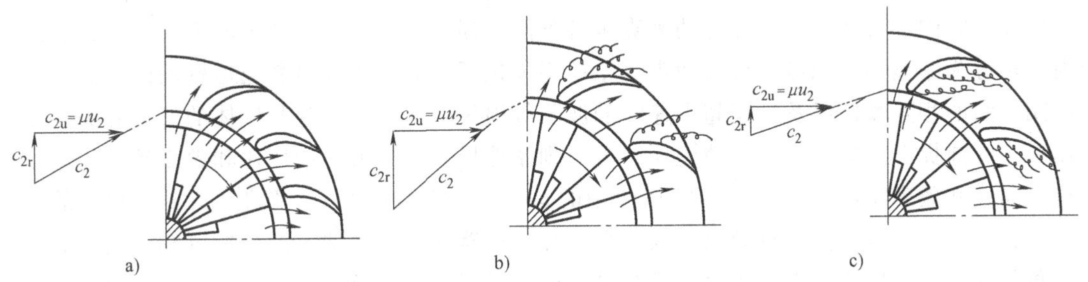

图1-23 叶片扩压器入口速度三角形

a）设计流量 b）大于设计流量 c）小于设计流量

当流量大于设计流量时（见图1-23b），气流绝对速度的气流角大于叶片入口的构造角。气流撞击叶片的内部，在叶片的外部产生气流的分离。由于气流在扩压器通道内的流动是沿对数螺旋线的轨迹流动，使扩压器叶片的凸面成为迎风面，凹面成为背风面。迎风面产生气流的分离，被压抑，不喘振。

当流量小于设计流量时，如图1-23c所示，气流绝对速度的气流角小于叶片入口的构造角。气流撞击叶片的凸面，在叶片的凹面产生气流的分离。当流量减小到一定程度使分离加剧，此时发生喘振。

由以上分析可见，压气机喘振是在导风轮入口或叶片扩压器入口引起的。用无叶扩压器的压气机，只在导风轮入口引起喘振；而用叶片扩压器的压气机，两处都可能引起喘振。在一定的转速下，流量越小越易产生喘振。由同样的分析可知，当流量一定时，转速越高越易产生喘振。

（3）压气机性能曲线形状的成因　增压比和定熵效率随流量变化的特性，主要是空气在压缩过程中存在的各种损失所造成的。为方便起见，以轴向进气的径向叶片压气机为例进行分析。根据欧拉动量矩方程，压气机对单位质量流量所消耗的功等于叶轮进、出口空气动量矩的增加量

$$W_b \propto c_{2u}^2 - c_{1u}^2 \tag{1-14}$$

式中，c_{2u}为叶轮出口空气绝对速度的切向分速度，径向叶片定熵过程下，$c_{2u}=u_2$；c_{1u}为导风轮入口空气绝对速度的切向分速度，轴向进气时$c_{1u}=0$。

因此，对于轴向进气的径向叶片压气机，在没有任何损失的定熵过程，在转速不变的前提下，u_2不变，压气机耗功为一常数，由定熵压缩功的公式：

$$W_b = W_{adb} \propto u_2^2 = \frac{\kappa R T_1^*}{\kappa - 1}\left[\pi_b^{*\frac{\kappa-1}{\kappa}} - 1\right] \tag{1-15}$$

可见，当进口状态不变时，增压比也为一常数而与流量无关。根据定熵效率的定义，此时定熵效率$\eta_{adb}=1$。因此，定熵过程的增压比特性和效率特性均呈水平线，如图1-24中的a-a。

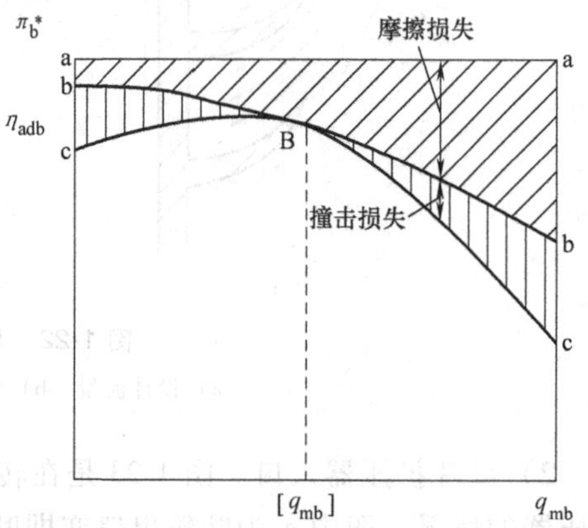

图1-24　压气机性能曲线形状的成因

但在实际中，必然需要一部分功来克服各种能量损失。压气机在变工况下工作时，其流动损失可分为摩擦损失和撞击损失两类。摩擦损失包括气流与压气机各通道壁面的摩擦、气体微团之间的相互摩擦以及气流超声速时的波阻等损失。这些损失都与气体的流速有关，在转速一定的前提下，流量越大，使流速越大，则摩擦损失也越大，增压比和效率越低，增压比特性曲线和效率特性曲线应降为图1-24中的b-b线。撞击损失与气流进入叶片入口处的方向有关，由前面分析喘振时对导风轮入口和叶片扩压器入口流动情况的分析可知，当气流的流入角与叶片入口构造角不一致时，将会撞击叶片的某一面，而在另一面产生气流的分离，这种分离带来的附加损失称为撞击损失。当压气机在设计流量下工作时，由于气流的流入角与叶片入口构造角一致，此时无撞击损失。当压气机的流量大于或小于设计流量时，都会产生撞击损失，偏离设计流量越多，撞击损失越大，使增压比特性曲线和效率特性曲线进一步降低为图中的c-c曲线。以上分析解释了在一定转速下，增压比和效率随流量变化趋势的成因。

1.2.2 涡轮

1. 涡轮的分类

(1) 按气体在涡轮中的流动方向分类　在涡轮增压器所使用的涡轮中，按燃气流过涡轮叶轮的流动方向，可以分为轴流式涡轮、径流式向心涡轮和混流式涡轮，如图 1-25 所示。

1）轴流式涡轮。燃气沿近似与叶轮轴平行的方向流过涡轮。一列与外壳相连的喷嘴环（也称定子）和一列与轴相连的工作叶轮（也称转子）构成涡轮的一个级。轴流式涡轮体积大，流量范围广，在大流量范围具有较高的效率，因此，在大型涡轮增压器上普遍被采用。由于涡轮增压器中涡轮的膨胀比较小，一般多采用单级涡轮。

2）径流式向心涡轮。燃气的流动方向是近似沿径向由叶轮轮缘向中心流动，在叶轮出口处转为轴向流出。径流式向心涡轮有较大的单级膨胀比，因此结构紧凑、重量轻、体积小，在小流量范围内涡轮效率较高，且叶轮强度好，能承受很高的转速，在中、小型涡轮增压器上应用广泛。

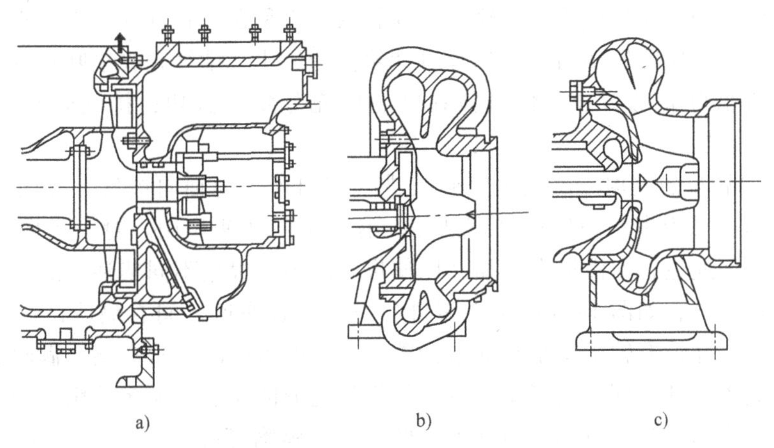

图 1-25　按气流在涡轮中的流动方向分类

a）轴流式涡轮　b）径流式向心涡轮　c）混流式涡轮

3）混流式涡轮。燃气沿与涡轮轴倾斜的锥形面流过叶轮。这种涡轮的性能特点介于轴流式涡轮和径流式向心涡轮之间，与径流式向心涡轮相比，径向尺寸较小，但轴向尺寸较大，其通流能力和效率明显提高。为适应小型大流量高增压比的要求，在大型径流式涡轮增压器领域，混流式涡轮增压器的应用越来越多。近年来，为追求高增压比以满足排气净化的要求，这种形式的增压器在一些中、小型车用涡轮增压器上也有应用。混流式涡轮也可认为是径流式向心涡轮的一种改进形式，其结构形式和工作原理与径流式向心涡轮相同，本书不再单独论述。

(2) 按气体在涡轮中焓降的分配分类　按燃气在涡轮中能量转化的分配和方式，可以分为冲击式涡轮和反力式涡轮。

1）冲击式涡轮，也称冲动式涡轮。燃气用于做功的能量（压力和温度）在进入工作叶轮前的喷嘴中已全部转化为动能，完全依靠燃气动能在工作叶片通道中转弯产生的离心力对叶轮的冲击力矩推动涡轮叶轮做功。在工作叶轮中，燃气不再膨胀，叶轮前后的气体压力不变，叶轮中的焓降为零。

2）反力式涡轮，也称反动式或反作用式涡轮。燃气的能量有一部分在喷嘴中膨胀转化为动能，利用冲击力矩做功；另一部分在工作叶轮通道中继续膨胀，转化为动能的同时，依靠气流与叶片相对速度增加所产生的反作用力推动涡轮做功。这种涡轮由于气流速度低，且叶片弯曲程度小，因而流动损失小，涡轮效率高，在涡轮增压器中得到广泛应用。在高增压比的涡轮增压器中，都采用反力式涡轮。

2. 涡轮的结构

涡轮主要由进气壳、喷嘴环、工作叶轮和排气壳等部件组成。进气壳也称蜗壳，它的作用是把发动机排出的具有一定能量的废气，以尽量小的流动损失和尽量均匀的分布引导到涡轮喷嘴环的入口。进气壳的效率是指在进气壳进气状态和膨胀比一定的条件下，压力能转化为动能的实际转化量与定熵转化量之比。喷嘴环又称导向器，流通截面呈渐缩形，其作用是使具有一定压力和温度的燃气膨胀加速，并按规定的方向进入工作叶轮。喷嘴环效率的定义与进气壳相同，即在进气状态和膨胀比一定的条件下，压力能转化为动能的实际转化量与定熵转化量之比。工作叶轮简称叶轮，是唯一承受气体所做功的元件，它与压气机叶轮同轴，把气体的动能转化为机械功向压气机输出。叶轮的效率是在叶轮进气状态和膨胀比一定的条件下，气体对叶轮的实际做功与定熵过程对叶轮做功之比。排气壳收集叶轮排出的废气并送入大气。为了降低叶轮的背压，使气体在叶轮中充分膨胀做功，排气壳是一个渐扩形的管道。

（1）轴流式涡轮的结构　涡轮进气壳按进气方向可分为轴向进气、径向进气和切向进气三种，以切向进气为多。涡轮进气道渐缩，有一定的加速作用。对于径向进气和切向进气，多采用变截面通道，即沿周向渐缩，以使进气均匀。根据不同柴油机的需要，进气壳有单进口和多进口之分，如图1-26所示。多进口进气壳各通道之间有隔墙，按均分的弧段各自进气。有的进气壳设有轴承支承和润滑油腔，还有的带有冷却水夹层。涡轮进气有涡轮前部进气，也有涡轮后部进气。为了避免对压气机端过分的加热，大多采用涡轮前部进气。喷嘴环是由一排固定的叶片形成的一组渐缩形的通道。喷嘴环叶片安装角入口处近似于轴向，以顺应气流的流入，然后向叶轮旋转方向倾斜，形成渐缩形通道的同时使气流按规定的方向流出。喷嘴环叶片截面的形状通常采用机翼形和平板形，如图1-27所示。机翼形喷嘴环叶片的流动损失小，但制造复杂。喷嘴环按其制造方式分为整体式和装配式。装配式喷嘴环叶片逐个单独加工，然后安装在内、外圈上。这种喷嘴环叶片的叶形可以做得比较复杂，安装精度也易于保证，并可调整喷嘴环面积，为试配新机型带来方便。但由于加工、装配复杂，制造周期长，因此在已定型的、批量生产的涡轮增压器中多采用铸造整体式喷嘴环。

涡轮叶轮是由装在轴上的轮盘和装在轮盘周缘的一排叶片组成的，如图1-28所示。轮盘以焊接或与轴过盈配合，再用螺栓紧固的方式装在轴上。叶片与轮盘通常采用不可拆卸的方式，即叶根焊接在轮盘上。对于少数大型涡轮增压器，也有采用可拆卸的枞树形榫头镶嵌在轮缘榫槽内的连接方式。叶片的断面多呈机翼形。为了充分利用气体动能，叶片的入口和出口都有逆旋转方向的构造角。冲击式涡轮为等截面通道，反力式涡轮为渐缩通道，因此反力式涡轮出口构造角小于入口构造角。为了保持沿叶高，叶片各断面强度基本相等，叶片从叶根到叶顶逐渐变薄。为了迎合气流方向，叶片进口构造角从叶根到叶顶逐渐增大，即向旋转方向扭转。叶片进气边具有一定的圆角，以适应变工况的要求。

对于从涡轮前部进气的涡轮，排气壳设置在涡轮增压器中间体上；对于从后部进气的涡轮，排气壳则设置在前部。通常排气壳内有一段扩压环，扩压环的作用是导流和回收从动叶出口的部分余速。它的通道是渐扩的，废气通过时速度下降，压力升高。因此，安装扩压环后，动叶后的废气背压甚至可能低于大气压力，这就扩大了涡轮级的膨胀比，从而提高了涡轮的做功能力。

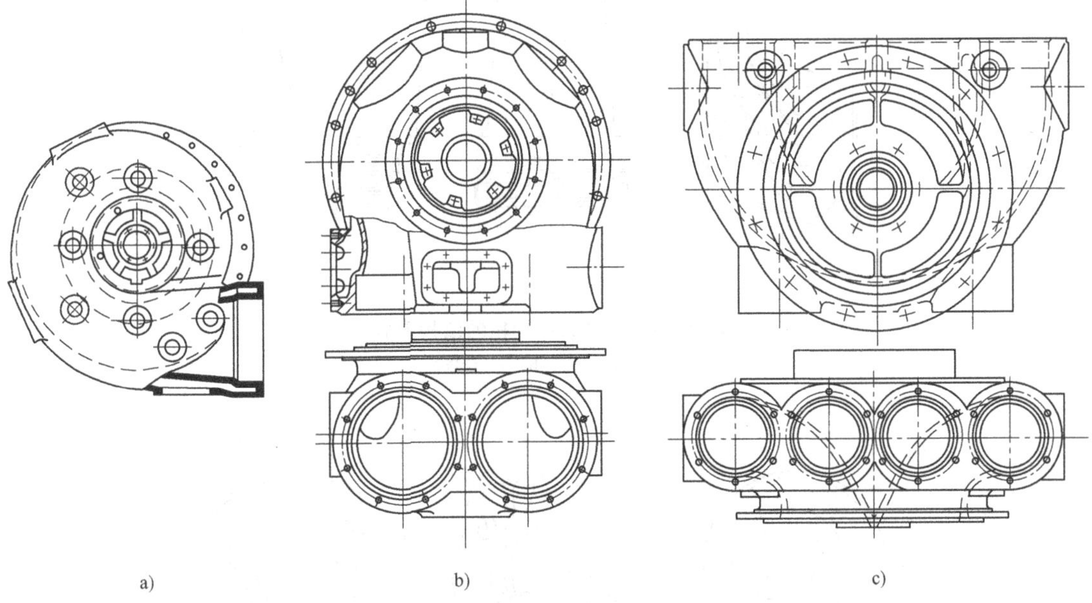

a)　　b)　　c)

图 1-26　轴流式涡轮壳的结构形式

a）单进口　b）二进口 c）四进口

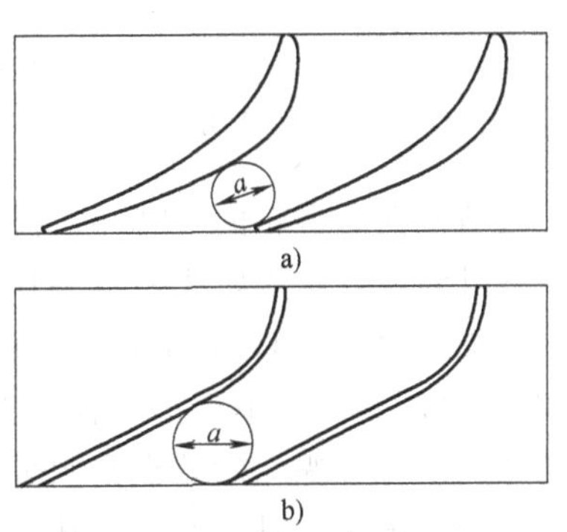

a)　　b)

图 1-27　喷嘴环叶片截面的形状

a）机翼形　b）平板形

（2）径流式向心涡轮的结构　径流式向心涡轮在形状上很像离心式压气机，但气流的流动方向与压气机相反，在一定程度上可以把径流式向心涡轮的工作过程看成离心式压气机的逆过程。径流式向心涡轮的进气壳，一般与排气壳连在一起。进气道设置在喷嘴环径向的周围，距离进口越远，流通截面越小，以使流量沿圆周均匀地分布，如图 1-29 所示。由于切向进气流动损失小，因此多采用切向进气形式。按通道数可分为单通道、双通道和三通道三种。常压增压使用单通道，脉冲增压多用双通道或三通道，但以双通道为多。双通道又有 360°全周进气和 180°分隔进气两种。180°分隔开的双通道进气是一种传统的结构形式，但这种结构使涡轮叶轮始终处于半周进气的不均匀状态，影响了涡轮效率。因此，近年来 360°全周进气使用较为普遍。进气道的截面形状如同压气机蜗壳，也分为圆形、梨形、矩形、梯形等形状，梨形蜗壳径向尺寸较大，但效率高，在小型涡轮增压器上应用较多。为了减小气体的余速损失，提高涡轮效率，涡轮排气壳为一扩压段。扩压段的形状与尺寸由叶轮出口的叶轮直径和轮毂直径决定，扩张角一般为 8°~10°。

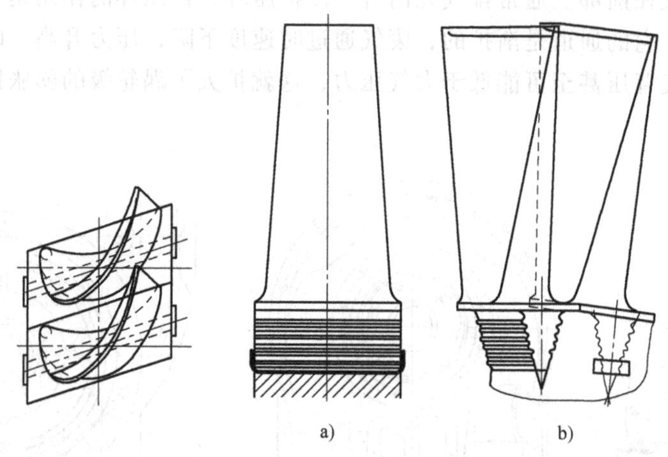

图 1-28　涡轮工作叶轮的结构形式

a）叶片结构　b）叶根结构

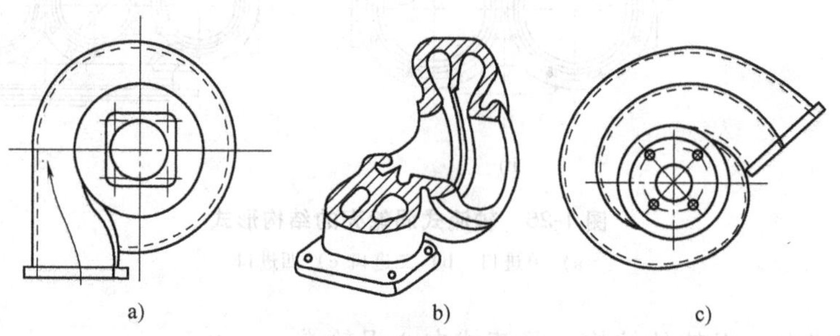

图 1-29　径流式涡轮蜗壳的结构形式

a）单通道进气　b）双通道 360°全周进气　c）双通道 180°分隔进气

径流式向心涡轮的喷嘴环，根据有无喷嘴叶片分为无叶喷嘴环和有叶喷嘴环。

无叶喷嘴环与涡轮壳做成一体，构成无叶蜗壳。无叶蜗壳的径向截面向喷嘴出口逐渐缩小，而喷嘴入口则没有明确的界限，如图 1- 30 所示。它不仅担负着一般蜗壳的功能，同时还起着喷嘴环的作用。无叶蜗壳的特点是尺寸小、质量轻、结构简单、成本低，在变工况工作时效率变化比较平坦，但最高效率低一些。因此，无叶蜗壳用于经常处于变工况条件下工作的车用涡轮增压器中。但无叶蜗壳匹配不同的发动机时，要用不同通道尺寸的蜗壳，与有叶喷嘴只需更换喷嘴叶片相比，其适用范围较小。

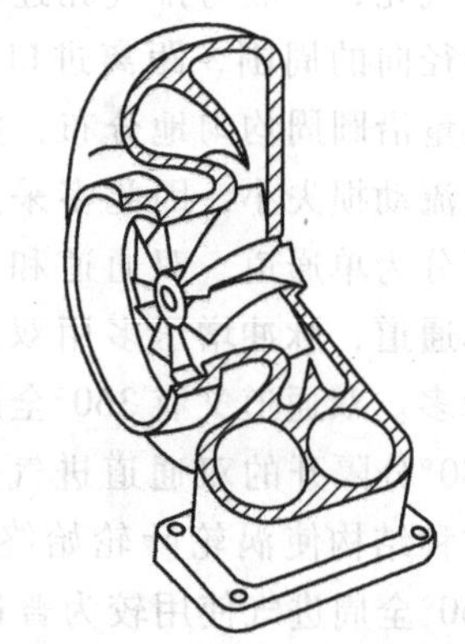

图 1-30　无叶蜗壳的结构

有叶喷嘴环由喷嘴叶片和环形底板形成径向收敛的通道，如图 1-31 所示。结构形式有整体铸造和装配式两种。整体铸造式制造方便，成本低，工作可靠；装配式通过不同的安装角可适应不同流量和功率的发动机的需要，局部损坏时可单独更换叶片，但其零件数目较多，加工及装配费工时。采用有叶喷嘴只需更换喷嘴就可得到适应不同发动机要求的变型产品，有利于涡轮增压器的系列化。

径流式向心涡轮的叶轮，一般都是半开式结构。为了提高涡轮增压器在发动机变工况时的响应性，要求转子部件的转动惯量尽量小。因此，小型涡轮增压器中，通常采用开式叶轮。开式叶轮还可减少叶轮轮盘的离心应力，对叶轮轮盘的强度有利。但开式叶轮的自振频率较低，这对叶片的强度和刚度极为不利。因此，在开式叶轮中，在叶片进口沿轴向取一较大的后弯角，并沿径向设计成等强度截面，即直径越小处叶片越厚。

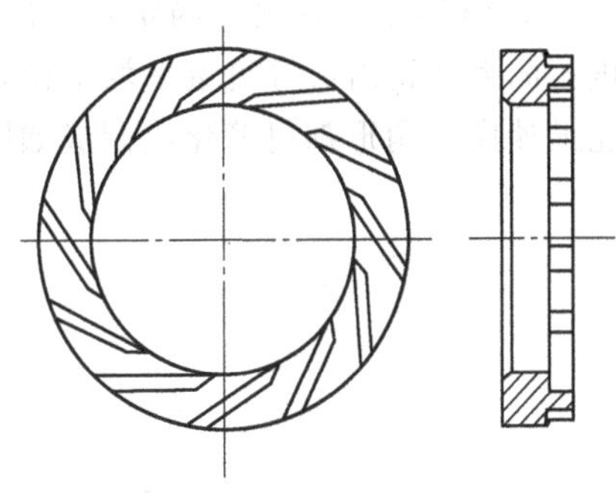

图 1-31 有叶喷嘴环的结构

涡轮叶片的叶形目前大多采用抛物线叶形，因为抛物线叶形气动性能好，效率较高。由于叶轮的叶形复杂，材料又是高镍耐热合金，机械加工很困难，因此都采用精密铸造成型。大尺寸叶轮铸件的质量难保证，另外叶轮的气流通道较长，造成叶片与轮盘间存在较大的热应力，而且尺寸越大热应力越高。这些也是径流式向心涡轮只限于在小型涡轮增压器上采用的原因之一。实际生产的涡轮增压器中，涡轮叶轮直径小于 160mm 时，全部采用径流式涡轮；超过 300mm 时，多采用轴流式涡轮；在上述尺寸之间时，两种涡轮都可以采用。

3. 涡轮的工作原理

在涡轮蜗壳入口即发动机排气管出口，气体具有较高的压力、温度和一定的速度。由于进气壳有一定的膨胀、加速作用，而在喷嘴中又有相当多的压力能转化为动能，因此在蜗壳和喷嘴中，气体的压力和温度降低，速度迅速升高，到喷嘴出口时，气体的速度达到最高。在叶轮中，气体的动能转化为叶轮的机械功，使速度大幅度降低。对于反力式涡轮，仍有部分压力能边转化为动能边对叶轮做功，使压力和温度进一步降低。对于冲击式涡轮，由于气体的膨胀已在喷嘴中基本完成，因而在叶轮中压力和温度则降低很少。从叶轮出来的气体通过排气壳后排入大气。

(1) 涡轮叶轮进、出口的速度三角形　图 1-32 示出了等流量平均直径处轴流式涡轮喷嘴叶片和转子叶片的剖面及叶轮进、出口的速度三角形。

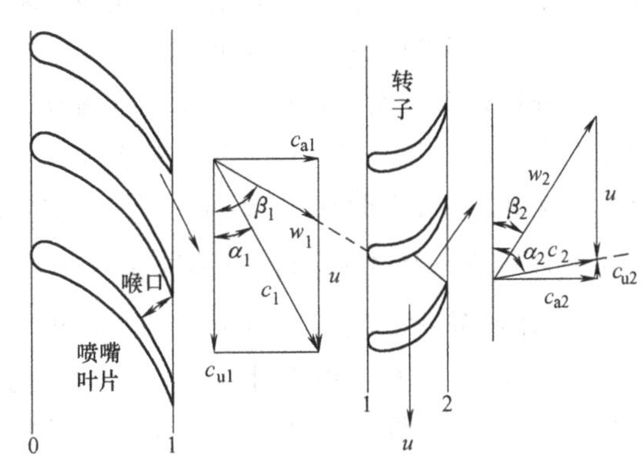

图 1-32 轴流式涡轮速度三角形

在叶轮入口，u 为叶轮的旋转线速度，即气体的牵连速度；c_1 为气体由喷嘴流出的绝对速度，α_1 为绝对速度的气流角（即 c_1 与 u 方向的夹角）；w_1 为气体流入叶轮时的相对速度，β_1 为相对速度的气流角（即 w_1 与 u 方向的夹角）。可见，三个速度的矢量构成一个速度三角形。根据 u 和 c_1 的大小与方向，可以确定气体流入叶轮时的速度及方向。叶轮出口与叶轮入口是在同一直径处，牵连速度仍为 u，即 $u_1=u_2=u$；w_2 为气体由叶轮流出时的相对速度，β_2 为相对速度的气流角（w_2 和 u 反方向的夹角）；c_2 为气体的绝对速度，α_2 为绝对速度的气流角（c_2 与 u 反方向的

夹角)。

图 1-33 所示为径流式涡轮叶轮进、出口的速度三角形。其中，u_1 为叶轮入口的轮周线速度，u_2 为叶轮出口等流量平均半径处的线速度，其他符号的含义与轴流式涡轮相同。两种涡轮的速度三角形都可简化绘制成如图 1-34 所示的形式。

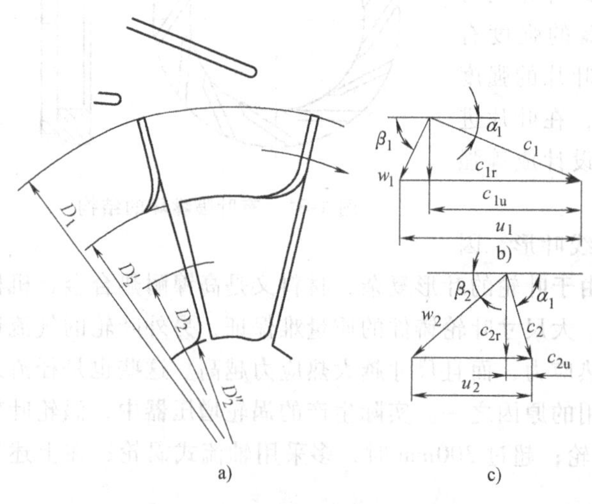

图 1-33　径流式涡轮速度三角形

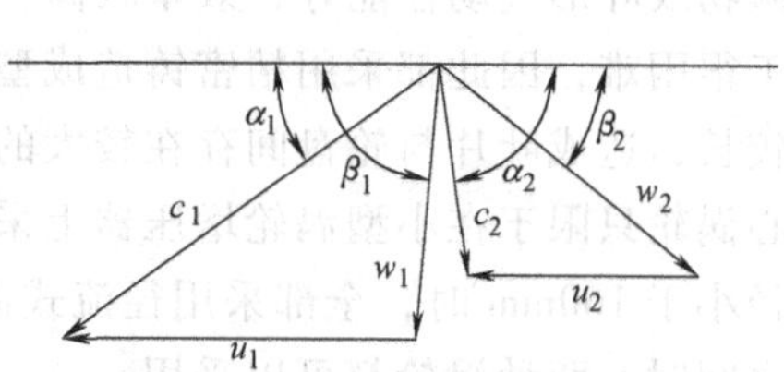

图 1-34　速度三角形的简化形式

(2) 涡轮工作过程的焓熵图　气体流过涡轮时，质量焓 h（或温度 T）、压力 p 和速度 c 的变化情况可用焓熵图清楚地表示出来，如图 1-35 所示。图中的 0 点表示涡轮进口气体状态，其压力为 p_T，温度为 T_T，此时具有速度 c_0，0^* 点则表示相应的滞止状态。在蜗壳与喷嘴中的膨胀过程，对于定熵过程，按 0—1s 进行；对于实际过程，由于存在流动损失使熵增加，是按 0—1 进行。1 点表示涡轮叶轮入口处气体状态，此时气体的速度为 c_1，滞止状态为 1^* 点。由于该过程气体不做功，总的能量守恒，$H_0^* = H_1^*$。在工作叶轮中，定熵过程是按 1—2s 进行，实际过程是按 1—2 进行。由于叶轮出口的气体仍具有一定的速度 c_2，其动能为 $c_2^2/2$，这部分能量将被排入大气而损失掉，称为余速损失。当在蜗壳、喷嘴和叶轮中全为定熵过程时，则按 0—1s—2ss 进行。如将坐标建立在旋转的叶轮上，叶轮进、出口气流的动能为相对速度的动能 $w_1^2/2$ 和 $w_2^2/2$，滞止状态分别为 $1I^*$ 和 $2I^*$ 点，由于在相对坐标下，叶轮不转则不对气体做功，$1I^*$ 和 $2I^*$ 点的焓值相同。

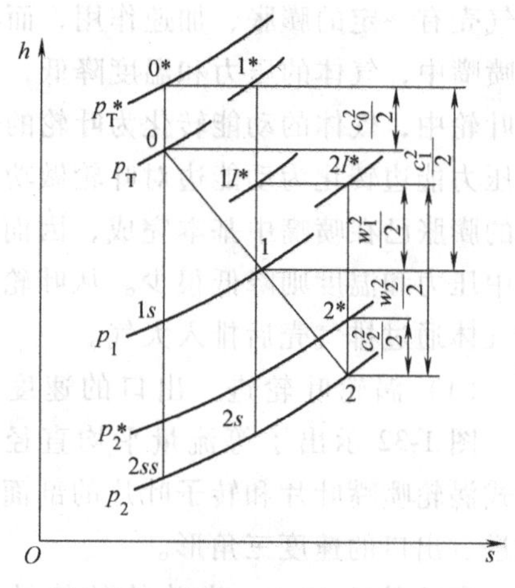

图 1-35　涡轮工作过程的焓熵图

根据能量守恒定律，在一定的膨胀比下，气体对涡轮做功的最大可用能量就是涡轮入口的滞止焓与定熵过程叶轮出口的静焓之差，即

$$H_T = H_T^* - H_{2ss} = c_p(T_T^* - T_{2ss}) = \frac{\kappa R T_T^*}{\kappa - 1}\left[1 - \left(\frac{p_2}{p_T^*}\right)^{\frac{\kappa-1}{\kappa}}\right] \tag{1-16}$$

而实际上，由于存在着流动损失、余速损失等，气体对涡轮所做功是涡轮入口的滞止焓和实际过程叶轮出口的滞止焓之差，即

$$W_T = H_T^* - H_2^* = c_p(T_T^* - T_2^*) = \frac{\kappa R T_T^*}{\kappa - 1}\left(1 - \frac{T_2^*}{T_T^*}\right) \tag{1-17}$$

对于反力式涡轮，喷嘴与叶轮之间的焓降分配用反动度表示，反动度可以有几种不同的定义，通常可定义为

$$\Omega_T = \frac{H_{1s} - H_{2ss}}{H_T^* - H_{2ss}} \tag{1-18}$$

在纯冲击式涡轮中，反动度为零。在涡轮增压器中，多采用反力式涡轮，通常轴流式涡轮的反动度在0.30~0.50，径流式涡轮的反动度在0.45~0.52的范围内。

（3）涡轮的主要工作参数　涡轮的主要工作参数有涡轮定熵效率、膨胀比、气体流量和涡轮转速等，并以这些参数及其相互关系来表示涡轮的工作性能。

1）定熵效率 η_{adT}。涡轮定熵效率（简称效率）是涡轮的主要性能参数，它是评价涡轮设计和制造完善程度的重要指标。定熵效率的定义为：实际过程中的气体对涡轮做功与理想的定熵过程气体对涡轮做功的最大可用能量之比，即

$$\eta_{adT} = \frac{W_T}{H_T} = \frac{H_T^* - H_2^*}{H_T^* - H_{2ss}} \tag{1-19}$$

2）膨胀比 π_T。涡轮膨胀比是代表气体在涡轮中具有做功能力的重要参数，定义为涡轮进口气体滞止压力与涡轮出口气体静压力之比，即 $\pi_T = p_T^* / p_2$。

3）流量 q_{mT}。单位时间内通过涡轮的气体质量称为涡轮的气体流量（单位为kg/s）。在涡轮增压发动机中，无泄漏和放气时，通过涡轮的燃气流量等于压气机流量与发动机燃烧的燃料流量之和。

在分析各性能参数之间的关系时，为了使涡轮性能在不同入口气体状态下具有可比性，应采用无量纲的相似流量 $q_{mT}\sqrt{T_T^*}/p_T^*$ 表征涡轮的流量。在实际应用中，为了便于与设计工况进行比较，也经常采用折合流量来表征涡轮的流量。与压气机不同的是，所谓折合流量是指非设计工况下的相似流量与设计工况下的相似流量之比。

4）涡轮转速 n_T。由于涡轮与压气机同轴，涡轮转速与压气机转速相等，统称涡轮增压器转速，单位为r/min。在分析各性能参数之间的关系时，应采用相似转速 $n_T/\sqrt{T_T^*}$。但涡轮的相似转速与压气机的相似转速不存在相等的关系。

5）速比。速比是涡轮设计中及对涡轮和压气机进行匹配时的重要的设计参数。对于轴流式涡轮，定义为 u/c_0；对于径流式涡轮，定义为 u_1/c_0。其中，u、u_1是工作叶轮入口处的叶轮线速度；c_0是一个假想速度，指燃气从进口状态不对外做功而定熵膨胀到涡轮出口压力所能达到的速度。

由于效率、膨胀比和速比均为无量纲量，可直接作为相似参数。

4. **涡轮的特性曲线**

涡轮在实际运行时，当柴油机的转速、负荷发生变化时，排气涡轮进口的温度、压力、流量都会发生相应的变化，使涡轮的焓降、速度三角形随之而变，从而使涡轮工作在非设计工况。这种非设计工况叫作变工况。与压气机一样，涡轮在变工况时气流参数的变化是通过特性曲线来表示的。也就是说，涡轮特性曲线表示了在各种工况下涡轮主要工作参数间的变化关系，是确定涡轮与发动机匹配合理与否的重要依据。涡轮性能曲线最常用的形式是表征涡轮通流能力的流量特性曲线和表征涡轮效率变化的效率特性曲线。

（1）流量特性曲线　流量特性曲线是以相似流量 $q_{m\mathrm{T}}\sqrt{T_\mathrm{T}^*}/p_\mathrm{T}^*$ 为横坐标，膨胀比 p_T^*/p_2 为纵坐标，相似转速 $n_\mathrm{T}/\sqrt{T_\mathrm{T}^*}$ 为参变量的一组曲线。

图 1-36 中虚线部分为径流式涡轮的流量特性，图 1-37 所示为轴流式涡轮的流量特性。由这两图可见，当转速一定时，相似流量随膨胀比的增大而增加，直至达到流量最大值。若再继续增大膨胀比，涡轮流量也不会再增加，这时的流量称为阻塞流量。发生流量阻塞的原因是喷嘴环或涡轮叶轮中某处气流速度已达到了当地声速。涡轮实际工作时，由于喷嘴出口处流速最高，往往是该处先于叶轮发生流量阻塞。

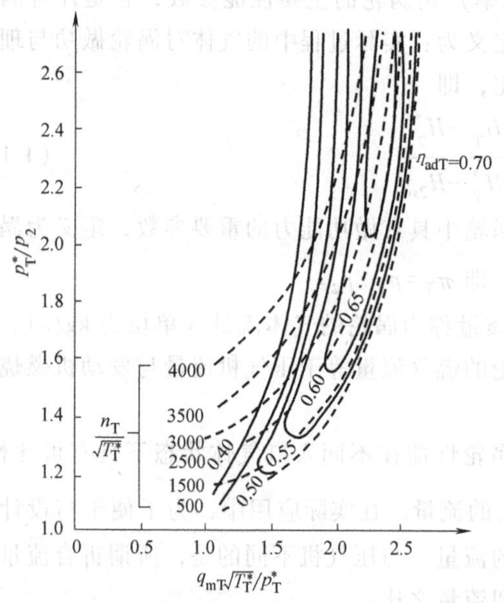

图 1-36　具有等效率线的径流式涡轮流量特性

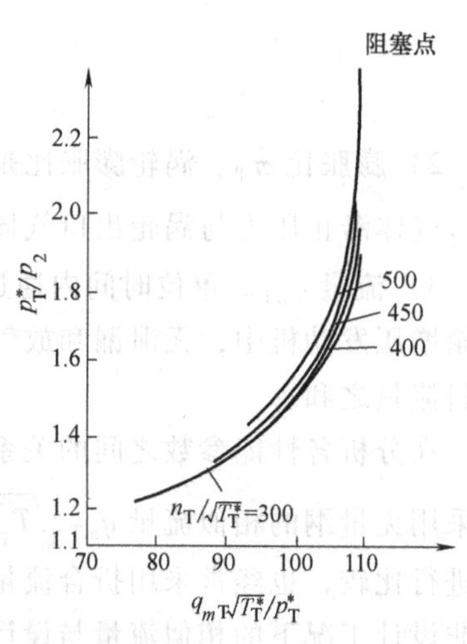

图 1-37　轴流式涡轮的流量特性

比较两种涡轮的流量特性曲线可以明显地看到：在径流式涡轮中，由于离心力场的作用，转速对膨胀比与流量的影响较轴流式的大得多。这是因为在径流式涡轮中，当膨胀比不变、转速增加时，由于离心力的增加使叶轮进口处的压力增加，使喷嘴环出口气流速度下降，喷嘴环前后压差减小，使流量降低；同理，当流量不变时，随转速增加膨胀比会增大。在轴流式涡轮中，由于叶轮进、出口直径无变化，因而转速对喷嘴出口压力基本无影响。这就使得转速对膨胀比与流量的影响较小，甚至有时可以近似地用一条与转速无关的单一曲线表示。

（2）效率特性曲线　涡轮的效率特性曲线，是表示在不同的相似转速下，涡轮定熵效率与速比之间的相互关系。图 1-38 所示为径流式涡轮的效率特性，图 1-39 所示为轴流式涡轮的效率特性。

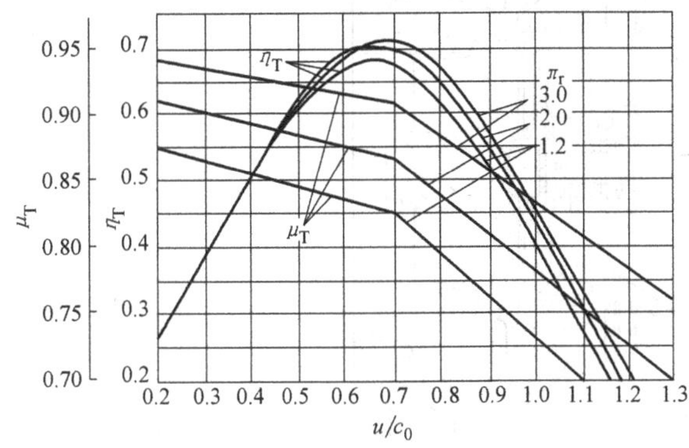

图 1-38　径流式涡轮的效率特性

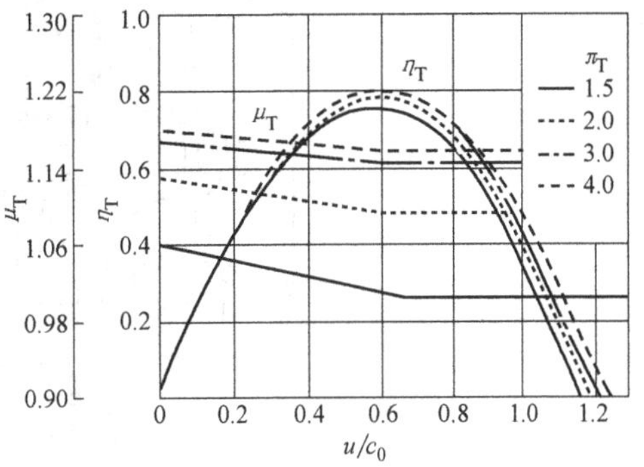

图 1-39　轴流式涡轮的效率特性

涡轮的效率特性主要是由喷嘴及涡轮内的损失特性所决定的。当涡轮在变工况下工作时，速比偏离了设计值。喷嘴中的损失虽然变化不大，但在涡轮叶轮中，无论速比是大于还是小于设计值，都要产生气流的撞击和分离，使涡轮效率下降。因此，只有在设计工况时损失最小，效率最高，越偏离设计工况，效率越低。对比两种涡轮的效率特性曲线，可以看到：轴流式涡轮高效率范围较宽，而径流式涡轮的高效率范围较狭窄，而且当速比超过一定数值后，涡轮效率急剧下降。这是由于在径流式涡轮中，燃气流动的方向与离心力场作用的方向相反，在燃气流量小（即 u/c_0 大）至一定程度时，燃气所做的功大部分用于克服离心力场的作用，因而有效功较小。

由于上述涡轮的流量特性和效率特性都是采用相似参数绘制，可以不受外界条件的限制，适合于任何进口状态，应用十分方便，因此称为涡轮的通用特性曲线。由于在转速一定的情况下，流量和速比具有相应的直接关系。即流量越大，速比越小，因此可用流量代替速比反映效率特性。这样，流量特性和效率特性就只涉及转速、流量、膨胀比和效率四个参数。实际使用中，经常把这四个参数之间的关系画在一张图上，用以反映流量特性和效率特性。由于是用相似参数绘制，也称其为涡轮的通用特性曲线，如图 1-36 所示。这组曲线能较全面地反映涡轮在变工况下各种性能的变化规律，当已知其中两个参量，便可由图中查出其余两个参量。与压气机特性曲线并列应用，可以方便地对涡轮和压气机的匹配和运行进行分析。

1.2.3　涡轮增压器

涡轮增压器通常由单级离心式压气机和单级涡轮两个主要部分以及轴承装置、润滑与冷却系统、密封与隔热装置等组成。由于压气机都是离心式的，则根据涡轮的结构分为轴流式涡轮增压器、径流式涡轮增压器和混流式涡轮增压器，图 1-40 和图 1-41 分别示出了径流式和轴流式涡轮增压器的典型结构。压气机和涡轮已在前两节中详细介绍过，本节主要介绍其他系统和装置。

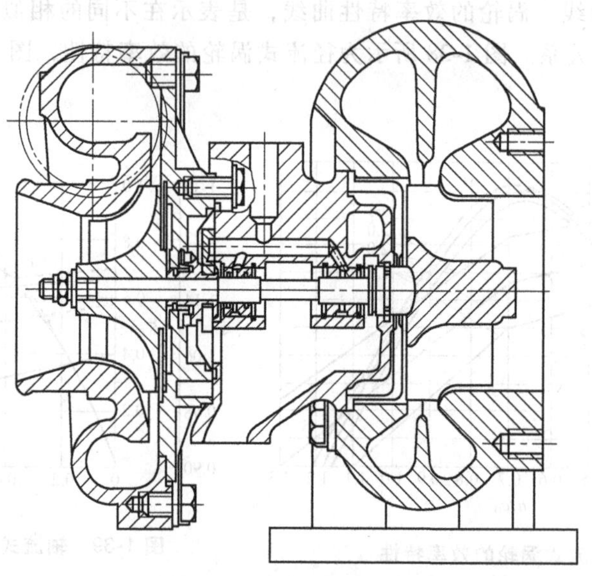

图 1-40　径流式涡轮增压器的结构（TO4B）

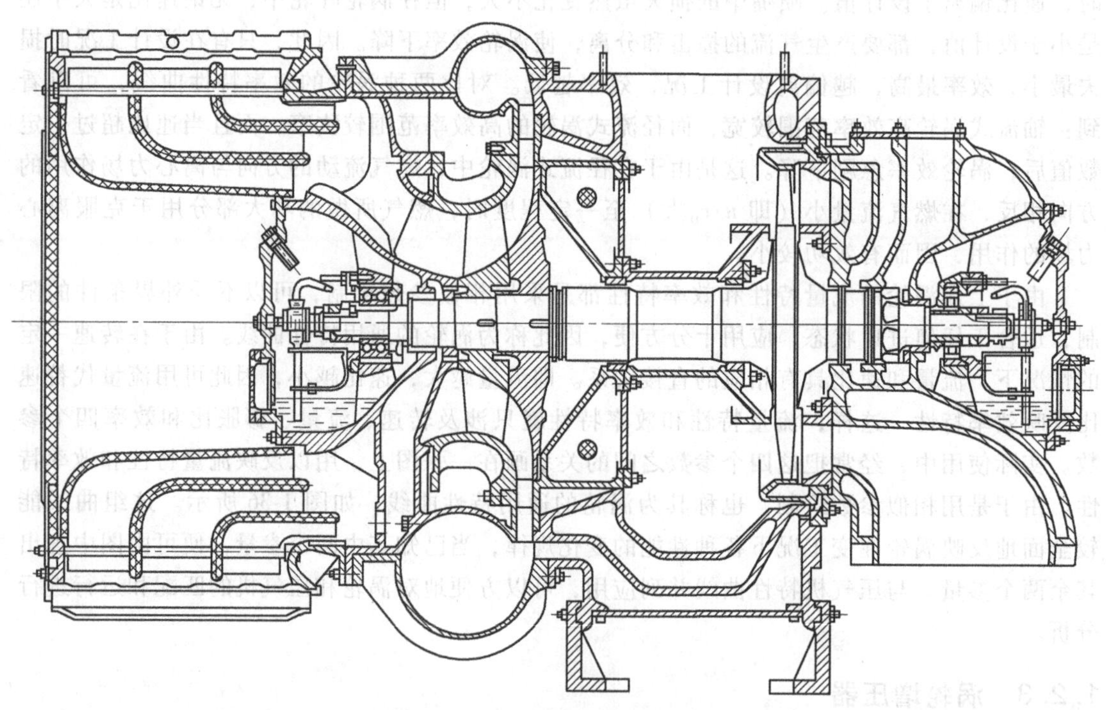

图 1-41　轴流式涡轮增压器的结构

1．轴承在涡轮增压器上的布置形式

轴承在涡轮增压器上的布置形式，决定了涡轮和压气机工作轮以及轴承的相互位置。一般有四种可能的轴承布置形式，如图 1-42 所示。

（1）外支承　两个轴承位于转轴的两端，如图 1-42a 所示。这种布置形式在轴流式涡轮

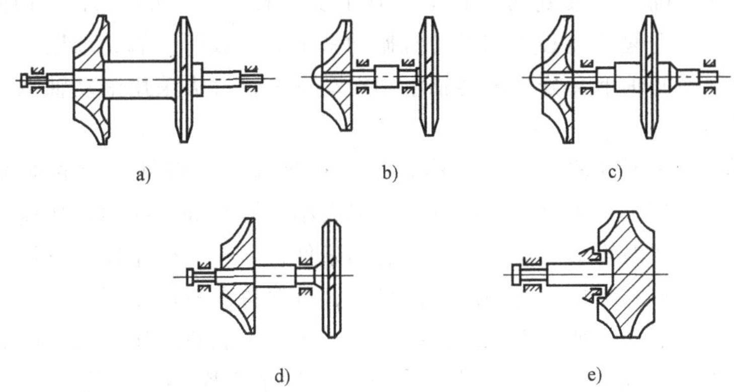

图 1-42 轴承在涡轮增压器上的布置形式

a）外支承 b）内支承 c）、d）内外支承 e）悬臂支承

增压器中是常见的。其主要优点是：转子的稳定性较好；两个工作轮之间的空间位置较大，便于对气体进行密封；对两端的轴承可分别采用单独的润滑系统，使轴承受高温气体的影响较小；转子轴颈的直径较小，降低了轴颈表面的切线速度。这些都增加了轴承工作的可靠性，延长了轴承的寿命。其缺点主要是：涡轮增压器的结构复杂，质量和尺寸都较大；压气机不能轴向进气，使其进口空气流场较难组织；清洗涡轮增压器的工作轮较难。因此，这种支承形式多用于大型涡轮增压器。

（2）内支承 两个轴承位于两个工作轮之间，如图 1-42b 所示。这种布置形式应用最多，其主要优点是：涡轮增压器的结构较简单，质量和尺寸都较小；压气机能轴向进气，流动阻力损失减小；清洗两工作轮比较容易，且不会因轴承而破坏转子的平衡。其缺点主要是：两个工作轮之间的空间较小，较难安排油、气的密封装置；支承轴颈较粗，使其表面切线速度增加；两轴承采用同一润滑系统，使靠近涡轮的轴承热负荷较大。这些都将影响轴承的工作寿命。因此，这种支承形式多用于中、小型涡轮增压器。

（3）内外支承 两个轴承分别布置在转轴的一端和两工作轮之间，有两种布置方案，如图 1-42c 和图 1-42d 所示。图 1-42c 所示布置形式的主要优点是：压气机能轴向进气，涡轮端的密封较易安排，局部拆卸零件即可清洗压气机工作轮，质量和尺寸介于上述两者之间。其缺点是：压气机端轴颈的切线速度较高，转子的稳定性较外支承的差，润滑也不及外支承的好。图 1-43d 所示布置形式的优缺点与图 1-42c 相近，压气机也不能轴向进气。因此，采用得较少。

（4）悬臂支承 压气机叶轮和涡轮叶轮背对背，轴承都在压气机一侧，如图 1-42e 所示。个别径流式涡轮增压器采用这种布置形式，其主要优点是：轴承均在低温处，有利于轴承的工作；两个叶轮可做成一体，使结构紧凑，质量和尺寸最小；涡轮盘可得到较好的冷却；漏气损失也较小。但其缺点是：涡轮的热量容易传至压气机，使压气机效率降低；转子的悬臂力矩大，稳定性不好；压气机进口空气流场受到不利影响；清洗两个工作轮较难。因此，这种支承形式只在极少场合使用。

综上所述，涡轮增压器中广泛采用外支承和内支承两种轴承布置形式。

2. 涡轮增压器的轴承

轴承对涡轮增压器工作的可靠性有重大关系。它不但要保证以高速旋转的转子可靠地工

作，而且还要使转子确定在准确的位置上。它承受着转子部件的重力、气体对转子的作用力、转子不平衡质量引起的离心力和发动机振动带来的外载荷，涡轮增压器上的轴承有径向轴承和推力轴承，径向轴承又分为滚动轴承和滑动轴承。过去采用滚动轴承的较多，现在采用滑动轴承的较多。

（1）滚动轴承 常用滚动轴承的结构如图 1-43 所示。一般外支承的轴承布置方案采用这种轴承。这种轴承的主要优点是：机械摩擦损失小；有良好的起动和加速性能，特别在大气温度较低时，能保证涡轮增压器有良好的起动条件；由于机械摩擦生热较少，使润滑油的消耗较少；一般采用独立的自行循环的润滑系统，可保持涡轮增压器的清洁；不需要单独设置推力轴承。但是，滚动轴承有不容忽视的缺点；为适应涡轮增压器高转速的要求，轴承的材料和加工精度要求很高；为防止产生振动载荷，轴承支座必须安装减振装置；构造较复杂，价格较高，工作寿命较短。

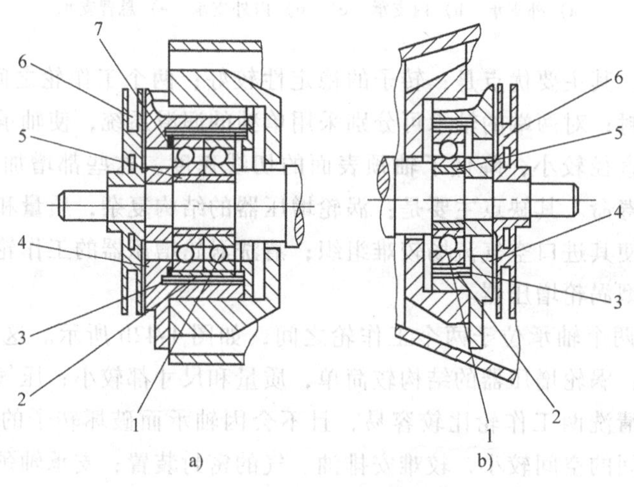

图 1-43 常用滚动轴承的结构

a）双列滚动轴承 b）单列滚动轴承

1—滚动轴承 2—轴承外套 3—弹簧片 4—轴承外壳

5—轴承内套 6—甩油盘 7—轴向垫片

在滚动轴承置于转子两端的情况下，转轴的轴颈直径较小。一般转轴设计成柔性轴，转子的工作转速高于转子与支承系统的二阶临界转速。图 1-43a 是双列向心推力球轴承的结构，一般安装在压气机端，可以承受一定的轴向力。轴承组合件由滚动轴承、轴承内套、轴承外套、弹簧片和轴承外壳等装配而成，用轴承盖和螺钉拧紧。一般轴承内套和轴承的内圈是加热后套紧的，而内套和转轴靠键连接，使轴承内圈和转轴一起运动。轴承的两侧有调整垫片，可以调整轴承的轴向位置。一组弹簧片安放在轴承外套和轴承外壳之间，它们之间一般有 0.25~0.35mm 的间隙。弹簧片按一定顺序排列，每一弹簧片的凸肩插入轴承壳的凹槽中，以限制它的转动。每片弹簧片上都有许多小孔，当弹簧片叠在一起时，小孔内可储存一些润滑油。这组弹簧片是一种减振装置。当转子出现振动和可能的冲击时，靠弹簧片的弹性吸振和其间挤出润滑油的阻尼作用来消振。图 1-43b 所示为单列向心球轴承的结构，一般安装在涡轮端，可以允许轴承有微小的轴向位移。当涡轮增压器工作时，转子受热后，轴会有一定伸长；当涡轮增压器停止工作时，转子冷却后轴会恢复到原来的长度。这时，压气机端的双列向心推力球轴承是固定点，转轴可向涡轮端自由伸长或缩短。

（2）向心滑动轴承　在涡轮增压器中，常用的向心滑动轴承分为多油楔轴承和浮动轴承。

滑动轴承构造简单、价格便宜、使用寿命长，可以用发动机润滑系统的润滑油工作，对振动不敏感。如果润滑油质量好，转子动平衡精度高，其使用寿命相当于柴油机的大修期限，甚至更长。但它的缺点是：机械摩擦损失较大，比滚动轴承高 2~3 倍；消耗的润滑油量较多。滑动轴承的材料要求耐磨、导热，常用锡青铜合金、高锡铝合金、青铜镀锡等。滑动轴承的结构必须保证正常工作时形成液体摩擦。轴和轴承之间有一定的间隙。这间隙的大小主要取决于转速。随着转速的增加，必须加大间隙，以保证通过较大的润滑油量和保证轴承温度不致过高。一般转轴和轴承之间的间隙等于轴颈直径的 0.2%~0.5%。当轴颈静止时，由于转轴本身重力的作用，轴颈和轴承在最低一点处接触，两边形成楔形的缝隙，如图 1-44a 所示。当轴颈按顺时针方向转动时，处于接触点右边间隙的润滑油在摩擦力作用下而引起运动，越接近轴颈的油层，运动速度越大，紧贴轴颈的油层与轴颈的运动速度相同，而附着在轴承上的油层速度为零。当轴颈带着润滑油通过最狭窄的间隙时，油被挤在最狭窄部分而产生压力。在油压力的作用下，轴颈便被抬起。随着轴颈转速的增加，油压力也增加，把轴颈和轴承完全隔开，在两者之间的下方后部油膜最薄，如图 1-44b 所示。当最小油膜厚度 h_{min} 大于轴颈和轴承的表面粗糙度之和时，便形成液体摩擦。

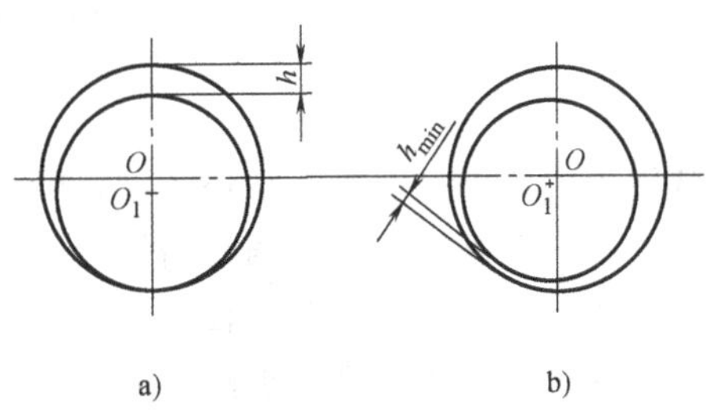

图 1-44　滑动轴承和轴的相对位置

a）静止状态　b）转动状态

滑动轴承的工作条件取决于转速和载荷。在高速、轻载情况下，轴在轴承的油层中会产生自振。而产生这种振动的临界转速和振幅，取决于轴承和载荷的结构形式。在一定的结构及载荷下，当达到一定转速时，轴在轴承的油层中便开始出现自振，即所谓油膜振动。随着转速的提高，振幅也迅速增大，使涡轮增压器运转极不稳定，严重时会破坏轴的正常工作，造成整台增压器损坏。因此，在高速涡轮增压器上使用滑动轴承时，必须解决油膜振动问题。

多油楔轴承是在轴承内表面均匀分布几个楔形的油槽，通常是采用三个油楔或四个油楔，如图 1-45 所示。润滑油从与楔形相同数目的油孔进入油楔中，当轴旋转时，轴颈带着润滑油通过楔形区，油楔被挤而压力升高，轴颈就在这种油楔压力下被抬起，随着转速的提高而实现液体摩擦。开油槽的目的是使润滑油沿摩擦表面均匀分配，容易实现液体摩擦，同时还能增加进入轴承的润滑油量，以降低轴承的工作温度。因为有多个油楔分别形成压力油膜，将轴紧紧压向平衡位置，因此轴的运动轨迹稳定。实际使用证明，多油楔轴承可以有效地克服油膜振动，在高速、轻载情况下，它是抗振性能较好的轴承。

浮动轴承又称浮动环，如图 1-46 所示。浮动轴承工作时，浮动环和轴颈、浮动环和轴承座之间都有一定的间隙并均充满油膜，轴承上有孔使内外油膜相通。一般浮动环外间隙为内间隙的 2 倍。当转轴旋转时，由于润滑油的黏性而引起摩擦力，使浮动环转动，其转动的速度一般为转轴转速的 25%~30%，形成两层油膜。由于浮动环内外都有间隙，可以增加润滑油量，以降低轴承工作温度。同时，由于浮动环内外都有油层存在，因而具有弹性，可以

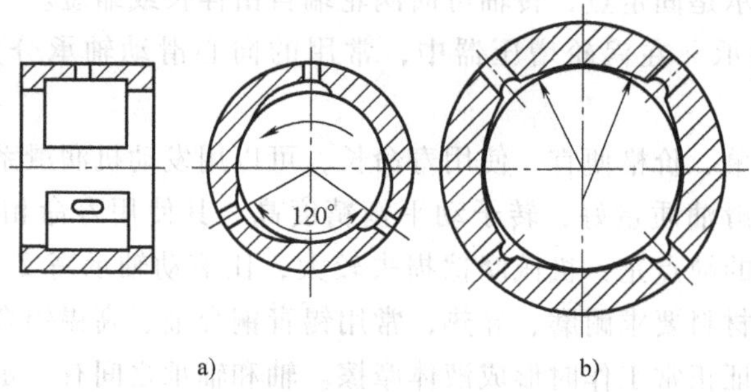

图 1-45　多油楔滑动轴承

a）三油楔　b）四油楔

消减转子的振动。由于浮动环转动，降低了相对于转轴的运动速度，因而更适合于高转速下工作，在小型高速径流式涡轮增压器中得到广泛应用。浮动轴承在结构上分为整体式和分开式。整体式浮动轴承的两个轴承由中间过渡段连为一体，两端面可兼作推力轴承，但其质量大、惯性大、加工精度要求高；分开式浮动轴承的两轴承分为两体，每个轴承两端由挡圈或垫片定位，其质量轻、惯性小、易于加工。高速涡轮增压器多采用分开式浮动轴承。

还有一种被称为半浮动轴承的弹性支承的滑动轴承。其结构与整体式浮动轴承类似，只是浮动环不转，其中的一个端面隔着一层特制的弹性垫片固定在轴承座上，轴承上有孔使内外油层相通，但只有内油层形成油膜。与全浮动轴承相比，半浮动轴承对轴承座的要求低，对轴承外表面与轴承座孔的同轴度精度要求低。

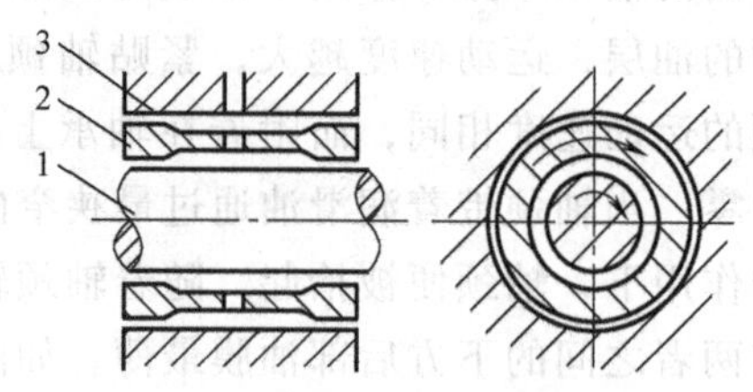

图 1-46　浮动轴承工作示意图

1—转轴　2—浮动轴承　3—轴承座

（3）推力轴承　推力轴承的作用是专门承受转子工作时产生的轴向推力。推力轴承一般设置在压气机端，因为此处温度较低。对于径流式涡轮增压器，作用在压气机叶轮上的轴向力和作用在涡轮叶轮上的轴向力方向相反，合力较小，多采用较简单的推力轴承装置，如图 1-47 所示。轴承安装在壳体上不动，两个推力片被隔环隔开，安装在轴上随轴旋转，两推力片跨轴承两端面限位，轴承内部有油孔，两端面有油楔，与推力片之间形成润滑油膜。

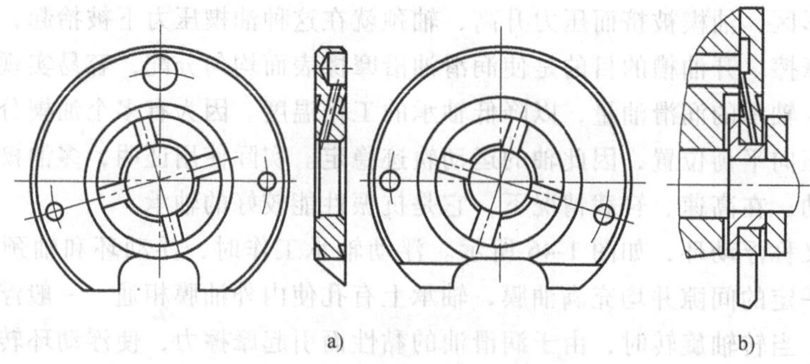

图 1-47　径流式涡轮增压器推力轴承

a）结构形式　b）工作状态

对于轴流式涡轮增压器，涡轮多为外侧轴向进气，作用在压气机叶轮与轴流式涡轮叶轮上的轴向力方向相同（指向压气机端），因此，其合力较径流式涡轮增压器的大。当径向支承为滑动轴承时，其推力轴承的形式如图 1-48 所示；而当径向支承为滚动轴承时，多在压气机端采用双列角接触球轴承来承受轴向推力并作为径向支承。

3. 轴承的润滑和冷却

为了保证轴承可靠地工作，必须为轴承提供足够的润滑油，对轴承进行润滑和冷却。在涡轮增压器采用滚动轴承时，一般采用单独的润滑系统，润滑方式有飞溅式和润滑油泵喷射式两种。在增压比和转速较低的涡轮增压器中，滚动轴承的机械摩擦损失很小，所产生的热量较少，因此需要的润滑油量较少。这时，可采用装在转轴端的甩油盘，使润滑油飞溅起来，一部分飞溅的润滑油通过轴承座上的通道进入轴承进行润滑和冷却，如图 1-49a 所示。在增压比和转速较高的涡轮增压器中，由于机械摩擦生热较多，需要较多的润滑油，这时可在转轴端部安装一个专门的润滑油泵，将润滑油喷入轴承中，以加强轴承的润滑和冷却，如图 1-49b 所示。

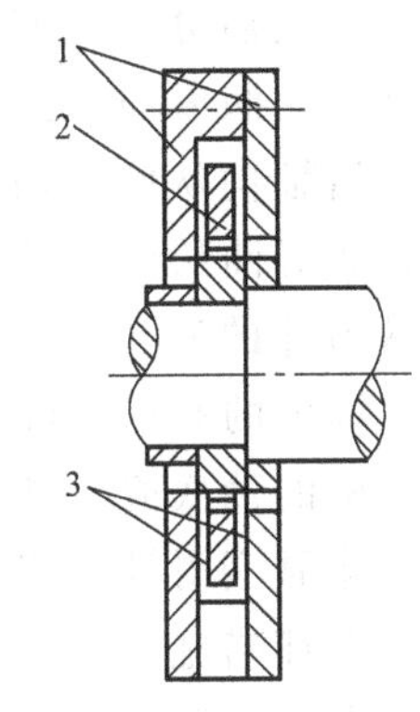

图 1-48 轴流式涡轮增压器推力轴承

1—轴承 2—推力盘 3—油槽

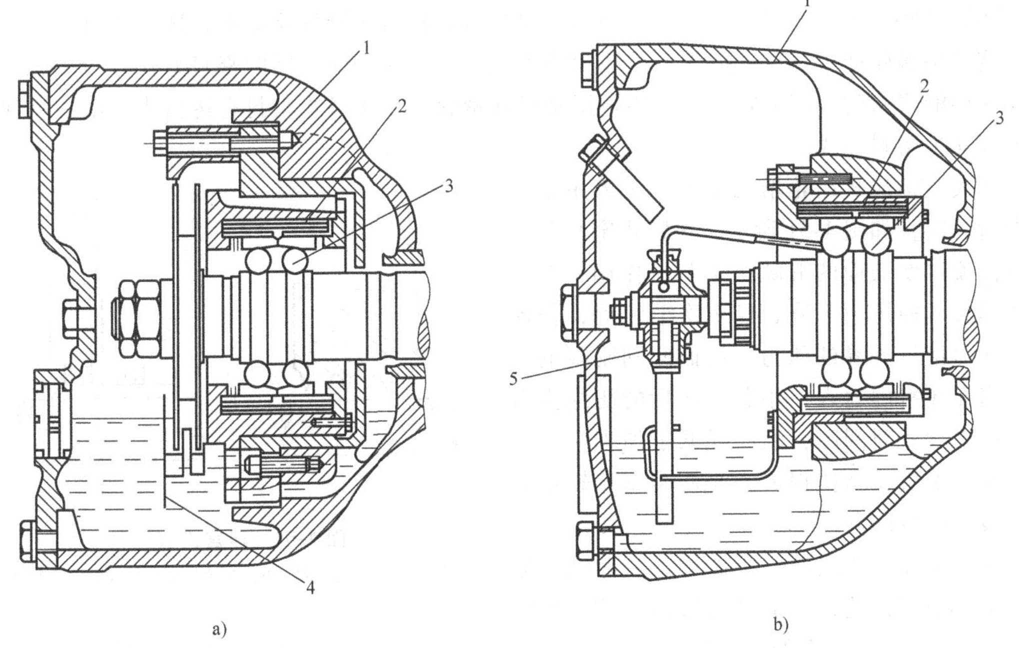

图 1-49 滚动轴承的润滑方式

a）飞溅式 b）润滑油泵喷射式

1—轴承外壳 2—弹簧片 3—滚动轴承 4—甩油盘 5—润滑油泵及喷射装置

在涡轮增压器中采用滑动轴承时，由于摩擦产生的热量很大，特别是在径流式涡轮增压器中，由于涡轮工作轮处在高温气体中，一部分热量从工作轮经过转轴传给轴承，因此必须供给大量的润滑油，对轴承进行润滑和冷却。为了能够形成油膜，必须采用压力润滑方式，

可与柴油机共用润滑油系统，一般润滑油的压力为 250～400kPa。如图 1-50 所示，冷却与润滑机油是从发动机机油滤清器出来，进入涡轮增压器中间壳上方的进油口，然后分别去润滑各轴承。对于浮动轴承，润滑油是沿径向从中间部位流入，沿轴向从两端面排出；对于推力轴承，润滑油从推力轴承上部的油孔进入，沿内部的油孔进到润滑部位，然后排出。排出的润滑油经中间壳回油孔回到发动机的油底壳。轴承工作时产生的热量，除靠润滑油带走外，有的还要采取其他冷却措施。如有的在涡轮壳和中间壳上设置水腔进行水冷，有的对压气机端轴承处的机壳进行气冷。

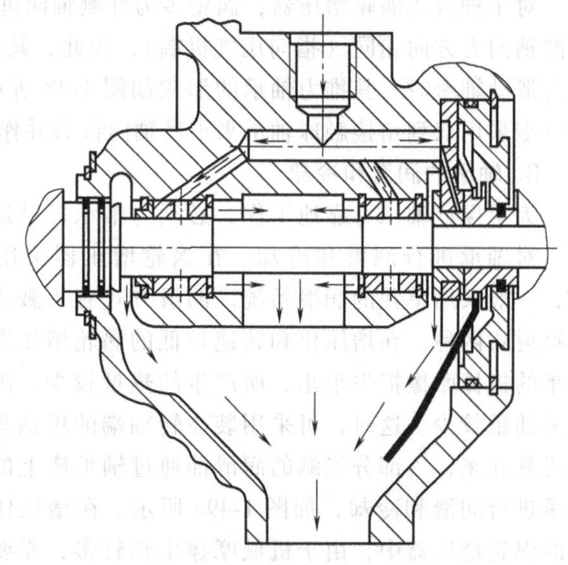

图 1-50　滑动轴承的润滑方式

4. 涡轮增压器的密封和隔热

涡轮增压器的密封装置包括气封和油封两种作用。防止压气机的压缩空气与涡轮的燃气进入润滑油腔，称为气封；防止轴承处润滑油漏入涡轮增压器气流通道，称为油封。良好的密封装置是涡轮增压器可靠工作不可缺少的组成部分。涡轮增压器的密封方式分为接触式密封和非接触式密封。接触式密封主要是用密封环密封，非接触式密封有迷宫式、甩油盘和挡油板等几种密封形式。

在大型轴流式涡轮增压器中，多采用迷宫式密封装置，如图 1-51 所示。迷宫式密封是利用流体流过变截面的缝隙产生节流作用，造成压力损失，使压力下降，经多次节流后，使流体的压力接近外界的压力，从而起到密封的作用。当在迷宫内通入一小股增压后的压缩空气时，可加大密封间隙，因而降低了加工精度要求，减小了机械摩擦损失，并使涡轮端轴承得到了较好的冷却。

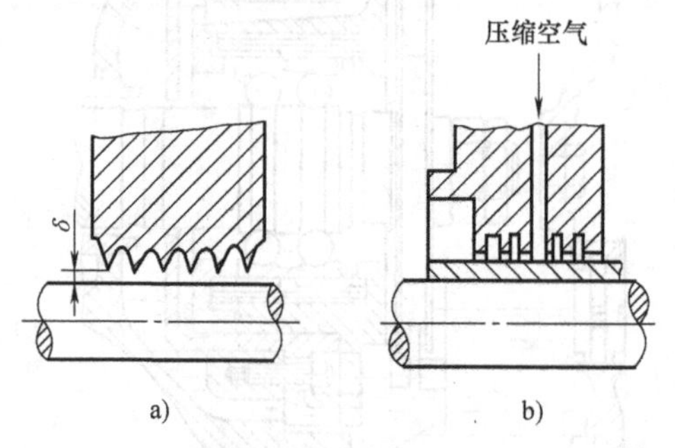

图 1-51　迷宫式密封

a）简单的迷宫式密封　b）通有压缩空气的迷宫式密封

在小型径流式涡轮增压器中，由于结构紧凑，不利于安排迷宫，常采用密封环密封辅以甩油盘和挡油板相结合的密封装置，如图 1-52 所示。密封环密封是将数个密封环分别安装在涡轮端和压气机端的密封环支承环槽内，密封环依靠弹力胀紧在密封环支承的外体上。密封环支承随转子轴旋转，而密封环不转，其侧壁与环槽之间有一定间隙进行密封。密封环内支承的内部常做成甩油盘形式，靠旋转离心力甩掉粘附在轴上的润滑油，避免其流到密封环处。

密封环的弹力要求非常严格，既不能太大也不能太小。密封环靠弹力胀紧在外支承上的轴向静摩擦力应大于燃气或空气压力造成的轴向力，另外，也不能出现由于密封环和环槽侧面的轻微摩擦造成的密封环随轴旋转现象。但当转子轴向窜动时，密封环又应能够轴向移动以避让，以免造成和环槽侧面的摩擦。密封环弹力主要是通过改变密封环材料的力学性能、自由状态的开口间隙和改变密封环的径向厚度进行调整。

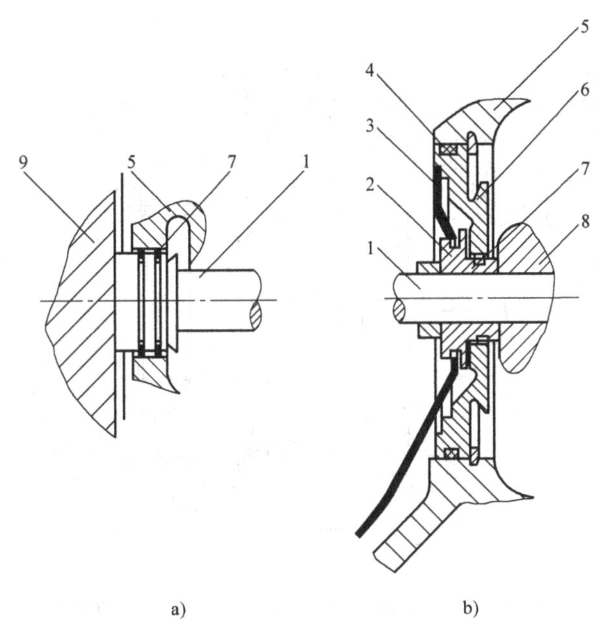

图 1-52 密封环式密封结构

a）涡轮端密封结构 b）压气机端密封结构

1—轴 2—密封环支承 3—挡油板 4—O 形橡胶密封圈 5—中间壳 6—油腔堵盖 7—密封环 8—压气机叶轮 9—涡轮叶轮

由于涡轮端的热量会传到压气机端及轴承处，不仅会使压气机内的压缩空气温度上升而降低压气机效率，而且还使轴承的工作可靠性受到威胁。因此，需要采取隔热措施。轴流式涡轮增压器常用以下隔热措施：

1）在涡轮壳或中间壳内布置冷却水腔，既起隔热作用，又可以对润滑油进行冷却。

2）涡轮轴装有隔热保护套。

3）压气机叶轮背后设有隔热室。

径流式涡轮增压器的隔热装置较轴流式涡轮增压器简单，这一方面是由于它多采用中间支承布置形式而且涡轮在外侧排气，燃气对轴及轴承影响较小；另一方面，对它的紧凑性要求也不允许布置复杂的隔热装置。因此，径流式涡轮增压器多采用在中间壳的涡轮一侧留有气室隔热，或同时兼有隔热板；也有的采用水冷中间壳，但不采用水冷涡轮壳。

1.3 增压技术发展历程与发展现状

1.3.1 国外增压技术发展历程与发展现状

1925 年，Buchi 获得了脉冲增压的专利。1926 年，Buchi 在瑞士机车车辆厂的四冲程 4 缸柴油机上进行了试验；次年，又在一台 6 缸柴油机上进行了试验，均获得成功，功率提高了一倍。但一级轴流式脉冲涡轮和两级离心式压气机组成的排气涡轮增压器，因体积庞大而不得不置于柴油机旁边的地面上，如图 1-53 所示。

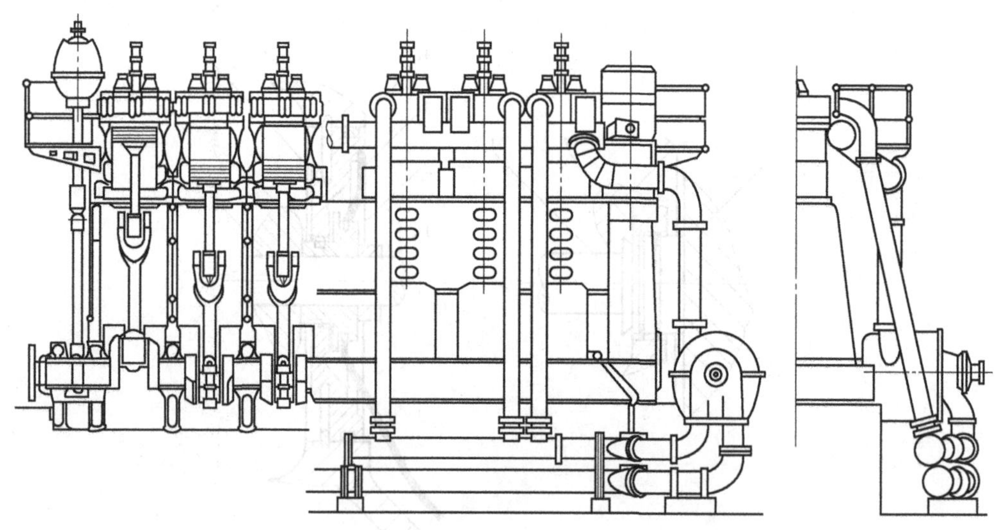

图 1-53　1927 年瑞士机车车辆厂做增压试验的柴油机

19 世纪 20 年代研发的一种轴流式涡轮增压器，如图 1-54 所示，由于排气能量利用有限，增压器转速低，结构笨重，与柴油机匹配时，只能与柴油机一样单独固定在基座上。

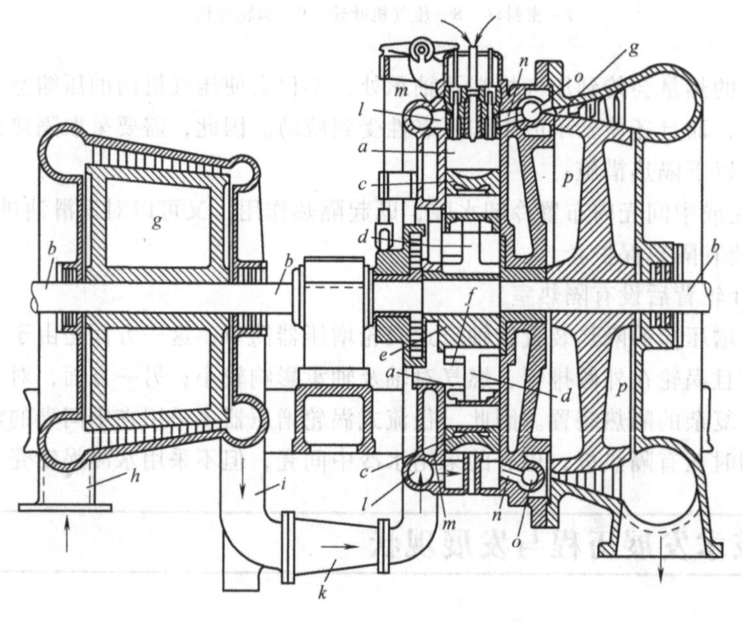

图 1-54　19 世纪 20 年代研发的一种轴流式涡轮增压器

此后，增压技术迅速发展。1942 年，MAN 公司研制了用于 MV40/46 型四冲程柴油机的带有两级轴流式涡轮和两级离心式压气机的涡轮增压器。1944 年，带有中冷器的 6 缸柴油机，其平均有效压力达到 1.47MPa。1949 年，MAN 公司申请了高压涡轮增压技术的专利权，其压比超过了 2。1952 年，丹麦首次把排气涡轮增压器装到远洋巨轮二冲程低速柴油机上。1953 年，MAN 公司研制的 KV45/66m. H. A 型十字头式重油发动机，平均有效压力为 1.6MPa。20 世纪 60 年代，巨大油轮的需要加速了增压技术的发展。1969 年，Brown Boveri（布朗·波维利）公司生产了供数万千瓦柴油机用的巨型涡轮增压器，压气机叶轮直径为 1m，压比为 3，质量为 12.5t。1978 年，意大利 Fiat（菲亚特）公司生产出 3.12 万 kW 的巨型增压柴油机，创造了罕见的单机功率的世界纪录。增压技术向高压比、大功率柴油机领域发展的同时，也向小功率、高速柴油机方向迈进。1937 年，法国 Newer（牛尔）首次把径流式涡轮用于涡轮增压器。径流式涡轮的叶轮和轴焊接成一体，强度好，增压器转速大幅提高，从而使增压器的质量、尺寸大大减小，排气涡轮增压技术产生了一次飞跃。20 世纪 50 年代初，人们又把浮动轴承应用到涡轮增压器中来，浮动环转速约为轴的 1/3 左右，这就有效地减小了轴承副的相对速度，使涡轮增压器的转速超过了 10 万 r/min 的大关。一种转速高、体积小的涡轮增压器问世了，这为车用内燃机增压创造了条件。随着气动力学和电算技术的进步以及加工工艺水平的提高，为设计和制造效率高、转速大、质量轻、惯性小、工作可靠的涡轮增压器打下了基础。目前，具有后掠式压气机叶轮、混流式涡轮、带放气阀及可变截面涡轮的新型涡轮增压器不断涌现。增压技术已发展到一个崭新阶段。表 1-1 反映了 20 世纪末国外主要增压器制造商典型涡轮增压器的主要技术参数。

这阶段增压柴油机的主要技术特征是：

在低速船用柴油机方面，主要指转速 $n=75\sim250$r/min、十字头式、二冲程柴油机。世界上主要有三大型号：MAN-B&W 的 MC 系列、New Sulzer Warsilla 的 RTA 系列和 MITSUBISHI 的 UEC 系列。它们全部采用定压涡轮增压系统，平均有效压力 $P_{me}=1.7\sim1.9$MPa，增压压力 $p_b=0.32\sim0.38$MPa，有效油耗率 $b_e=163\sim180$g/(kW·h)，最高爆发压力 $p_{max}=14.5\sim16.0$MPa。表 1-2 列出了 MAN-B&W 的 MC 系列各型柴油机的基本参数。这类柴油机提高热效率的措施一般采用较高的压缩比（几何压缩比 $\varepsilon>18$），较大的过量空气系数（$\phi_a=2.4\sim2.5$），较高的喷油压力（$p_{inj}>100$MPa），较高的涡轮增压器总效率（$\eta_{tb}\geq65\%$，$\eta_{tbmax}=74\%\sim75\%$），较高的机械效率（$\eta_m=93\%\sim96\%$）及可变喷油定时和配气定时系统；在 UEC75LS Ⅱ型柴油机上还采用了可变截面涡轮（VGT）系统。缸径 $D>500$mm 的低速柴油机中还可配有动力涡轮，涡轮出口后设废气锅炉，对压缩空气采用分级冷却的中冷器。

在中速柴油机方面，主要指舰船和电站用的 $n=500\sim1000$r/min，缸径 $D=160\sim640$mm 的四冲程高增压柴油机。一般情况下，平均有效压力 $p_{me}=2.0\sim2.5$MPa，最高爆发压力 $p_{max}=14\sim18$MPa，最高喷油压力 $p_{inj}=120\sim180$MPa，有效油耗率 $b_e=170\sim185$g/(kW·h)。表 1-3 列出了国外较先进的中速柴油机基本参数。为兼顾高、低工况，适应瞬态、稳态性能，多用模件式单排气总管增压系统，它具有结构简单、体积小、宜于系列化生产、涡轮效率高、兼有定压及脉冲系统的优点；也有采用高工况放增压空气或涡轮前气体、变截面涡轮及相继增压系统。对大缸径、大功率的中速柴油机，也有采用动力涡轮，直接带动发电机的。

在高速机方面，主要指大功率舰船用、中功率战车和载货车用以及小功率小客车用三方面的高速四冲程柴油机。大功率高速柴油机多为 V 形 12~20 缸。一般缸径 $D=165\sim240$mm，

表 1-1　国外几种典型涡轮增压器的主要技术参数

国别	制造厂(公司)	型号	质量流量/kg·s^{-1}	最高增压比 π_b	压气机叶轮直径/mm	最高转速/r·min^{-1}	质量/kg	外形尺寸/mm (长×宽×高)	配机功率/kW	备注	最高允许燃气温度/℃	配用发动机排量/L 汽油机	配用发动机排量/L 柴油机
美国	AiResearch(艾雷赛奇)工业公司	T31			60	150000	6.35	195×187×160	75~185	$\pi_b=2$ 时的质量流量			
		TO4B	0.115~0.396	3.0	~70	130000	7.26	188.7×221×160	40~180				
		TV61	0.24~0.61	3.6	~89	113000	16.33	264.4×277×228	110~260				
		TV71	0.41~0.92	3.7	~96		17.69	277.6×277×241	130~320				
		TV81	0.32~0.14	3.7	~104	90000	19.05	277.6×277×254	170~400				
		T18A	0.35~1.26	3.7	~125	70000	22~25	285×365×260	250~480				
德国	KKK(Kuhnle, Kopp& Kausch)公司	K0	0.015~0.13	2.7	~45		3		10~80				
		K1	0.02~0.18	2.7	40~55	220000			15~110				
		K2	0.06~0.29	3.4	60~87	160000	5.2~10.9	213×175×145	40~220				
		K3	0.16~0.56	3.4	89~112	100000	16.5~26.5	301×223×277	160~400				
		K4	0.48~0.88	3.4	127~140	75000	~29		360~600				
		K5	0.78~1.45	3.4	150~	65000			550~800				
		K6	1.34~1.80	3.4					720~1000				
英国	Holset(霍尔塞特)公司	H1A	0.048~0.23	2.9	60~65	125000	5.8	185×163×143	75	$\pi_b=2$ 时的质量流量			
		H1B	0.108~0.25	2.9	65	125000	10.0	220×237×160	103				
		H1C	0.074~0.21	3.2	65~72	140000			60~133				
		H2A	0.12~0.39	3.4	72~76	120000	11	226×220×158	100~170				
		H2B	0.13~0.40	3.5	80	120000	13	226×248×158	150~230				
		H2C	0.125~0.43	3.5	86~93	115000			147~206				
		H3	0.14~0.51	3.6	94~102		17.5	295.8×268.3×237	210~340				
		H4	0.24~0.72	4.0	94~102		26		330~450				
俄罗斯	乌拉尔涡轮发动机制造厂	TKR-5	0.04~0.14	2.15	50	180000	4.5	184×135×160	20~65	$\pi_b=2$ 时的质量流量			
		TKR-6	0.07~0.19	2.25	60	130000	4.8	176×146×184	35~75				
		TKR-7	0.17~0.27	2.40	76	110000	7.1	184×172×208	70~120				
		TKR-8	0.27~0.38	2.55	81	100000	8.5	241×202×237	110~170				
		TKR-9	0.32~0.40	2.70	91	90000	9.7	218×213×223	140~200				
		TKR-10	0.37~0.46	2.90	96.5	80000	10.3	303×226×278	170~230				

日本	IHI（石川岛播磨）重工业公司	RHB3	0.014~0.09	2.7	35~38	250000	1.9~2.1			$\pi_b=2$ 时的质量流量	950	~1.0	~1.5
		RHB5	0.028~0.16	2.8		180000	3.2				950	0.5~2.6	1.0~3.0
		RHB6	0.044~0.26	2.8		150000	4.1				950	1.4~3.9	1.6~4.4
		RH06	0.05~0.20	3	60	150000	3.5	191×170×148	22~100		750		
		RH07	0.13~0.42	3	76	110000	8.3	230×200×195	58~190		750		
		RH09	0.19~0.58	3		75000	17		85~265		750		
		RH10	0.19~0.64	3		75000	26		85~295		750		
		RH12	0.26~0.7	3		67000	45(29)		115~330		750		
		RH15	0.44~1.12	3		55000	65		200~515		750		
		RH19	0.60~1.80	3		45000	110		280~800		750		
	MITSUBISHI（三菱）重工业公司									质量流量、配机功率都是在 $\pi_b=2$ 时的，TD02~06带放气阀		摩托车　客车	
		TD02	0.01~0.05	2.2	34	260000	2.0	178.8×142×109	6~30		950	0.25　0.50	
		TD025	0.015~0.07	2.2	37	240000	2.3	178.8×148×109	9~40		950	0.40　0.75	
		TD03	0.02~0.09	2.3	40	230000	3.5	201×169×139	11~48		950	0.50　1.0	
		TD04	0.04~0.16	2.4	49	200000	4	214×169×139	22~96		950	0.75　1.5	
		TD05	0.05~0.22	2.9	58	170000	5	243×201×152	30~130		950	1.0　2.0	
		TD06	0.08~0.28	3.0	68	145000	6.5	243×208×152	50~170		950	1.3　2.6	
		TD07	0.125~0.38	2.8	78	132000	9.0		75~220		760		6
		TD08	0.18~0.56	3.1	90	114000	10.5		110~330		760		10
		TD10	0.2~0.75	3.4	110	90000	18		125~440		760		15
		TD13	0.26~1.0	3.6	136	72000	22		180~590		760		20
瑞士	ABB（Asea Brown Boveri）公司	RR150	0.44~1.32	3.5	160				200~1500	质量流量范围是在 $\pi_b=2$ 时的	750		
		RR180	0.60~2.04	3.5	180		60		200~1500				
		RR212	0.9~2.88	3.5	212		120		200~1500				
		RR153	0.70~1.20	3.7	160		55	360×440×380	300~700				
			TPS			56000							

$n=1300\sim2100\text{r/min}$，$p_{me}=2.3\sim3.0\text{MPa}$，喷油压力 $p_{inj}=150\text{MPa}$。表 1-4 列出了部分国外大功率高增压高速柴油机的基本参数。目前多用超高增压、二级增压，相继增压、米勒系统及 Hyperbar 等增压系统。中功率高速柴油机多为缸径 $D=105\sim150\text{mm}$、$n=1800\sim2600\text{r/min}$、$p_{me}=1.2\sim1.8\text{MPa}$，通常采用涡轮增压中冷。不少机型带放气阀，少数也采用变截面涡轮（VGT）增压技术。表 1-5 为国外典型列装坦克发动机的技术参数。小功率高速柴油机，一般缸径 $D=75\sim95\text{mm}$、$n=3800\sim4500\text{r/min}$、$p_{me}=0.8\sim1.3\text{MPa}$，多采用涡轮增压或增压中冷、电喷、排气再循环（EGR）及氧化催化技术，以满足日益苛求的排放指标。表 1-6 及表 1-7 列出了国外近期开发的部分轿车及轻型车柴油机的主要技术规格。

表 1-2　MAN-B&W 的 MC 系列各型柴油机基本参数

型号	S26MC	L35MC	L42MC	L50MC	S50MC	L60MC	S60MC	L70MC	S70MC	L80MC	S80MC	L90MC
D/mm	260	350	420	500	500	600	600	700	700	800	800	900
S/D	3.77	3.00	3.23	3.24	3.82	3.24	3.82	3.24	3.82	3.24	3.82	3.24
$n/\text{r}\cdot\text{min}^{-1}$	250	210	176	148	127	123	105	106	91	93	79	82
p_{me}/MPa	1.85	1.84	1.80	1.70	1.80	1.70	1.80	1.70	1.80	1.70	1.80	1.70
v_m①$/\text{m}\cdot\text{s}^{-1}$	8.2	7.35	8.00	8.00	8.10	8.00	8.00	7.94	8.10	8.00	8.05	8.00
p_{max}/MPa	17.0	14.5	14.5	14.0	14.0	14.0	14.0	14.0	14.0	14.0	14.0	14.0
$b_e/\text{g}\cdot\text{kW}^{-1}\cdot\text{h}^{-1}$	179	177	177	175	174	174	173	173	171	173	169	171
P_e/kW	400	647	993	1331	1427	1912	2044	2618	2809	3434	3640	4309

① v_m 为活塞平均速度。

表 1-3　国外较先进的中速柴油机的基本参数

公司名称	型号	D/mm	S/mm	$n/\text{r}\cdot\text{min}^{-1}$	p_{me}/MPa	$v_m/\text{m}\cdot\text{s}^{-1}$	p_{max}/MPa	p_{inj}/MPa	$b_e/\text{g}\cdot\text{kW}^{-1}\cdot\text{h}^{-1}$	P_e/kW
MAN-B&W	L48/60	480	600	450	2.17	9.0	16.0	130	169	885
MAN-B&W	L58/64	580	640	428	2.19	9.1	14.5	130	167	1325
SEMT	PC30	425	600	450	2.31	9.0	18.0	180	170	736
SEMT	PC40	570	750	375	2.22	9.4	15.5	130	168	1325
Sulzer Warsilla	VASA22	460	580	450	2.50	8.7	18.0	200	169	905
Sulzer Warsilla	VASA22	220	260	1000	2.19	8.7			195	180
Sulzer Warsilla	VASA22	320	350	750	2.13	8.75			181	410
Sulzer Warsilla	ZA40S	400	560	500	2.41	9.3	15.5		185	550
SEMT	PC2-6	400	460	520	2.20	7.97	15.0		186	550
Stork	F240	240	260	1000	2.03	8.7	15.0		188	185
Niigata	M28HT	240	480	420	1.97	6.72	15.0		182	196
Hashin	LX36L	360	670	320	2.31	7.15	17.0		174	
Hashin	6H28L	280	530	380	1.94	6.71	15.0		182	196
Daibatsn	6DK20	200	300	700	2.06	7.2	17.0		190	116
Akasaka	E28	280	480	440	2.3	7.04	17.0	140	181	245
Yammer	6N280EN	280	380	720	2.18	9.12	15.2	147	189	306

表 1-4 部分国外大功率高增压柴油机的基本参数

公司名称	型号	D/mm	S/mm	n/r·min^{-1}	p_{me}/MPa	v_m/m·s^{-1}	p_{max}/MPa	p_{inj}/MPa	b_e/g·kW^{-1}·h^{-1}	P_e/kW
DeutzMWM	MWM632	240	320	1200	2.4	12.8				350
Hedemora	VB	210	210	1700	2.2	11.9			238	222
Mirrless	MB190	190	210	1500	2.0	10.5			202	149
MTU	396	165	185	2100	2.31	12.9	15.5			160
	538	185	200	1900	2.42	12.7				206
	595	190	210	1800	3.02	12.6	18.0	150	222	270
	956-04	230	230	1500	2.88	11.5				
	1163-04	230	230	1300	2.94	12.1	15.0	150	212	370
Paxman	VALENTA	197	216	1640	2.26	11.81			228	203
	12VP185	185	190	1950	2.53	12.35				217
SACM	UD33	195	180	1800	2.43	10.8			211	202
	UD45	240	220	1500	2.31	11.0	14.0		212	283
SEMT	PA4-200	200	210	1500	2.23	10.5	14.0		227	184
	VGDS									
Niigata	11V16FX	165	185	1995	2.10	12.3			217	142

表 1-5 国外典型列装坦克发动机技术数据

国别	德 国	英 国	法 国	意大利	日 本	乌克兰
发动机型号	MB873Ka-501	CV12TCA	UDV8X1500	12VMTCA	10ZG32V10	6ТД-2
进气方式	涡轮增压中冷	涡轮增压中冷	超高增压中冷	涡轮增压中冷	2 级增压中冷	2 级涡轮增压
行程数及冷却方式	4 行程、水冷	4 行程、水冷	4 行程、水冷	4 行程、水冷	2 行程、水冷	2 行程、水冷
缸数及排列方式	12V90°	12V60°	8V90°	12V90°	10V90°	6 缸水平对置
燃料	多种燃料	多种燃料	柴油	柴油	多种燃料	
燃烧室	预燃室	直喷	直喷	直喷	直喷	
增压比	2.5	3	7.5	3.5		
压缩比	18	12	7.8		18.5	
(缸径/mm)/(行程/mm)	170/175	135/152	142/130	145/130	135/150	120/120×2
总排量/L	47.64	26.11	16.47	25.76	21.47	16.3
(标定功率/kW)/(转速/r·min^{-1})	1103/2600	896/2300	1103/2500	883/2400	1103/2400	882/2600
升功率/kW·L^{-1}	23.15	34.32	66.97	34.28	51.37	54.2
活塞平均速度/m·s^{-1}	15.2	11.65	10.83	9.96	12	10.4
平均有效压力/MPa	1.28	1.82	3.28	1.79	1.18	
转矩储备系数	1.16	1.07	1.05			
燃油消耗率/g·kW^{-1}·h^{-1}	245	226	235.3			220

表 1-6 国外近期开发的轿车车用柴油机主要技术规格

公司名称	机型	燃烧室	进气方式	缸数-缸径×行程/(mm×mm)	总排量/mL	最大功率 kW / 转速 r·min⁻¹	最大转矩 N·m / 转速 r·min⁻¹	标定工况平均有效压力/MPa
ISUZU(五十铃)	4JG2	涡流室	涡轮增压	L4-95.4×107	3059	N92/3200	N275/2000	1.128
DAIHATSU(大发)	CL-70	涡流室	涡轮增压	L3-76×73	993	N37/5000	N90/3000	0.894
NISSAN(日产)	CD20	涡流室	涡轮增压	L4-84.5×88	1973	N67/4400	N184/2400	0.926
VW(大众)		涡流室	涡轮增压	L4-79.5×95.5	1896	55/4200	150/2400	0.829
BMW(宝马)		涡流室	涡轮增压	L6-80×82.5	2497	105/4800	260/2200	1.055
FORD(福特)		涡流室	增压中冷	L4-82.5×82	1753	66/4500	180/2000	1.004
FORD(福特)	FSD425	直喷	涡轮增压	L4-95×79	2280 2500	73.5/4000	224/2100	0.984
FORD(福特)		直喷	涡轮增压	L4-90.5×93.7	2496	74/4000	224/2100	0.921
OPEL(欧宝)		涡流室	增压中冷	L4-79×86	1686	60/4400	168/2400	0.970
AUDI(奥迪)		直喷	增压中冷	L5-81×95.5	2460	85/4000	265/2250	1.036
TOYOTA(丰田)	3C-T	涡流室	涡轮增压	L4-86×94	2184	N74/4200	N216/2600	0.968
MITSUBISHI(三菱)	4D68-T/C	涡流室	涡轮增压	L4-82.7×93	1998	65/4500	176/2500	0.867
TOYOTA(丰田)	1KZ-TE	涡流室	涡轮增压	L4-96×103	2982	96/3600	290/2000	1.073
NISSAN(日产)	CD20Ti	涡流室	增压中冷	L4-84.5×88	1973	74/4400	206/2400	1.022
NISSAN(日产)	TD42T	涡流室	涡轮增压	L6-96×96	4169	107/4000	330/2000	0.770
MITSUBISHI(三菱)	4M40	涡流室	增压中冷	L4-95×100	2835	92/4000	294/2000	0.973
ISUZU(五十铃)	4FGI(T)	涡流室	涡轮增压	L4-89.3×95	2380	63/4300	172/2500	0.739
ISUZU(五十铃)	2JG2(T)	涡流室	涡轮增压	L4-95.4×107	3059	88/3600	270/2000	0.959
NISSAN(日产)	TD27T	涡流室	涡轮增压	L4-96×92	2663	85/4000	240/2000	0.957
MITSUBISHI(三菱)	4M40	涡流室	增压中冷	L4-95×100	2835	92/4000	294/2000	0.973
MITSUBISHI(三菱)	4D56	涡流室	增压中冷	L4-91.1×95	2477	77/4200	240/2000	0.888
MITSUBISHI(三菱)	4DR5	涡流室	涡轮增压	L4-92×100	2659	74/3300	221/2000	1.012
BMW(宝马)		涡流室	增压中冷	L4-80×82.8	1670	66/4400	190/2000	1.081
ISUZU(五十铃)	4JG2TC	涡流室	增压中冷	L4-95.4×107	3059	99/3600	294/2000	1.079
NISSAN(日产)	CD20Eti	涡流室	增压中冷	L4-84.5×88	1973	77/4000	221/2000	1.170
NISSAN(日产)	TD27Eti	涡流室	增压中冷	L4-96×92	2663	96/4000	278/2000	1.081
MAZDA(马自达)	WL-T	涡流室	增压中冷	L4-93×92	2499	92/4000	294/2000	1.104

表 1-7 国外近期开发的轻型车车用柴油机主要技术规格

公司名称	机型	燃烧室	进气方式	缸数-缸径×行程/(mm×mm)	总排量/mL	最大功率/kW / 转速/r·min⁻¹	最大转矩/N·m / 转速/r·min⁻¹	标定工况平均有效压力/MPa
ISUZU(五十铃)	4BE1	直喷		L4-105×105	3636	88/3500	265/1900	0.830
ISUZU(五十铃)	4BE2	涡流室		L4-105×105	3636	74/3300	235/1900	0.740
ISUZU(五十铃)	4HF1	直喷		L4-112×110	4334	99/3200	314/1700	0.856
NISSAN(日产)	ED35	涡流室		L4-102.5×105	3465	74/3500	221/2000	0.732
MAN(曼)	D0824	直喷		L4-108×125	4580	75/2700	310/1400	0.728
MAN(曼)	D0824L	直喷	增压中冷	L4-108×125	4580	114/2400	570/1300	1.244
ISUZU(五十铃)	4BD2TC	涡流室	涡轮增压	L4-102×118	3856	101/3000	345/1900	1.047
NISSAN(日产)	FD42	直喷		L4-108×115	4214	92/3200	299/2000	0.819
NISSAN(日产)	FD46	直喷		L4-108×126	4617	99/3000	329/1800	0.858
MAZDA(马自达)	VS	涡流室		L4-98×98	2956	65/3750	196/1500	0.703
MAZDA(马自达)	TM	直喷		L4-109×122	4553	96/3000	324/1600	0.843
MITSUBISHI(三菱)	4D33-2A	直喷		L4-108×115	4214	96/3200	304/1800	0.854
KHD(道依茨)	BF4M 1012DE	直喷		L4-94×115	3192	66/2500	300/1500	0.992
HINO(日野)	JT-Ⅰ JT-Ⅱ	直喷	增压中冷	L6-114×130	7961	191/2700 173/2700	745/1600 706/1600	1.066 0.966
KHD(道依茨)	BF4M 1012EC	直喷	涡轮增压	L4-94×115	3192	84/2500	378/1500	1.263
ISUZU(五十铃)	4HE1(T)	直喷	涡轮增压	L4-110×125	4751	118/2900	412/1700	1.028
TOYOTA(丰田)	1HD-FT	直喷	增压中冷	L6-94×100	4163	125/3600	380/2500	1.001
MITSUBISHI(三菱)	4D56	涡流室	涡轮增压	L4-91.1×95	2477	63/4200	196/2000	0.727
MAN(曼)	4.07T	直喷	涡轮增压	L4-93×103	2800	82/3800	285/2000	0.925
MAN(曼)	4.07TCA	直喷	增压中冷	L4-93×103	2800	97/3800	305/2000	1.095
MAN(曼)	6.07T	直喷	涡轮增压	L6-93×103	4200	123/3800	425/2000	0.925
MAN(曼)	6.07TCA	直喷	增压中冷	L6-93×103	4200	145/3800	455/2000	1.091
TOYOTA(丰田)	15B-FT	直喷	增压中冷	L4-105×112	4104	114/3200	382/1800	1.102
MITSUBISHI(三菱)	4D34T4-3A	直喷	增压中冷	L4-104×115	3907	121/3200	372/1800	1.161
BENZ(奔驰)	OM904LA	直喷	增压中冷	L4-102×130	4250	90~125/2300	470~630/1200	1.105~1.535
PERKINS(珀金斯)	HSDT	直喷	涡轮增压(带放气阀)	V6-85.5×87		127/4500	400/2000	1.13

国外汽油机增压技术发展得比柴油机增压技术早。1910 年，Murray Willat（梅里·维拉）研制成二冲程旋转式汽油机，成为首台机械增压航空汽油机，其在 5200m 的高空可保

持地面功率。在第一次世界大战期间，许多航空发动机厂致力于研究汽油机机械增压并已达到很完善的程度。1921年，装有压气机的汽油机第一次参加汽车比赛。在游览车上相继也安装了带压气机的汽油机。为了防止缸内发生爆燃，汽油机只能在行驶速度不过高时使用压气机。汽油机的涡轮增压早在1917年法国Rateau（拉托）进行试验，但没有成功。1939年冬，第一台涡轮增压的二冲程汽油机进行了飞行试验。由于当时生产水平的限制以及增压器较笨重、效率低等原因，汽油机涡轮增压没有实现。以后，在赛车发动机上，涡轮增压技术的研究却引起了人们的重视。1952年，在美国印第安纳州的赛车会上，安装涡轮增压器的赛车创造了220km/h的最高车速，获得了第一名。经过10余年的研究，赛车汽油机的涡轮增压技术日趋成熟，自1969年以后相当长的时期内，赛车会上的冠军几乎均为涡轮增压汽油车所取得。1958年美国艾里萨奇公司首先开始对普通车用汽油机的涡轮增压技术进行研究，并于1963年在排量为5393mL的“雷鸟”车上安装了涡轮增压器，性能良好。同年，GM（通用）公司生产了一批F-85Jefier型涡轮增压汽油机的小轿车，发动机排量为3524mL。1966年，GM公司生产了一批增压汽油机小轿车。但是由于汽油机增压后热负荷很大、爆燃倾向加剧、防爆措施不得力、控制机构不简便等原因，汽油机增压汽车一度停产。20世纪70年代初，世界能源危机加剧以及排放污染问题突出，在节油和排气净化的促进下，人们又重视对汽油机增压技术的研究。同时，电子技术的高速发展也为爆燃控制创造了条件。据不完全统计，1973年后已有8家公司批量生产增压汽油机小轿车，并投放市场。1977年，GM公司首先生产V-6型涡轮增压汽油机，配用双腔化油器，功率增加了52%。20世纪80年代中期，GM公司生产的全部轿车中，采用增压的占30%。

20世纪末，随着直喷和电控技术的出现，车用汽油机性能有了很大的提高，欧、美、日的发展趋势相同。以日本为例，增压车用汽油机的最大平均有效压力由1986年的1.76MPa变为1995年的2.00MPa，提高了38.2%；最大升功率由1986年的77.2kW/L变为1995年99.4kW/L，提高了28.6%。与此同时，货车汽油机的涡轮增压器寿命已达100万km。欧、美、日的汽车排放法规越来越严格。CO、HC、NO_x的排放值与未控制前相比较，美国下降95%、96%和90%，日本下降95%、96%和92%，欧洲下降85%和78%（HC+NO_x）。

近10年来，发达国家排放法规进一步收紧，随着缸内直喷和电控技术高速发展，新材料不断出现，汽油机增压技术得到飞速发展。以Volkswagen公司开发的装在Polo轿车上的3缸1.0L TSI增压燃油分层喷射汽油机为例，该汽油机匹配的涡轮增压器，其涡轮叶轮材料为MAR-M246镍基合金，可耐1050℃的高温。其可以充分利用汽油机排出的高温废气能量，使增压器转速大增，增压压力可达0.16MPa（相对压力），这可以使增压汽油机较大幅度提升功率、补偿因净化废气必备的后处理装置所带来的背压升高而产生的负面影响。该型增压汽油机采用了EA211系列、喷油压力25MPa、5孔喷油器的直喷电控系统，有效控制了碳烟生成与缸内燃油附着引起局部过浓混合气有关的燃烧过程，其排放不仅可满足近期各国从严的法规要求，而且CO_2排放比原机降低了17%。由于有效控制了燃烧过程，克服了增压汽油机难以逾越的爆燃弊端，该机标定工况下可达85kW（5000~5500r/min）；最大转矩工况为200N·m（2000~3500r/min）。

当前国外柴油机增压技术发展具有以下一些特点：

1）产点高度集中，仅 Honeywell（霍尼韦尔）、Cummins（康明斯）、BorgWarner（博格华纳）、MHI（三菱重工）、IHI（石川岛播磨）和瑞士 ABB 六家公司的产量就占全球总产量的 90%。

2）压比高，为了保护正在被严重污染的地球表面空气质量，先进国家纷纷制定了日益苛求的排放法规，对增压内燃机提出了更为严格的要求。增压内燃机制造商采取了机内净化和机后净化两方面的措施，机后净化措施诸如选择性催化还原装置（SCR）、废气再循环装置（EGR）、柴油机氧化催化器（DOC）和颗粒捕集器（DPF）等，这些机后净化措施或多或少提高了发动机排气背压，或减少了缸内含氧量。这些措施最佳补偿办法就是提高增压器的压比，也就是增加进气密度。例如 Volkswagen 公司新型 4 缸直喷柴油机采用二级增压，其低压级增压压力 $p_b = 0.38\mathrm{MPa}$（绝对），而高压级采用可变截面增压技术（VGT），在 300ms 时间内打开电动机构，增压压力立刻升至 0.15MPa（相对）。

3）全部采用高压共轨喷油技术，在上例中，最高喷油压力为 250MPa；每循环喷油 8 次，包括 2 次预喷射，1 次主喷射，5 次后喷射，最小喷油量为 $0.5\mathrm{mm}^3$。

4）转速高，为了提高内燃机瞬态响应性，增压器转动惯量必须减小，故增压器向小型化方向发展，其转速越来越高，德国 3K-Warner 公司生产最小增压器的压气机叶轮外径 $D_2 = 31\mathrm{mm}$，其转速 $n = 300000\mathrm{r/min}$。

5）工作可靠性高，美、英、德、日、俄等国的增压器制造厂均以产品工作可靠性高为前提。为了使增压器与柴油机同寿命，在材料上下功夫。汽油机用增压器，其涡轮叶轮材料一般为可耐 1050℃ 高温的奥氏体合金铸钢，压气机叶轮涂覆约 2μm 厚的镍-磷涂层。有的压气机壳还设有冷却水套。排气管材料多为高耐热钢。

6）装机率高，目前全球增压器年产量为 1800～1900 万台，据专家预测，五年后年产量将增为 2800～2900 万台。据 Honeywell（霍尼韦尔）预测：2016～2020 年全球将总生产 2 亿台增压器，销量将由 2015 年 3400 万台增加到 2020 年 5200 万台，复合增长 9%，其中汽油机用增压器复合增长 15%。图 1-55 所示为 Honeywell 预测 2015～2020 年全球各地增压器装机率。

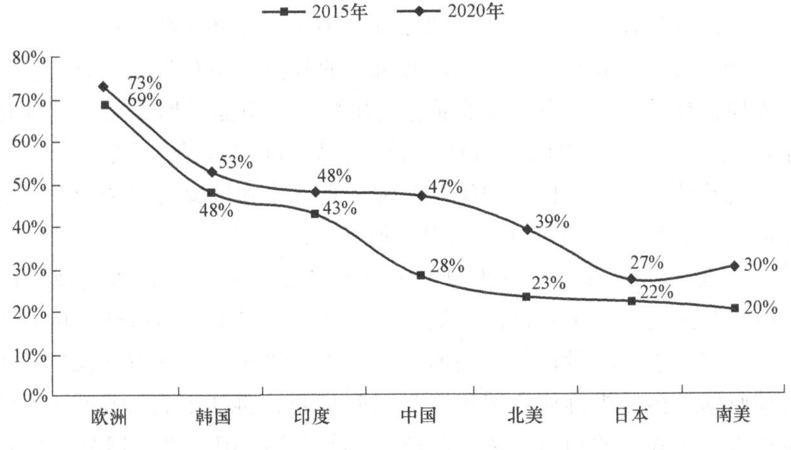

图 1-55　Honeywell 预测 2015～2020 年全球各地增压器装机率

1.3.2　我国增压技术发展历程与发展现状

1. 我国增压技术发展历程

我国涡轮增压技术研发始于20世纪50年代末期，发展于八九十年代，盛兴于20世纪末至今。1958年以来，我国有关科研所、工厂和高等院校仿制和自行设计相结合，生产了多种增压器，先后在6135、6160、6350型柴油机上进行了增压匹配试验，功率提高了40%~50%，油耗降低6%~8%。1960年自行设计制造了1470kW的二冲程低速船用增压柴油机，填补了我国增压技术的这项空白。在径流式废气涡轮增压器方面，1958~1960年间，研制成了10种型号，分别与13种型号的柴油机进行配套试验。在此基础上，有6DJ、10ZJ、12DJ、14DJ等型号的径流式涡轮增压器，经过改进提高，投入了小批生产。20世纪60年代，由于初步解决了制造工艺上的技术难关，增压器日趋小型化，到1974年，我国共研制成适合低、中、高增压度的17种型号的径流式废气涡轮增压器，其中有7种投入了批生产。图1-56所示为济南柴油机厂设计生产的20GJ型涡轮增压器，匹配这种增压器的190系列柴油机在国内钻井动力中独占鳌头，还广泛应用于固定发电、工程机械及特种船舶等领域，并远销国外。

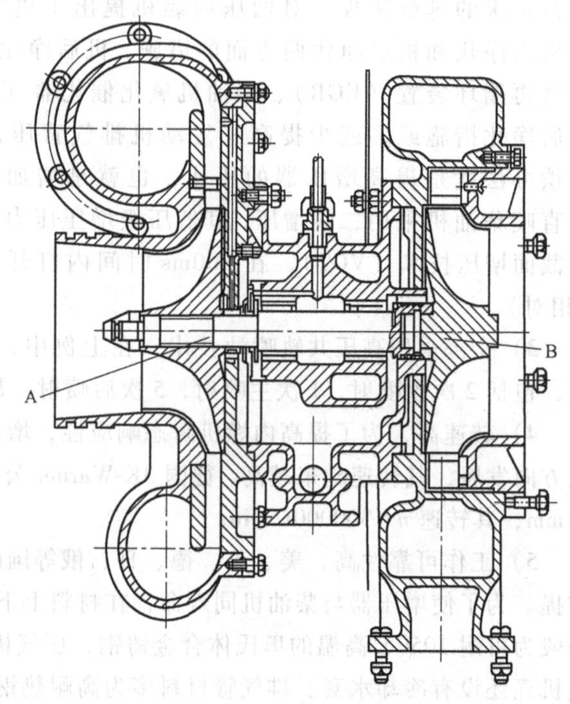

图1-56　20GJ型增压器剖面图

A—压气机　B—涡轮

到20世纪七八十年代，世界能源危机促进了我国内燃机增压技术的进一步发展。几所设有内燃机学科的高等学校开设了“内燃机增压”课程。《燃气叶轮机械》[1]高等学校试用教材和《车辆发动机废气涡轮增压》[2]《内燃机中的气体流动及其数值分析》[3]《涡轮增压柴油机热力过程模拟计算》[4]《内燃机的涡轮增压》[5]《柴油机增压及其性能优化》[6]《涡轮增压与涡轮增压器》[7]《车用内燃机增压》[8]《柴油机涡轮增压技术》[9]等专著陆续出版。叶片机三元流动计算，内燃机和增压器匹配仿真计算和试验研究全面开展。中国北方发动机研究所独创的“骨架法”可设计加工出任何形式的压气机叶轮，使压气机效率达82%，压比达3.8[10]。在加工工艺方面，一些国家定点的专业加工工厂相继出现。机械加工由普通车床向数控机床甚至是加工中心过渡。硅橡胶在叶轮加工工艺中得到应用，大幅度提高了叶轮中流动效率。这为下一阶段快速发展期打下了较好的基础。自20世纪90年代起，国家对大气污染治理收紧，内燃机排放法规逐步与国际接轨，再加上石油资源短缺带来的威胁，普及涡轮增压技术有了强大的动力。随着改革开放的大潮，国外增压器公司以独资、合资形式陆续涌入，带动了蜂拥而起的增压器民族工业，涡轮增压技术蓬勃发展，很快进入快速发展期。以湖南天雁机械有限责任公司增压器分公司、重庆江津增压器厂、潍坊富源增压器有限公司、寿光康跃增压器有限公司、宁波天力增压器厂等为代表的增压器民族工业在资金、人才、技术不足的情况下滚动发展，机械加工设备、三壳两轮铸造及性能检测等方面逐渐接近发达国家水平，产品可与主机厂的发动机匹配，有的已远销国外。

在这一快速发展期里，增压技术在不断满足内燃机可靠性、经济性、排放特性等方面得到长足的发展：仿真计算由一维向多维非定常流动发展，增压匹配由常态向低工况及高工况发展，增压器装机由柴油机向汽油机及气体机方面扩展。上海交通大学顾宏中教授率领其团队在涡轮增压柴油机性能研究[11]方面进行了深入的研究，取得了丰富的成果，尤其是顾宏中教授发明的充分利用柴油机排气能量的 MIXPC 系统[12]已被业内赞赏并广泛应用。在基础理论研究方面，如中冷器散热片二维温度场[13,14]和管内气流三维温度场[15]的测定与研究取得了一定的进展。在改善柴油机低工况增压匹配性能方面，对可变截面增压技术[16-21]等进行了较多的研究并取得可喜的成果。在增压柴油机排放及控制技术方面[22-29]也进行了富有成效的探索。天津大学曾用由电动机和废气涡轮增压器组装成的电动增压器匹配 2.54L 的 490QDI 柴油机，有效降低了柴油机加速时的瞬态烟度排放。清华大学、北京理工大学、中国北方发动机研究所等院所在流动热力学、结构动力学及增压器结构方面做了大量深入的研究，上述成果在我国增压技术发展中起到有力的推动作用。

2. 当前我国增压技术发展面临的挑战

当前我国增压技术发展虽然进入了快速期，但面临着严峻的挑战。

（1）配机性能要求进一步提高　当前我国车用柴油机的排放法规正处在国Ⅳ和国Ⅴ阶段，非道路柴油机的排放法规也处在国Ⅳ阶段。一般在废气涡轮后都加设了 EGR、SCR、DOC 及 DPF 等后处理装置[30,31]。这些装置从另一角度考虑必定提高了气缸排气背压，影响指示热效率。有效补偿办法是提高增压器的压比。另外，车用发动机，不管柴油机、汽油机还是天然气机，为了满足国Ⅲ以上排放法规，都必须提高响应性，因而涡轮增压器必须小型化。车用发动机空气流量变化阈宽广，尤其汽油机，这就要求与其匹配的压气机也有宽广的高效区。正因如此，涡轮增压器向高压比、高转速、高效率、轻量化方向发展，且二级增压、可变截面增压、电辅助增压、相继增压等新型增压系统不断出现，并得到了充分发展（详见第 4 章）。我国目前离这方面要求还有较大距离。

（2）民族企业发展道路艰苦曲折　进入快速发展期以来，增压器及增压器部件的生产厂像雨后春笋般出现。但多数厂因规模小、资金短缺、技术落后、质量失控，最终只是“昙花一现”。在这期“群众运动”中，成长壮大的民族企业也面临着技术、人才、资金和市场的挑战。

（3）外资企业强势控制配机市场　从 20 世纪 80 年代开始，英国 Holset、美国 Honeywell、日本 IHI 和三菱重工、德国 KKK、美国 BorgWarner 等外企分别以独资、合资等方式在华设立增压器生产机构。这些增压器巨商拥有先进的设计、制造能力；产品结构合理，流动效率高，工作可靠，深得用户信任，已经控制了全球 90% 的增压器市场，国产终端产品首选这些巨商的增压器完全可以理解。

3. 我国内燃机增压技术的发展前景

尽管我国发展增压技术面临着挑战，但发展前景仍很宽广。

（1）配机市场仍很宽广　2012 年 6 月，国务院在《节能与新能源汽车产业发展规划

(2012—2020 年)》[32] 中明确要求，到 2015 年，当年生产的乘用车平均燃料消耗量降至 6.9L/100km，节能型乘用车燃料消耗量降至 5.9L/100km 以下；到 2020 年，当年生产的乘用车平均燃料消耗量降至 5.0L/100km，节能型乘用车燃料消耗量降至 4.5L/100km 以下。根据工信部的统计数据，2014 年度国产乘用车企业平均燃料消耗量约为 7.22L/100km，与 2020 年的目标值 5.0L/100km 相比还存在一定差距。这表明我国政府对这项技术的关心和支持，要求在短期内缩小与发达国家的差距。盖世汽车网与霍尼韦尔的联合调研表明，涡轮增压技术是提高内燃机性能最为有效的技术。据霍尼韦尔预测：2016~2020 年五年内全球将合计生产增压器 2 亿台，销量将由 2015 年的 3400 万台增加到 2020 年的 5200 万台，复合增长 9%，其中汽油机用增压器复合增长 15%[33]。由此可见，涡轮增压技术市场仍很宽广。

(2) 民族企业的希望在创新和质量线上　我国目前在排头线上的增压器民族企业已积累了较丰富的设计经验；加工手段经历了普通车床、数控车床、加工中心、柔性生产线的发展改进过程；毛坯加工方面已具备三维打印铸造能力；检测设备也大有改进，用三四十年的时间走完了发达国家一百多年的发展历程。由此表明民族企业具备了一定的竞争能力。

但应该看到，我国增压技术与国外先进水平相比还有很大距离：我国三元流动等气动设计手段还没有充分利用在增压器叶型设计上；我国生产线上自动化程度还处中低档，人为因素还很多；材质控制尚不健全；生产一致性还远离要求。换句话说，在创新和质量一致性上再缩短差距，我国的民族企业将会有更新的天地。

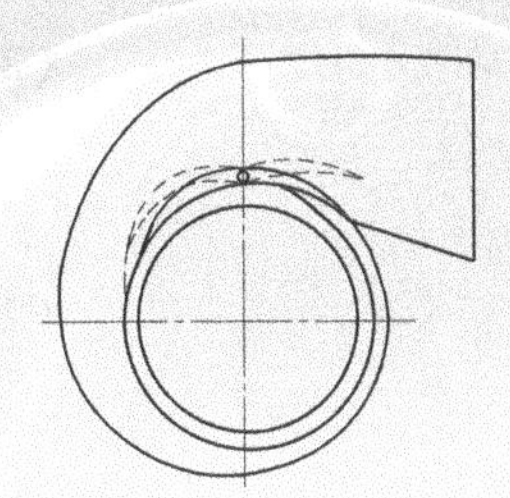

第 2 章

增压系统热力参数及其调节

2.1 排气能量的利用

2.1.1 排气最大可用能

目前生产的增压柴油机中，除有些潜艇用机采用机械增压系统外，几乎都采用排气涡轮增压系统。排气涡轮增压系统就是通过柴油机的排气来驱动涡轮增压器工作，从而吸收排气能量来实现增压的目的。下面结合四冲程增压柴油机的理论示功图，分析说明可被涡轮增压器利用的柴油机排气中的能量。

如图 2-1 所示，面积 1-2-*a*-3-1 为压气机耗功，其中面积 8-2-*a*-6-8 为进入发动机气缸并留在气缸内的空气的压缩耗功，面积 1-8-6-3-1 为扫气空气的压缩耗功。面积 *a*-*c*-*z*-*z*′-*b*-*a* 为柴油机缸内气体膨胀功，面积 6-7-4-*a*-6 为柴油机泵吸正功，这两块面积之和为柴油机指示功。面积 *b*-9-*K*′-*b* 为柴油机排气门打开时排气等熵膨胀至大气压力 p_a 时所能做的功，用 E_b 表示，其中面积 *b*-4-*T*′-*b* 为排气经排气门节流和排气歧管中自由膨胀所损失的能量，用 E_1 表示；另一部分，即面积 4-9-*K*′-*T*′-4 为排气在涡轮中进一步膨胀所回收的能量，用 E_T 表示，则

$$E_b = E_1 + E_T \tag{2-1}$$

面积 1-*K*-*T*-5-1 为涡轮中排气的总能量，用 E_2表示，由四部分组成：①面积 1-8-7-5-1 为扫气空气进入涡轮后具有的能量，用 E'_s 表示；②面积 8-9-4-7-8 为活塞推出排气使排气增加的能量，用 E_c 表示；③面积 4-9-*K*′-*T*′-4 为排气在涡轮中的膨胀功，即 E_T；④面积 *T*′-*K*′-*K*-*T*-*T*′ 为损失的能量 E_1中的一小部分，转变为热能，加热排气，使焓值增加而得的附加能量，用 E_q 表示，故

$$E_2 = E_s + E_c + E_T + E_q \tag{2-2}$$

由此可见，排气的最大可用能 *E* 由三部分组成：①排气门打开时，气缸内气体等熵膨胀到大气压力所做的功；②活塞推出排气，排气得到的能量 E_c；③扫气空气所具有的能量 E_s。

$$E_s = E'_s + E''_s \tag{2-3}$$

式中，E''_s 为面积 5-7-6-3-5 所代表的扫气空气节流损失。

这样，排气的最大可用能量可表示如下：

$$E = E_b + E_c + E_s = E_1 + E_T + E_c + E_s \tag{2-4}$$

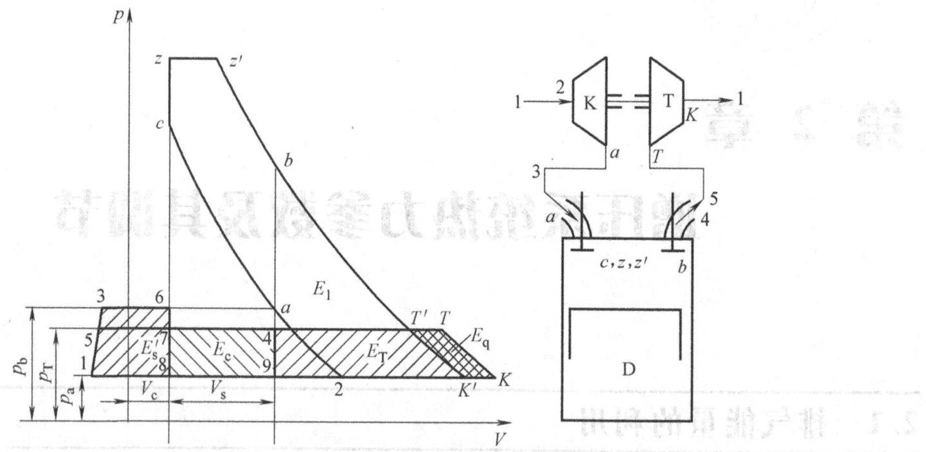

图 2-1　四冲程增压柴油机理论示功图

2.1.2　排气传递过程中的损失

排气门前排气具有的能量，在流经排气门、气缸盖排气道、排气歧管、排气总管，最后到达涡轮前，存在着一系列的损失，总能量损失 ΔE 包括如下几个方面：

$$\Delta E = \Delta E_V + \Delta E_C + \Delta E_D + \Delta E_M + \Delta E_F + \Delta E_h \tag{2-5}$$

式中，ΔE_V 为流经排气门处的节流损失；ΔE_C 为流经各种缩口处的节流损失；ΔE_D 为管道面积突扩时的流动损失；ΔE_M 为不同参数气流掺混和撞击形成的损失；ΔE_F 为由于气体的黏性而形成的摩擦损失；ΔE_h 为气流向外界散热所形成的能量损失。

这些损失直接影响着排气的能量可被涡轮回收的程度，也是排气涡轮增压柴油机排气管设计和改进时所必须关注的重要方面。

ΔE_V 是能量传递中的主要损失，占总损失的 60%~70%。尤其是在初期排气，气缸中高压高温气体流出时，因排气管中压力低而形成超临界流动，所以减少这部分节流损失对提高排气中能量的利用率是很重要的。在设计中，应使排气门后的通流面积尽可能大（一般采用四气门结构）、开启速度尽可能快，以使排气很快流出，排气门后的压力 p_r 很快升高，从而减少节流损失。有些低速机为此而采用开启速度较快的凹弧排气门凸轮。另外，排气管容积不应太大，排气管要细而短。当在结构上受限制时，做得“细而长”比“粗而短”要好。因为在排气初期，大量排气涌入较细长的歧管中，形成“堵塞”，很快在排气门后建立起较高的压力波峰，减小排气门前后压差，从而大大减少节流损失，并把气体所具有的较大速度在歧管中保持下来并传送到涡轮，提高了对排气动能的利用率。虽然由于歧管中流速高而使摩擦损失加大，但其他损失减小，所以总起来说，它的能量传递效率较高。细而长的排气管不仅能够使排气门后的压力 p_r 在排气初期很快升高，而且又能很快下降，使活塞排挤功减少，并有利于扫气。排气管容积大小对排气管中压力波的影响如图 2-2 所示。

有些柴油机的气门导管伸向排气道内，使排气通流截面缩小，这样就会产生节流损失ΔE_C，为减少节流损失，应力求管道光顺、没有缩口。ΔE_D是由于排气管路直径大小变化而形成的，故目前经常把排气总管内径做得与歧管内径一样大，以避免突扩损失。至于ΔE_M，由于气流的掺混总是不可避免的，但应力求避免气流撞击，故一般排气歧管都不用T形接头或十字接头，而用顺着气流的斜向接头，以避免撞击损失。摩擦损失ΔE_F，是由气流与管壁的摩擦形成的，因此要力求管壁光滑，减少摩擦。为降低能量损失ΔE_h，一般大型涡轮增压柴油机的排气管都用石棉包裹以隔热。若为了降低舱室温度而必须冷却，也采用中间有空气或水夹层的非直接冷却。根据MTU331的试验数据，间接冷却比不冷却而通过冷却水传走的热量约高出18%；直接冷却比间接冷却传走的热量更多，约高出51%。

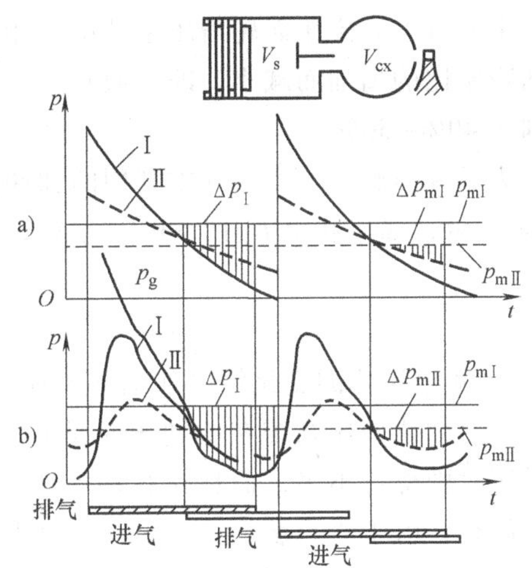

图 2-2　排气管内的压力变化

通常，反映能量传递过程中的损失多以排气能量传递效率η_E来表示

$$\eta_E = \frac{E_T}{E_C} \tag{2-6}$$

式中，E_T为涡轮进口处气体的可用能量；E_C为排气门前气体的可用能量。

2.1.3　排气能量利用方式

从对排气中可用能E_1的利用情况，增压系统可分为两种基本形式：脉冲增压系统与定压增压系统。若要利用排气的“脉冲能”，即图2-1中面积b-4-T'-b所代表的能量E_1，则排气管的容积要小，排气管中的压力p_r就有波动。这种增压系统称为脉冲增压系统，又称变压增压系统。若不利用排气脉冲能E_1，则用较大的排气管容积，这样脉冲能便转化为热能，提高了涡轮前的排气温度，所以进入涡轮前回收了一块面积T'-K'-K-T-T'的能量，用ΔE_1表示，这就是从损失掉的E_1中回收的一部分。这种系统称为定压增压系统。

根据能量平衡

$$E_1 = q_{mT} c_p \Delta T \tag{2-7}$$

式中，ΔT为涡轮前排气温度的升高值；q_{mT}为燃气流量；c_p为比定压热容。

涡轮做功能力的增加值为

$$\Delta E_1 = q_{mT} c_p \Delta T \left[1 - \left(\frac{p_{T_0}}{p_T}\right)^{(\kappa_T - 1)/\kappa_T}\right] \tag{2-8}$$

能量回收率为

$$\frac{\Delta E_1}{E_1} = 1 - \left(\frac{p_{T_0}}{p_T}\right)^{(\kappa_T - 1)/\kappa_T} \tag{2-9}$$

式中，p_{T_0}为涡轮出口压力；p_T 为涡轮入口压力；κ_T 为涡轮中气体等熵指数。

由此可见，定压涡轮增压系统中，能量回收率随膨胀比的增加而增大。实际上 E_1 本身还随膨胀比的增加而减小，即回收更多。在实际柴油机中采用脉冲增压系统时，E_1 最多只能利用 40%～50%。

为了说明脉冲增压系统中利用的脉冲能量占总能量中的分量，用“脉冲能量利用系数” K_E 来表示，如以利用 E_1 的 50%来估计，则

$$K_E=\frac{E_2+0.5E_1}{E_2} \tag{2-10}$$

K_E 随增压比的变化情况如图 2-3 所示，可以明显看出脉冲增压系统在低增压时是有利的，在高增压时则得益不多，而且在脉冲增压系统下工作的涡轮，由于压力波动及部分进气等原因，其涡轮平均效率比在定压增压系统工作时低。由图 2-3 可见，当增压比增大到一定程度后，K_E 保持为一较小值，这时采用脉冲增压系统就没有多少效果了。

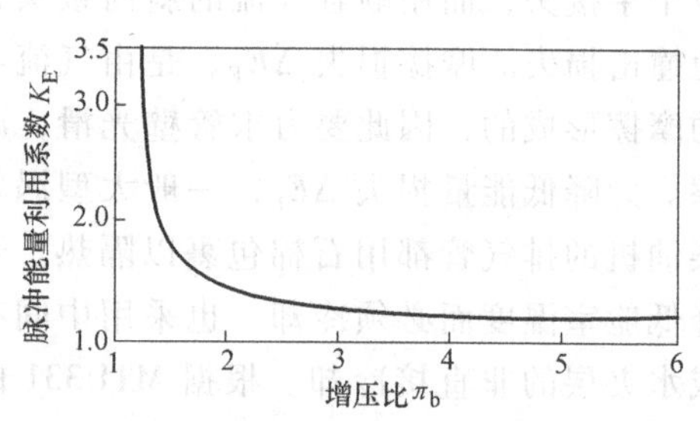

图 2-3 脉冲能量利用系数与增压比的关系

两种增压系统比较而言，脉冲增压系统的优点是：

1）排气能量利用系数高，低工况性能好。

2）扫气易于组织，对二冲程更有利。

3）加速性能较好，因排气管容积小，涡轮增压器转速上升较快，但尚比非增压的差，故在高增压时须采用加油限位连锁装置，以免冒黑烟。

脉冲增压系统的缺点是：

1）在二缸一歧管时，排气管抽真空。在增压压力 p_b 高时，当排气门刚打开时节流损失大，使涡轮鼓风损失大，η_{adT} 降低。

2）当排气管太长时，反射压力波对扫气会产生干扰。

3）对同样功率的柴油机，涡轮通流面积较定压系统时的大，常常需要大一型号的涡轮增压机器来配机，成本较高。

4）缸数多时，为了利用压力波谷进行燃烧室扫气，排气管要分支，从而使排气管结构较复杂。

定压涡轮增压的优点是：

1）可采用涡轮全进气，压力波动小，涡轮效率 η_{adT} 高。

2）多缸时，排气管结构简单。

3）涡轮增压器布置较自由。

4）不会由于压力波的干扰而使柴油机的转速上限受到限止。

5）对低增压相同功率的柴油机而言，涡轮通流面积较脉冲的小，可用小一号涡轮增压器。

定压涡轮增压系统的缺点是：

1）加速性较差，低负荷性能较差。

2）扫气空气量较脉冲的少。但对四冲程机而言，一般说当总的扫气系数大于1.15后，对气缸热负荷及排气温度影响已不大，压气机叶片沾污时使其效率η_{adT}降低，对扫气影响亦大。

3）部分负荷时，有时扫气倒流，弄污进气系统及增压器。

4）在低转速、高转矩时，增压压力p_b下降较大。

5）在缸数少时，显得排气管容积过大。

一般说，定压系统用于高增压而大部分时间在高负荷运转的柴油机，如发电机组以及气缸数为7缸、14缸等柴油机上。脉冲系统用于车用、船用等变速、变负荷运行较多的场合。

2.1.4　影响脉冲能量利用的因素

增压脉冲系统就是要尽可能地利用脉冲能量，而脉冲能量的利用又主要取决于排气管中压力波形的合理组织。这与气缸内的压力，排气歧管的粗细、长短以及喷嘴环喉部面积大小等均有密切的关系。为了充分利用排气脉冲能量，要求：

1）排气门打开后，排气歧管内的压力应尽快建立起来，以减少流动损失。

2）排气自排气门逸出应迅速，阻力尽可能地小。

3）柴油机扫气过程中，排气管中的压力要尽可能低，以利于扫气进行。

下面分析几种影响脉冲能量利用的主要因素。

1. 排气门开启定时

排气门开启定时的早晚，对脉冲压力波的大小有直接影响。排气门开启定时的影响通常用排气门开启相对瞬时压力系数来反映，ϕ_p定义为排气门打开时缸内瞬时压力p_c与涡轮背压p_0之比，即

$$\phi_p=\frac{p_c}{p_0} \tag{2-11}$$

当排气门开启比较早时，ϕ_p较大，缸内压力p_h高，排气管压力p_r建立得快，标志着涡轮进口焓值高，涡轮做功能力大。但过早地打开排气门，也将使气缸内的燃气在膨胀冲程对活塞所做的功减少，无助于整机功率的提高和经济性的改善。所以，必须权衡利弊，找出排气门最佳开启定时。

2. 排气门通流面积

排气门最大有效通流截面积，对脉冲压力波的大小有显著的影响。定义气缸排空速率ϕ_0为通过排气门的最大体积流量和一个气缸的体积流量之比，即

$$\phi_0=\frac{\mu_e f_{vemax} c_r}{V_s \dfrac{n}{60}} \tag{2-12}$$

式中，μ_e为流量系数，一般$\mu_e=0.75\sim0.80$；f_{vemax}为排气门最大有效通流截面积（m^2）；c_r为排气门开启时的气流声速（m/s）；V_s为一个气缸的工作容积（m^3）；n为发动机转速（r/min）。

不难理解，当排气门通流截面积增大，即排空速率高，排气自排气门排出不仅阻力小，而且排出迅速，在排气歧管中能很快建立起较高的压力，有利于脉冲能量的利用。对于四冲程柴油机，ϕ_0一般不小于12。对增压度高的柴油机，希望排空速率能够取得更大一些，但

增大通流面积往往受到缸盖结构的限制。

3. 排气门开启规律

排气凸轮升程越大，凸轮作用角越小，意味着排气门开启越迅速，缸内压力下降得快，排气歧管上脉冲压力波建立得敏捷，脉冲能量利用得好。定义排气门开启规律影响系数 ϕ_v 为排气门瞬时开启面积 f_{ve} 与最大开启面积 f_{vemax} 之比，即

$$\phi_v = \frac{f_{ve}}{f_{vemax}} \tag{2-13}$$

不难看出，ϕ_v 是曲轴转角的函数。若排气门开启较快，则相应缸内压力 p_h 下降得快，排气歧管脉冲压力波建立得早。因此，要在气门机构允许的加速度范围内，使气门的开启速度越快越好。

4. 排气管通流面积

排气管通流面积大小直接影响排气在管中的流动速度，也影响压力波在管中的传递速度。定义排气管通流面积影响系数 ϕ_B 为排气管通流面积 f_p 和排气门最大有效通流截面积 f_{vemax} 之比，即

$$\phi_B = \frac{f_p}{f_{vemax}} \tag{2-14}$$

当排气管长度一定时，通流面积 f_p 减小，排气管容积就缩小，排气管中的压力就建立得迅速，排气门内外的压力差小，节流损失少，脉冲压力波峰值就高，脉冲能量利用就好，但排气歧管的通流面积也不能过小，因为 f_p 过小，流动速度过大，$\phi_B = 1.1 \sim 1.3$ 为最好；而对于高增压柴油机，ϕ_B 的值取 1 左右为宜。

5. 排气管长度

排气管长度直接影响脉冲压力波的反射时间、反射波和下一个脉冲波互相干扰的程度，从而影响脉冲能量的利用。排气在排气管中的流动是不稳定流动，压力波以该处声速 c_T 传播，对长 L 的排气管，在排气门处建立起来的压力波经过 L/c_T 的时间后到达涡轮端，在同一时刻，排气管各处的波形互不相同。排气管两端边界条件不同，引起的压力波的反射不同，进一步加剧了压力波沿管长的变化，影响排气管内压力波形状的主要因素可归纳为三个：

1）排气管长度 L。

2）涡轮通流面积 f_T 和排气管通流面积 f_p 的比值 f_T/f_p。

3）排气门开启瞬时通流面积 f_{ve} 和排气管通流面积 f_p 之比 f_{ve}/f_p。

定义排气管长度影响系数 ϕ_L 为压力波在排气管中从一端传到另一端，并返回起点的时间和曲轴每转动一度的时间之比，即

$$\phi_L = \frac{\dfrac{2L}{c_T}}{\dfrac{60}{360n}} = \frac{12Ln}{c_T} \tag{2-15}$$

式中，L 为排气管长度（m）；c_T 为当地声速（m/s）；n 为发动机转速（r/min）。

当排气管长度取某一值时，反射波峰和下一个波的波谷正好重合，波谷压力升高，对扫气不利。如排气管适当缩短，反射波的波峰和下一个波的波峰正好重合，波峰压力升高，波

谷压力下降，对扫气十分有利，脉冲能量利用最佳。可见，排气管长度与脉冲能量的利用程度有着非常密切的联系。实际增压系统中，由于总体布置条件有一定限制，发动机工况不断变化，转速及排气温度相应变化，因此排气管长度影响显得更为复杂。一般 $\phi_L = 30° \sim 50°$ (CA)。

6. 涡轮通流面积

涡轮当量通流面积对排气管压力波的大小、增压器转速、增压压力和温度乃至发动机背压涉及的工作性能均有密切的联系。定义涡轮通流特性系数 ϕ_T 为涡轮的体积流量和一个气缸的体积流量之比，即

$$\phi_T = \frac{f_T c_r}{\dfrac{V_s n}{60}} \tag{2-16}$$

式中，f_T 为涡轮当量通流面积（m^2）；c_r 为排气管中的一个循环的气体平均声速（m/s）；V_s 为一个气缸的工作容积（m^3）；n 为发动机转速（r/min）。

涡轮通流特性系数 ϕ_T 减小，排气管压力 p_r 和缸内压力 p_h 升高。排气能量增加，但活塞排空耗功增加，对扫气也不利，综合考虑，一般 $\phi_T = 10 \sim 12$。

2.1.5　脉冲增压排气管方案设计

1. 排气管分歧

为了充分利用脉冲能量，各缸排气压力波应互不干扰。一般增压柴油机排气门开启持续角为 240°~320°(CA)，故一根四冲程柴油机的排气管最多连接三个气缸。一根排气管连接哪些气缸为合适？先观察一下 495Z 柴油机的排气压力波，如图 2-4 所示，图 2-4a 所示为四缸共连一根排气管，由图 2-4a 可见，各缸排气压力波互相重叠，第一缸正处于扫气阶段，而第三缸的脉冲压力波高峰已经到来，严重妨碍第一缸的扫气。如果根据发火顺序，把间隔开的几个气缸连在一起，如图 2-4b 那样，第一、四缸，第二、三缸各连一根排气管，这样就避免了排气压力波的相互干扰。按此原则，多缸发动机的排气管分歧可以有不同的组合方案。作为例子，不同缸数的四冲程柴油机排气管分歧方案如图 2-5 所示。

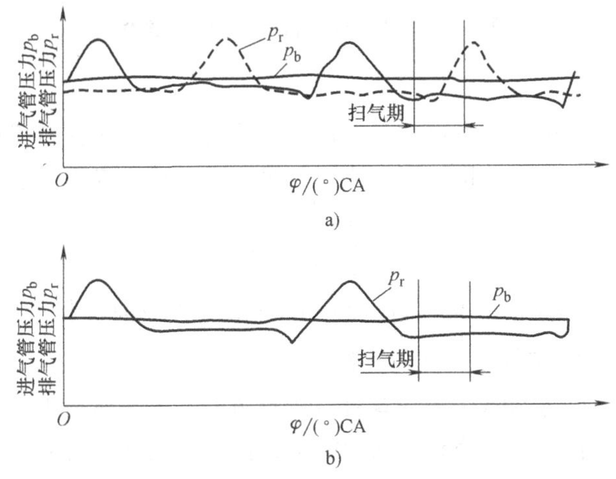

图 2-4　495Z 柴油机排气压力波

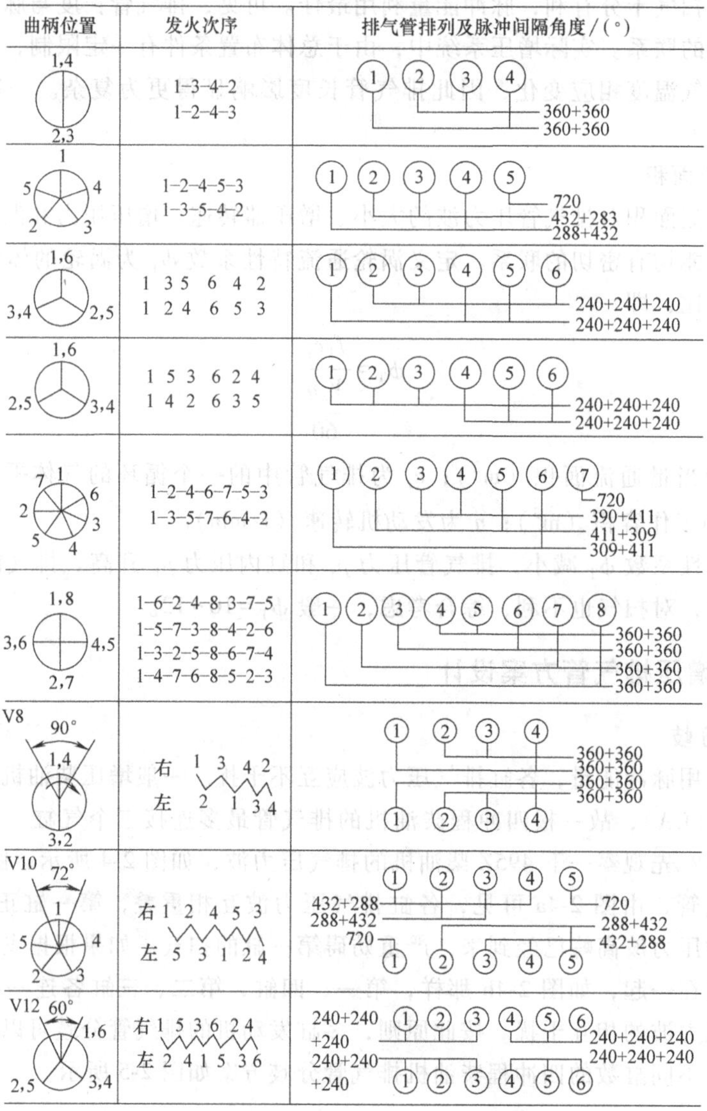

曲柄位置	发火次序	排气管排列及脉冲间隔角度/(°)
1,4 2,3	1-3-4-2 1-2-4-3	① ② ③ ④ 360+360 360+360
1 5　4 2　3	1-2-4-5-3 1-3-5-4-2	① ② ③ ④ ⑤ 720 432+283 288+432
1,6 3,4　2,5	1 3 5 6 4 2 1 2 4 6 5 3	① ② ③ ④ ⑤ ⑥ 240+240+240 240+240+240
1,6 2,5　3,4	1 5 3 6 2 4 1 4 2 6 3 5	① ② ③ ④ ⑤ ⑥ 240+240+240 240+240+240
7 1 2　6 5　3 4	1-2-4-6-7-5-3 1-3-5-7-6-4-2	① ② ③ ④ ⑤ ⑥ ⑦ 720 390+411 411+309 309+411
1,8 3,6　4,5 2,7	1-6-2-4-8-3-7-5 1-5-7-3-8-4-2-6 1-3-2-5-8-6-7-4 1-4-7-6-8-5-2-3	① ② ③ ④ ⑤ ⑥ ⑦ ⑧ 360+360 360+360 360+360 360+360
V8 90° 1,4 3,2	右 1 3 4 2 左 2 1 3 4	① ② ③ ④ 360+360 360+360 360+360 360+360 ① ② ③ ④
V10 72° 1 5　4 2　3	右 1 2 4 5 3 左 5 3 1 2 4	① ② ③ ④ ⑤ 432+288　720 288+432　288+432 720　432+288 ① ② ③ ④ ⑤
V12 60° 1,6 2,5　3,4	右 1 5 3 6 2 4 左 2 4 1 5 3 6	240+240+240　① ② ③ ④ ⑤ ⑥ 240+240+240 240+240+240 240+240+240　① ② ③ ④ ⑤ ⑥

图 2-5　四冲程柴油机排气管分歧图例

2. 排气管设计

定压增压排气管力求排气压力稳定，以提高涡轮效率。排气管容积较大，一般为发动机总气缸容积的两倍左右。排气在排气管中流速较慢，通常平均流速不超过50m/s，即

$$c_r = \frac{q_{mr}}{\rho_r f_p i} \leqslant 50\text{m/s} \tag{2-17}$$

式中，q_{mr}为发动机排气的质量流量（kg/s）；ρ_r 为排气管中的排气密度（kg/m³）；f_p 为排气管通流面积（m²）；i 为排气管所连的气缸数。

设计时可选平均流速为50m/s来估算排气管通流面积f_p，然后根据结构尺寸进行圆整。

对脉冲增压的排气管，为充分利用脉冲能量，排气管应首先按上述分歧原则确定分歧方案；然后根据动力装置的需要，确定增压器安装位置。每个排气歧管的容积 V_p 与一个气缸

工作容积 V_s 的比应在 1.3~1.5 之间，即

$$1.3<\frac{V_p}{V_s}<1.5$$

也可根据经验公式来确定排气歧管的截面积

$$\frac{f_p}{f_{vemax}}=0.9\sim1.4$$

式中，f_p 为排气管通流面积；f_{vemax} 为排气门最大开启面积。或者按下面的经验公式来确定排气歧管的直径：

$$\frac{d_r}{D}=0.33\sim0.41$$

式中，d_r为排气歧管直径；D 为气缸直径。

脉冲增压的排气歧管在设计时要尽量减少管子急转弯，注意圆滑过渡。排气歧管汇交处中间的隔墙要足够高，防止两边的脉冲气流互相干扰。

3. 脉冲转换器

按上述排气管分歧原则，即使在增压压力高达 0.3MPa 时，在气缸数为 3 的倍数的发动机上，由于可以三缸共用一根排气管，接一个喷嘴组（三脉冲增压系统），采用脉冲增压仍是有利的。但当气缸数不是 3 的倍数的发动机，例如缸数为 4、8、16 等时，若仍用脉冲增压系统，就出现要求两缸接一个喷嘴组（双脉冲增压系统）的情况。这样，8 缸柴油机就要求有 4 根排气管，16 缸机则应有 8 根排气管，结构将非常复杂；另外，由于在四冲程柴油机中每隔 360°曲轴转角一个脉冲，所以该结构在发火间隔中间一段曲轴转角范围内涡轮入口压力 p_T 较低，使得涡轮效率也较低，不如三脉冲增压系统好。利用脉冲转换器可以有效地解决这个问题。

脉冲转换器的结构如图 2-6 所示，A 和 B 分别表示与一个气缸（单脉冲系统）或不相干涉的两个气缸（双脉冲系统）相连接的排气管，这两根排气管通过喷管与混合管相接，再与增压器涡轮相连。当连接 A 管的某一气缸的排气门开启，排气脉冲到达喷管，加速流入混合管，此时正是连接 B 管的另一气缸的扫气时期，它在喷管处的气流速度已经降低，但这一减弱了的气流得到由 A 管气流的引射而加强，从而对扫气有利。所以，这种装置既能保证良好的扫气，又能充分利用排气脉冲能量，还由于涡轮前的排气压力接近恒定而使涡轮效率得以提高。

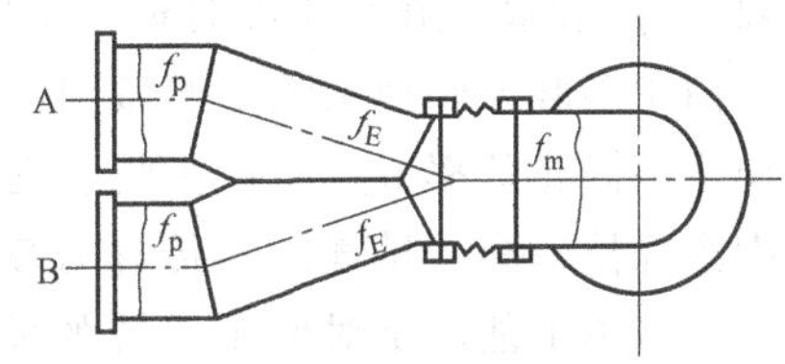

图 2-6　脉冲转换器的结构

在脉冲增压系统中，受排气管长度 L 及发动机转速 n 的上限限制，若排气反射波从涡轮喷嘴反射回来太迟，则会影响扫气阶段的压差，即压差变小。而在脉冲转换系统中，L 及 n 受到其下限的限制，即 L 不能太短，n 不能太低。粗略估计时，可按下式计算：

$$\varphi_L=\frac{6L_e n}{c_T} \tag{2-18}$$

式中，L_e 为排气气缸排气门到涡轮喷嘴，再到前一发火气缸为止的距离（m）；c_T 为排气压力波的传播速度，即当地声速（m/s）；φ_L 为压力波在排气管中来回一次所占的曲轴转角

(°) CA；n 为发动机转速（r/min）。

要求 φ_L>40~50℃A，否则会引起扫气干扰。若发现有扫气干扰，也可以用缩短排气门开启时间（提早关）的方式来避免倒流，或者用减小收缩喷口面积（为排气管面积的一半左右）的方式使反射波减小。但在这种情况下，排气能量的传递效率会降低。

脉冲转换器系统兼顾了脉冲增压与定压增压系统的优点，即对于能量传递效率来说，接近于脉冲系统，但对于涡轮效率来说，接近于定压系统，而且燃烧室扫气量大，柴油机低工况性能得到改善，涡轮的通流面积又可减小。涡轮有可能全进气，使 η_{adT} 提高，同时也可使叶片的振动应力降低。对4、8、16缸机来说，脉冲转换系统比脉冲增压系统好。因此，目前一般不用二缸一歧管的脉冲增压系统，而大多采用脉冲转换系统来代替它。

4. 多脉冲转换系统

在柴油机系列化生产中，对缸数为5、7、14的柴油机，若用脉冲系统，会出现一缸一歧管及二缸一歧管的情况，如MTU20V538柴油机中是一缸及二缸一歧管，排气能量的传递效率较低。为了改善这种缺陷，就采用图2-7所示的排气管系，把各歧管接入一个较大的带有缩口的混合管中，再由混合管把排气引入涡轮，这就是多脉冲转换系统。它主要的特点是使排气歧管中的压力波传至涡轮后基本上不反射，这就不会影响各缸的扫气。从压力波的特性可知，只要涡轮当量通流面积与引入涡轮的排气管的截面积之比大于0.65，就可以基本消除波的反射，这一点对缸数较多而接在一起的多脉冲系统是容易做到的。这种系统的增压器效率 η_{Tb} 较高。在高工况时近于定压系统，低工况时近于脉冲系统。

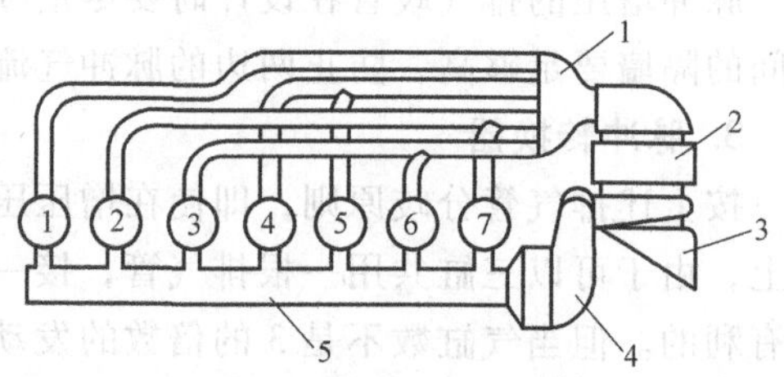

图2-7 多脉冲转换系统

1—混合管 2—涡轮 3—压气机

4—中冷器 5—进气总管

由于多脉冲转换系统能够做到：①有效地传播能量，排气能量传递效率高；②涡轮前参数稳定，涡轮效率 η_{adT} 高；③柴油机扫气过程能顺利进行，泵气功损失小；④在宽广的运转范围内保持较高的排气能量传递效率，使柴油机油耗率 b_e 曲线变化平坦；⑤加速性能好。该系统基本上能满足对增压系统的要求，因此也已推广到4、8、16缸机，甚至6、9、12、18缸机中亦有采用。但是，与定压增压系统相比，其排气管结构仍显复杂，且布置不便。

5. MSEM系统

模件式单排气总管增压（Modular Single Exhaust Manifold，MSEM）系统主要包括MPC、长歧管、旋流、扩压、组合式五种不同形式，如图2-8所示。该系统结构比较简单，不论缸数多少，均只有一根单一的排气总管，且管径比定压系统小，排气管系尺寸小、质量轻、便于布置，适用于各种缸数的柴油机。

MSEM系统兼顾脉冲增压系统和定压增压系统的优点，涡轮前的压力波动小，近于定压系统，因此涡轮效率较高。排气总管直径较定压系统小，且各缸排气歧管顺着总管气流方向进入，使部分脉冲能量以速度能形式进入总管及涡轮，排气能量传递效率较高，在约60%负荷以下的低工况性能近于脉冲增压系统，而优于定压系统，高工况性能则优于脉冲增压系统，而近于定压系统。

比较而言，应用较多的当属模件式脉冲转换（Modular Pulse Converter，MPC）系统，是

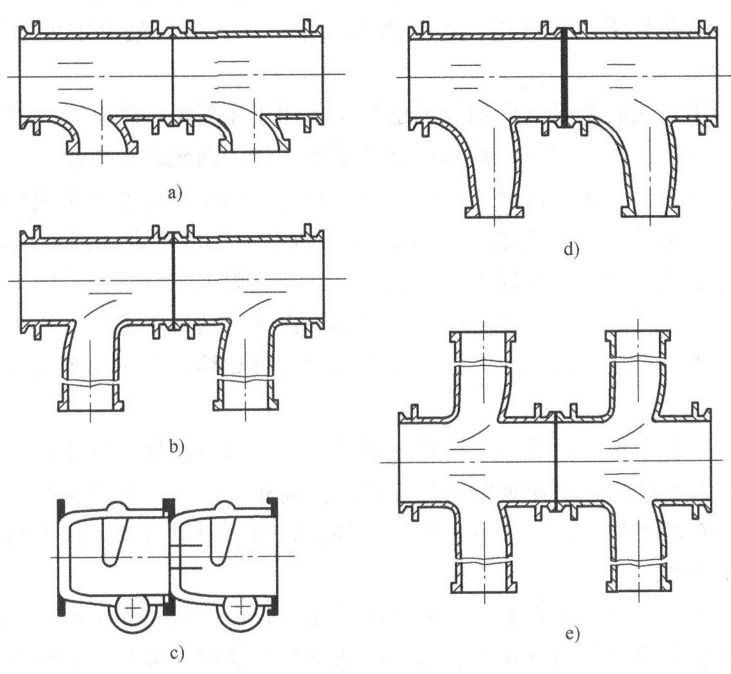

图 2-8 MSEM 增压系统

a）MPC b）长歧管式 c）旋流式 d）扩压式 e）组合式

在脉冲转换器基础上的进一步发展。这种结构在每个气缸排气口上都安装了一个脉冲转换串接件，排气总管只有一个。其外形非常像定压系统，但排气总管的直径小，只有气缸直径的60%~70%。串接件中缩口面积只有排气门最大开启面积的40%左右。歧管向涡轮方向倾斜30°左右。这样从排气门出来的最初气体脉冲被喷口堵留在气缸盖上小容积的排气道内，通过喷口时转换成速度。这个速度传给了截面较小的排气总管内有一定速度的气体。这样，在排气总管里不会发生强的脉冲波。由于气缸出口脉冲势能的作用，使排气总管里的燃气不断加速，燃气的速度在排气总管出口部分转换成压力能，所以这种方法可以降低排气总管内的静压。这样。在气缸扫气时不仅压差大，而且排气总管内的压力波动小，使扫气量加大。另外，由于涡轮前压力基本不变，η_{adT}高。国外有的文献称其为紧凑的排气系统，是一种很有发展前途的增压方式。

2.2 增压对柴油机工作过程主要参数的影响

2.2.1 增压系统主要热力参数的内在联系

四冲程增压柴油机排气具有较高的温度，一般在500~650℃，其焓值较大。焓值大，排气在涡轮中转变的机械功也就较多，增压器转速就相对较高，被压缩的空气压力随之升高。对排气涡轮来说，使其发出较多功率的主要途径不是过早开放排气门，因为这样会减小发动机指示功率，而是在有限的排气压力、温度下，尽量提高其焓的利用程度。合理设计排气

管，努力提高涡轮增压器的总效率等，是极为重要的措施。尤其在排气压力不是很高的情况下，即在低增压度条件下，宁可排气歧管做得复杂一些，也要最大限度地利用排气的脉冲能量。

在增压系统中，涡轮从排气中回收的能量全部用于压气机的消耗功，机械损失相对来说是十分微小的。对于有些大功率、高增压度的增压系统，涡轮进口焓值较大，涡轮中的膨胀功，除了供给压气机外，还可以通过齿轮传动，将部分膨胀功合并到柴油机曲轴上，作为柴油机的有效功的一部分输给动力装置。经过压缩的空气密度增大，因而增加了发动机的充量。但空气压力升高的同时，伴随着温度的升高，这又影响了空气密度的增大。因此，对于中增压以上的增压系统，中间冷却是必不可少的。由于发动机压缩始点压力升高，将会导致最高爆发压力变大、机械负荷加重。为了考虑结构的可靠性，增压发动机有时需降低一些压缩比。

由于发动机进口气体温度升高，循环供油量增加，最高燃烧温度比非增压机一般有了提高。此外，机油温度和冷却水温度随着增压度的提高相应上升，发动机热负荷增大。发动机机械负荷和热负荷的增加，往往受发动机零部件材料的许用应力等条件限制，这是限制增压度进一步提高的重要因素。

增压系统热力参数之间存在着十分复杂的关系，它们之间相互影响，彼此牵制，要准确找出各参数的变化规律及其相互作用，是一件非常复杂的事。可是，它们之间严格遵守质量守恒定律和能量守恒定律，这就有可能建立数学模型，并借助于计算机数值模拟来寻找其内在联系，目前这已成为现实。尽管如此，对新设计增压发动机或对原有发动机进行增压强化，一开始用估算法确定其中一些基本热力参数，如空气流量 q_{mb}、燃气流量 q_{mT}、发动机进口压力 p_b 和温度 T_b、涡轮进口压力 p_T 和温度 T_T 等，从而为设计和选择增压系统有关元件提供依据，仍是十分必要的。

2.2.2　增压对柴油机机械应力的影响

新鲜充量自进气管进入发动机气缸，在进气门处有一定的压力损失，使压缩始压 p_0 低于进气管压力 p_b。增压后，进气管压力 p_b 由大气压力 p_a 上升为压气机出口压力，随着 p_b 的增大，进气门的压力降 $\Delta p_b = p_b - p_0$ 变化不大，相对压力降 $\Delta p_b / p_b$ 减小，则相对进气压力 p_0/p_b 随着 p_b 增加而上升，如图 2-9 所示。

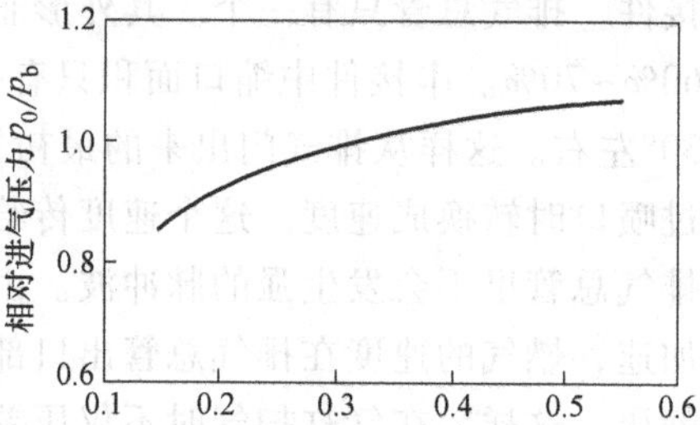

图 2-9　p_0/p_b 随 p_b 的变化

在进气惯性作用下，甚至 p_0 有可能大于 p_b。对四冲程增压柴油机，一般 p_0/p_b = 0.85~1.1。

由于缸内压缩终压 p_c 和始压 p_0 存在着以下关系：

$$p_c = p_0 \varepsilon^{n_1} \tag{2-19}$$

式中，ε 为压缩比；n_1 为平均压缩多变指数。而最高爆发压力 $p_{max} = p_c \lambda_p$，这里 λ_p 为压力升高率，所以压缩始压 p_0 升高后，最高爆发压力 p_{max} 以 $\lambda_p \varepsilon^{n_1}$ 的倍数升高。由此可见，增压后，p_{max} 的升高给发动机的机械负荷带来较大的增加，所以增压后 λ_p 往往要小一些。

2.2.3　增压对柴油机热应力的影响

在无中冷器的情况下，增压后，发动机进气温度为压气机出口温度 T_b，即

$$T_b = T_a + \frac{W_{adb}}{c_p \eta_{adb}} \tag{2-20}$$

式中，T_a 为大气温度（K）；W_{adb}为压气机绝热压缩功（kJ/kg）；c_p 为比定压热容［kJ/(kg·K)］；η_{adb}为压气机绝热效率。

如果增压系统中有中冷器，则发动机进气温度应为中冷器出口的气体温度。不难理解，经过压缩后的温度较大气温度高得多。例如，增压比为 1.6~1.7 的压气机，其出口温度 T_b 可达到 100℃左右。缸内压缩始温可用下式计算：

$$T_0 = \frac{T_b + \Delta T + \phi_r T_r}{1+\phi_r} \tag{2-21}$$

式中，T_r 为残余排气温度，由于进气温度 T_b 较高，发动机工作过程各特征点的温度均相应提高，残余排气温度也有所升高；ϕ_r 为残余排气系数，增压后，在有扫气的情况下，ϕ_r 有所下降；ΔT 为新鲜充量进入气缸后，受缸盖、缸壁、活塞顶等受热件的加热，同时，充量本身动能部分转化为热能所导致的温升，一般情况下，增压四冲程发动机的 ΔT=5~10℃。

综上所述，增压后柴油机的压缩始温较非增压的高。缸内压缩终温可由下式计算：

$$T_c = T_0 \varepsilon^{n_1 - 1} \tag{2-22}$$

最高燃烧温度 T_{max}和膨胀终点的温度 T_{ex}均可由柴油机热力计算求出。在发动机其他一些特征点温度都相应提高时，排气温度 T_r 一般上升，这标志着内燃机增压后热负荷增大，对发动机可靠性带来不利影响。

2.2.4 增压对柴油机动力性的影响

增压后，发动机进气压力由大气压力 p_a 升高到压气机出口压力 p_b，进气温度由 T_a 升高到 T_b，进气密度相应地由 ρ_a 增大到 ρ_b，即

$$\rho_b = \frac{p_b}{RT_b} \tag{2-23}$$

在工作容积 V_s 不变的情况下，空气流量由 q_{ma}增大到 q_{mb}。空气流量的增大，在过量空气系数 ϕ_a 变化不大的情况下，可以多喷油，从而使动力性提高。对高速四冲程增压柴油机，增压比 π_b 在 1.4~2.5 时，平均有效压力 p_{me}= 1.0~1.4MPa；当 π_b=2.5~3.4 时，p_{me}=1.4~2.0MPa。

2.2.5 增压对柴油机经济性的影响

1. 扫气系数 ϕ_s

增压后柴油机进气管压力大于排气管压力，有时进、排气门叠开期加大，若排气压力波组织合理，扫气效果更佳。因此，增压后的扫气质量改善，扫气系数大于 1。一般增压四冲程柴油机，ϕ_s=1.1~1.25。

2. 充量系数 ϕ_c

充量系数 ϕ_c 是表征实际换气过程完善程度的一个重要参数。由于进气门进气阻力和热传导的存在，非增压柴油机的 ϕ_c 一般小于 1。增压后，固然缸内温度升高，但增压空气温度升高得更多，使缸盖、缸壁、活塞顶与新鲜充量的温度差减小；进气压力较高，这均使增

压后的充量系数较非增压的高。一般非增压高速四冲程柴油机的 $\phi_c=0.75\sim0.85$；增压高速四冲程柴油机，有扫气情况下的 $\phi_c=0.90\sim1.0$。

3. 残余排气系数 ϕ_r

增压后，在有扫气的情况下，残余排气系数 ϕ_r 有所减小。一般非增压柴油机的 $\phi_r=3\%\sim6\%$；而增压柴油机的 $\phi_r=0\sim2\%$。

4. 过量空气系数 ϕ_a

对于非增压柴油机，过量空气系数 ϕ_a 在保证燃烧完善的条件下应尽量减小，以便在一定的空气量中燃烧更多的燃料，增加更多的功率。对于增压柴油机来说，为了降低热负荷及照顾低工况性能，一般要求 ϕ_a 较非增压大 10%~30%。一般非增压高速四冲程柴油机：

直喷式燃烧室：$\phi_a=1.6\sim1.9$

分隔式燃烧室：$\phi_a=1.3\sim1.6$

增压高速四冲程柴油机：

直喷式燃烧室：$\phi_a=1.7\sim2.2$

分隔式燃烧室：$\phi_a=1.4\sim1.6$

5. 指示热效率 η_{it}

影响指示热效率的因素很多，增压柴油机指示热效率的变化规律有以下 3 种情况：

1）以净化排气为主要目的的增压系统，增压后循环供油量不变，过量空气系数 ϕ_a 增大，燃烧更完善，T_{max} 低，NO_x 排放量下降，指示热效率 η_{it} 升高。

2）以增加动力为主要目的的增压系统，增压后循环供油量增加，若供油速率不变，供油时间延长，燃烧过程后延，排温升高，热损失增加，则指示热效率 η_{it} 下降。

3）以增加动力为主要目的，增压后循环供油量增加的同时，调整供油规律，更加完善燃烧过程，则指示热效率 η_{it} 升高。

6. 机械效率 η_m

增压后机械损失是增加的，这是因为柴油机排气背压 p_r 升高。当 $p_r>p_b$ 时，排气行程中活塞耗功增加；同时，爆发压力升高后，各运动摩擦副的耗功增加。另外，为减轻热负荷和增加喷油量，风扇、水泵、机油泵及喷油泵的耗功均有所增加。但是，柴油机增压后，指示功率增加更多，所以机械效率是提高的，可以从下式明显看出

$$\eta_m=1-\frac{P_m}{P_i} \tag{2-24}$$

式中，P_m 为总的机械损失功率；P_i 为指示功率。

一般非增压四冲程柴油机的 $\eta_m=0.78\sim0.85$，增压四冲程柴油机的 $\eta_m=0.80\sim0.92$。

7. 燃油消耗率

由以上分析看出，增压后指示热效率和机械效率均会提高，因此增压柴油机的燃油消耗率一般可较非增压柴油机降低 3%~8%，甚至更多些。

2.3　增压系统基本热力参数的确定

随着计算机技术的发展，增压柴油机设计时一般都是先利用计算机对其工作过程进行模

拟计算，以确定相关参数，但在进行涡轮增压柴油机的工作过程计算时，必须首先初步确定或估算涡轮增压器的一些主要参数，如增压压力 p_b、空气流量 q_{mb}、燃气流量 q_{mT}、涡轮进口压力 p_T、涡轮进口温度 T_T、增压器压气机效率 η_{adb}和涡轮效率 η_{adT}等。目前估算的方法有多种，这里只介绍由上海交通大学顾宏中教授发展并细化了的精度较高、应用较广泛的 JTK 方法。

2.3.1 确定参数的依据

在所需确定的诸多参数中，其最为关键的参数应是空气流量 q_{mb}，因为要由它来保证气缸中柴油的完善燃烧及柴油机适中的热负荷。特别是对于高增压、大功率柴油机，运转的可靠性及寿命的要求更高，影响它们的一个非常重要的因素是气缸热负荷。而一般来说，在正常的燃烧与扫气的情况下，涡轮前的排气温度 T_T 大致可以反映相同类型柴油机热负荷的大小。目前生产的国内外大功率增压柴油机，除个别由于结构上的原因外，T_T 均比较低。四冲程高速柴油机，$T_T=550\sim650$℃；四冲程中速柴油机，$T_T=500\sim580$℃；二冲程中速及高速柴油机，$T_T=400\sim500$℃；二冲程低速柴油机，$T_T=370\sim430$℃。当然，要求这样低的 T_T 就必须有一定的空气量来保证，即需要用较大的总过量空气系数 ϕ_{as}来保证。有些二冲程高增压低速柴油机中，燃烧过量空气系数 ϕ_a 高达 2.3，这样大的空气量主要是为了不使零件热负荷过高，有些超高增压柴油机在标定工况下使用大的过量空气系数 ϕ_a，是为了保证在低工况时不致因燃烧过量空气系数太小而引起热负荷过高及燃烧不良。因此，确定增压参数的合理顺序应该是：先从考虑柴油机可靠性及寿命（热负荷）出发，定下涡轮前的排气温度 T_T，根据 T_T 定出空气流量 q_{mb}，再根据柴油机的通流特性确定增压压力 p_b，然后根据涡轮增压器的总效率 η_{Tb}确定涡轮前的平均排气压力 p_T，并初步确定涡轮的通流面积。

2.3.2 空气流量的确定

根据涡轮前排气平均温度 T_T 来估算空气流量 q_{mb}，首先要建立 T_T 与 q_{mb}之间的关系式。比较简便的方法是根据流进和流出柴油机气缸的气体参数，建立能量平衡式，这样可绕过缸内工作循环的计算。其能量平衡式可写为

$$\zeta_T H_u - \frac{3600}{b_e \eta_m} + \phi_{as}\alpha(\mu c_p)_a T_a = (\phi_{as}-1+\beta_0)\alpha(\mu c_p)_T T_T \tag{2-25}$$

式中，第一项为 1kg 柴油燃烧后被利用的热量（kJ），H_u 为燃油低热值（kJ/kg），ζ_T 为涡轮前的热量利用系数；第二项为 1kg 柴油燃烧后所做出的指示功（kJ），b_e为燃油消耗率［kg/(kW·h)］，η_m 为柴油机机械效率；第三项为 1kg 柴油燃烧所需空气带来的热量（kJ），ϕ_{as}为总过量空气系数，$\phi_{as}=\phi_a\phi_s$，其中 ϕ_a 为过量空气系数，ϕ_s 为扫气系数，$(\mu c_p)_a$ 为柴油机进气管内空气在热力学温度 T_a 时的摩尔定压热容［kJ/(mol·K)］，可利用下式来求得：

$$(\mu c_p)_a = 27.59 + 0.0025 T_a \tag{2-26}$$

第四项为 1kg 柴油燃烧后对应于柴油机排气中相应的热量（kJ），β_0 为理论分子变更系数，α 为 1kg 燃油燃烧所需的理论空气量，等于 0.495kmol/kg，$(\mu c_p)_T$ 为涡轮进口处燃气平均温度为 T_T 时的摩尔定压热容［kJ/(mol·K)］，可利用下式求得：

$$(\mu c_p)_T = 8.315 + \frac{20.47+(\phi_{as}-1)\times19.26}{\phi_{as}} + \frac{3.6+(\phi_{as}-1)\times2.51}{\phi_{as}\times10^3} T_T \tag{2-27}$$

式（2-25）中的几个参数确定如下：

Hu 可根据所用柴油牌号查得，b_e 和 T_T 为在设计柴油机时的预计指标值，柴油机的机械效率 η_m 可通过计算出平均机械损失压力 p_{mm} 后获得。平均机械损失压力 p_{mm}（MPa）可由经验公式来求得，对四冲程增压柴油机：

$$p_{mm}=D^{-0.2}(0.00855v_m+0.789p_{me}-0.0214) \tag{2-28}$$

对二冲程十字头式增压柴油机：

$$p_{mm}=D^{-0.2}[0.00289(v_m+10p_{me})+0.0334] \tag{2-29}$$

式中，D 为气缸直径（m）；v_m 为活塞平均速度（m/s）；p_{me}为平均有效压力（MPa）。

由此可求得机械效率为

$$\eta_m=\frac{p_{me}}{p_{me}+p_{mm}}$$

柴油机进气管内的空气温度 T_s 根据有无中冷器以及中冷器的冷却情况做出估算，一般有中冷器时，对于中、高速四冲程及二冲程柴油机：

$$T_s=(273+40\sim60)\,\text{K}$$

对于低速二冲程柴油机：

$$T_s=(273+30\sim40)\,\text{K}$$

在无中冷器时，$T_s\approx T_b$，可根据增压比及增压器的效率算出。

至此，只要把式（2-25）中的热量利用系数 ζ_T 确定下来，就可由选定的 T_T 值求出总过量空气系数 ϕ_{as}，再由下式求出空气流量 q_{mb}：

$$q_{mb}=\frac{14.3P_e b_e \phi_{as}}{3600} \tag{2-30}$$

热量利用系数 ζ_T 的确定是比较复杂的，它可表示为

$$\zeta_T=1-h_T$$

式中，h_T 为气体在气缸、气缸盖中的排气道及排气管中散给四壁的相对散热量的分数。

假如排气管为非冷却式，则 h_T 基本上代表了气缸中散热量的大小。h_T 的值并不就是冷却水带走的热量分数，因冷却水中还包括一部分气缸与活塞组之间的摩擦热。如果是油冷活塞，则润滑油中包含了一部分在气缸中经过活塞传走的热量。若要对 ζ_T 进行理论计算，则要利用气缸中气体对缸壁的瞬时传热系数 K_g及温差，但要精确确定 K_g及温差是比较困难的。下面推荐一个以试验数据（25 台四冲程柴油机及 12 台二冲程柴油机）为基础的半经验公式，对四冲程增压柴油机

$$\zeta_T=1.028-0.00096R \tag{2-31}$$

对二冲程直流扫气十字头式增压柴油机：

$$\zeta_T=0.986-0.00025R \tag{2-32}$$

式中

$$R=\frac{(\phi_a b_i)^{0.5}T_s^{1.6}v_m^{0.78}(0.5+D/2S)}{(Dn)(Dp_s)^{0.32}} \tag{2-33}$$

式中，ϕ_a 为燃烧过量空气系数；b_i 为指示油耗率［g/(kW · h)］；v_m 为活塞平均速度(m/s)；D 为气缸直径（m）；S 为活塞行程（m）；n 为柴油机转速（r/min）；p_s 为柴油机进气管空气压力（MPa）；T_s 为柴油机进气管空气温度（K）。

2.3.3 增压压力的估算

在选定了 T_T 并利用能量平衡关系式求出总过量空气系数，再由柴油机功率及有效油耗率算出空气流量 q_{mb}后，接下来要确定需要多大的增压压力 p_b 才能保证有这么多的空气通过柴油机气缸。表征气缸通流能力的参数是充量系数 ϕ_c 与扫气系数 ϕ_s 的乘积，即 $\phi_a\phi_s$ 称通流能力系数。接下来建立通流能力系数与进气管压力 p_s 间的关系式。从柴油机原理知，q_{mb}（kg/s）为

$$q_{mb}=\frac{P_e b_e \phi_a \phi_s \times 14.3\times10^{-6}}{3.6} \tag{2-34}$$

$$q_{mb}=\phi_c\phi_s\frac{n}{60\tau}\frac{p_s}{RT_s}iV_s \tag{2-35}$$

式中，τ 为冲程系数，四冲程为 2，二冲程为 1；R 为气体常数，$R=287\text{J}/(\text{kg}\cdot\text{K})$；$P_e$为有效功率（kW）；$b_e$ 为有效油耗率［g/(kW · h)］；n 为转速（r/min）；p_s 为进气压力（Pa）；i 为缸数；V_s 为气缸工作容积（m^3）；T_s 为进气温度（K）。

式（2-34）和式（2-35）相等，并把

$$P_e=\frac{iV_s p_{me} n}{61.2\tau}$$

代入，化简后得

$$p_s=\frac{(\phi_a\phi_s)p_{me}T_s b_e}{894.7(\phi_c\phi_s)} \tag{2-36}$$

由此可确定增压压力

$$p_b=p_s+(0.003\sim0.005)\text{MPa}$$

只要有一个 $\phi_c\phi_s$ 值，即可利用式（2-36）求出 p_s。$\phi_c\phi_s$ 值的大小，在定压系统及单排气总管系统中，与柴油机的转速 n、气门通流面积 f_a、气门定时及重叠角 φ_{np}、气缸头进排气道阻力及涡轮增压器效率 η_{Tb}等有关。在有一定试验数据的情况下，可以通过理论关系式求得 $\phi_c\phi_s$ 值，在有单缸模拟试验机的情况下，可以通过试验来求得，这样更接近实际。

在变压增压系统，$\phi_c\phi_s$ 值除了与上述因素有关外，还与排气管分歧情况、排气管长短及与排气压力波的作用与干扰等有关。其中以 n、φ_{np}、η_{Tb}及增压系统形式影响最大。对四冲程、转速一般在 1500r/min 左右的船用及发电用柴油机，$\phi_c\phi_s=1.11\sim1.16$，在 φ_{np}较小、进排气道阻力较大的情况下，$\phi_c\phi_s$ 偏于低值或更低；在中速四冲程柴油机中，$\phi_c\phi_s=1.15\sim1.22$，也有更大的值；定压系统扫气的压差小，故 $\phi_c\phi_s$ 小一些；对高速车用四冲程柴油机，一般为了不致引起低速、大转矩时排气倒灌，φ_{np}较小，一般只有 40°~50°（CA），基本上没有扫气，$\phi_c\phi_s\approx1$。可以看出 $\phi_c\phi_s$ 值对于一定机型及在一定的条件下，其变化范围不太大，若在无试验数据的情况下，可以根据相类似柴油机的数据来选取，误差也不会太大，作为估算 p_s 是可以的。对于二冲程低速十字头式柴油机，目前都是单流长行程定压系统，$\phi_c\phi_s$ 值差别不太大，但扫排气口时的面值大小不像四冲程中的变化范围那么小，因此，更应注意合理选取 $\phi_c\phi_s$ 值。$\phi_c\phi_s$ 值可根据所估算柴油机的具体情况确定，通过先估计 ϕ_c 值及 ϕ_s 值，以及判定 ϕ_s 的合理性，从而选定 $\phi_c\phi_s$ 值。

2.3.4　涡轮前排气平均压力的估算

对于定压增压系统和单排气总管系统来说，涡轮前排气平均压力 p_T 可以根据涡轮与压气机的功率平衡关系来求得，即

$$\eta_{Tb}\frac{q_{mT}}{75}\frac{\kappa_T}{\kappa_T-1}R_T T_T\left[1-\frac{1}{(p_T/p_{T_0})^{\kappa_T/(\kappa_T-1)}}\right]=\frac{q_{mb}}{75}\frac{\kappa}{\kappa-1}RT_a\left[(p_b/p_a)^{(\kappa-1)/\kappa}-1\right] \quad (2\text{-}37)$$

式中，$\kappa_T=1.33$；$\kappa=1.4$；$R=287\text{J}/(\text{kg}\cdot\text{K})$；$R_T=286\text{J}/(\text{kg}\cdot\text{K})$；$q_{mT}$ 为排气流量，$q_{mT}=(1.02\sim1.03)q_{mb}$；$p_a$ 和 T_a 为大气压力与温度；$p_{T_0}=p_a+0.002\sim0.005\text{MPa}$。

式（2-37）除 p_T 外，其他参数均已知，故可求得 p_T 值。

2.3.5　涡轮当量喷嘴面积的估算

有了排气流量 q_{mT} 与涡轮前排气平均压力 p_T 和温度 T_T，就可以估算涡轮的通流面积。涡轮通流面积是由喷嘴环出口面积 F_N 与动叶轮出口面积 F_B 组成。为了简便，先用一个涡轮当量面积 F_T 来代表。要准确确定 F'_T 是很复杂的，因为它和涡轮的压降、转速以及各种流动系数有关。由简化计算得到当量喷嘴面积为

$$F'_T=k_3\sqrt{\frac{(F_NF_B)^2}{\left(F_B\dfrac{\rho_{T_0}}{\rho_{sp}}\right)^2+F_N^2}} \quad (2\text{-}38)$$

式中，k_3 为系数，$k_3=1.03\sim1.035$，近于常数；ρ_{sp} 为喷嘴环出口气体密度（kg/m^3）；ρ_{T_0} 为动叶出口气体密度（kg/m^3）。

在实际估算时，可进一步简化，采用几何当量喷嘴面积 F_T 乘以总的流量系数 μ_T 作为有效涡轮当量喷嘴面积，即

$$\mu_TF_T=\mu_T\sqrt{\frac{(F_NF_B)^2}{F_B^2+F_N^2}} \quad (2\text{-}39)$$

再根据以下涡轮通流特性算出有效涡轮当量通流面积 μ_TF_T

$$\mu_TF_T=\frac{q_{mT}}{\psi_T\rho_T\sqrt{2R_TT_T}} \quad (2\text{-}40)$$

为简化公式，定义 ψ_T 为

$$\psi_T=\sqrt{\frac{\kappa_T}{\kappa_T-1}\left[\left(\frac{p_{T_0}}{p_T}\right)^{2/\kappa_T}-\left(\frac{p_{T_0}}{p_T}\right)^{(\kappa_T+1)/\kappa_T}\right]} \quad (2\text{-}41)$$

式中，μ_T 的值随膨胀比 π_T 的增大而增大，若在高增压时，即 π_T 较大，μ_T 大于 1，这是由于在式（2-39）中忽略了式（2-38）中的 ρ_{T_0}/ρ_{sp} 及 k_3 所致，$\mu_T=f(\pi_T)$ 的关系式或曲线一般由涡轮增压器厂提供，或参照相似涡轮参数。

在三缸一歧管变压增压系统情况下，也可用上述方法估算，在一缸一歧管情况下，实际选用的 F_T 要比上述算法得出的数值要大一些。

2.3.6　增压系统基本热力参数估算实例

现以 12V240Z 涡轮增压中冷柴油机为例用 JTK 法估算。

1）已知条件及要求指标

标定功率 $P_e=2205\text{kW}$

标定转速 $n=1100\text{r/min}$

缸径 $D=0.24\text{m}$

行程 $S=0.26\text{m}$

平均有效压力 $p_{me}=1.69\text{MPa}$

活塞平均速度 $v_m=9.53\text{m/s}$

有效油耗率 $b_e=0.205\text{kg/(kW}\cdot\text{h)}$

涡轮前排气温度 $t_T=560℃$

2）柴油机热力参数选择

大气压力 $p_a=0.101\text{MPa}$

大气温度 $T_a=303\text{K}$

涡轮后背压 $p_{T0}=0.105\text{MPa}$

中冷器后空气温度 $T_a=335\text{K}$

气缸充量系数 $\phi_c=1.00$

$\phi_c\phi_s=1.14$

涡轮增压器效率 $\eta_{Tb}=0.56$

3）涡轮增压器主要性能参数及结构参数估算

由式（2-28）算出机械损失压力 $p_{mm}=0.24\text{MPa}$；

由 p_{mm} 算得机械效率 $\eta_m=0.875$；

指示油耗率 $b_i=b_e\eta_m=0.179\text{kg/(kW}\cdot\text{h)}$；

初选进气管中气体压力 $p_a=0.25\text{MPa}$；

选择燃烧过量空气系数 $\phi_a=1.9$；

由式（2-33）算出 $R=141.96$；

由式（2-31）算出 $\zeta_T=0.89$；

由式（2-25）算出总过量空气系数 $\phi_{as}=2.21$；

由式（2-30）算出空气流量 $q_{mb}=4\text{kg/s}$（用 2 只涡轮增压器）；

每台流量 $q_{mb}=2\text{kg/s}$；

由式（2-36）算出进气管内压力 $p_s=0.256\text{MPa}$，这与前面的初选值相近，不再重算；

增压器出口压力 $p_b=p_s+0.003=0.259\text{MPa}$；

燃气流量 $q_{mT}=1.015q_{mb}=4.06\text{kg/s}$；

每台涡轮排气流量 $q_{mT}=2.03\text{kg/s}$；

由式（2-37）算得涡轮前排气压力 $p_T=0.22\text{MPa}$；

由式（2-40）及式（2-23）算出有效涡轮当量通流面积 $\mu_T F_T=0.006955\text{m}^2=69.55\text{cm}^2$；

由涡轮 μ_T 的经验数据，选定 $\mu_T=1.04$；

算出涡轮几何当量通流面积 $F_T=66.88\text{cm}^2$。

2.4　柴油机与涡轮增压器的匹配

2.4.1　联合运行线的调节

1. 联合运行线

以单级涡轮增压系统为例。根据质量守恒定律，在这个增压系统中，压气机所提供的空气正好等于柴油机所需的空气量。因此，在稳定工况下，压气机特性曲线上的流量和集油机所需的流量相等。柴油机在某一工况下，压气机提供的增压压力等于柴油机所需的增压压力。因此，可在压气机特性曲线图上，将该工况下以增压比 π_b 和空气流量 q_{mb} 表征的增压器和柴油机联合运行点确定下来。这样，当柴油机按某一特性运行时的所有工况点都可在压气机特性曲线上确定下来，从而形成了图 2-10 中 1、2、3、4 所示的特性曲线，通常称其为增压器和柴油机联合工作后的联合运行线。

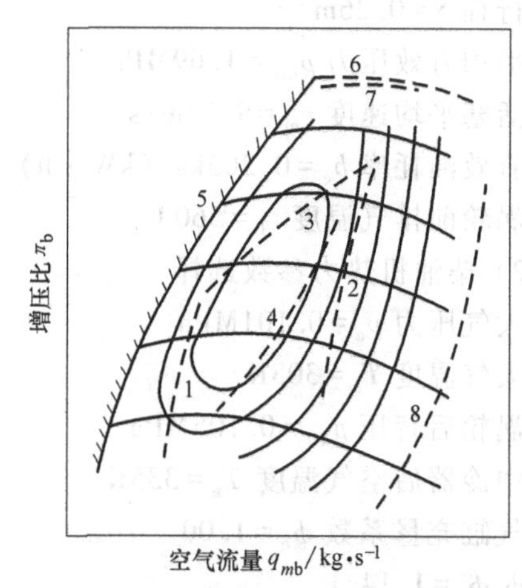

图 2-10　涡轮增压器与柴油机的联合运行线

1—n_{min}负荷特性　2—n_{max}负荷特性　3—外特性　4—螺旋桨特性　5—喘振边界线　6—最高转速线　7—最高排温线　8—最低效率线

联合运行线反映了增压器与柴油机匹配运行时两方的综合情况，因此通常都借助于联合运行线来判断增压器与柴油机的匹配是否合适。

2. 调节联合运行线的基本要求

不论哪一种涡轮增压柴油机及其运转特性，对配合性能的要求主要有以下三个方面：

1）在标定工况下，必须达到预期的增压压力 p_b 及空气流量 q_{mb}，有足够的燃烧过量空气系数 ϕ_a，使燃烧完善，燃油消耗率 b_e 满足要求；涡轮前排气温度 T_T 不超过预定值，以保证气缸热负荷不致过高；p_b 不能过高，以免 p_{max} 超过允许值，使机械负荷太大；涡轮增压器的转速 n_{Tb} 必须低于允许值，以保证涡轮增压器转子的强度符合安全的要求；在标定工况时，希望涡轮增压器的总效率 η_{Tb} 要高，扫气系数 ϕ_a 也能具有适当的大小。

2）在低工况时，也必须保证有一定的空气量，以满足燃烧及降低热负荷的要求。这一点对于高增压柴油机（p_{me} = 1.8～2.3MPa）来说特别重要，尤其对一些特定用途的场合，如快艇、拖船、坦克及车用等，这时低负荷、低转速性能往往是一个突出的问题。

3）要求在整个运转范围内不发生增压器喘振与阻塞。由于涡轮允许运转的范围较广，高效率运转区也较大，配合运行时的问题相对来说较少；而不论是有叶或无叶扩压器式的增压器，它能运转的流量范围较窄。因此，一般在研究配合特性时，首先要看柴油机与增压器的配合特性。希望柴油机依其特定用途运转时的空气流量特性曲线能通过增压器空气流量特性曲线的高效率区域，最好与增压器等效率曲线大致平行，而且必须在增压器的稳定工作范围内，既不喘振也不阻塞。

图 2-11 所示为 12V240 高增压四冲程柴油机的联合运行线。图 2-11 中联合运行线为按

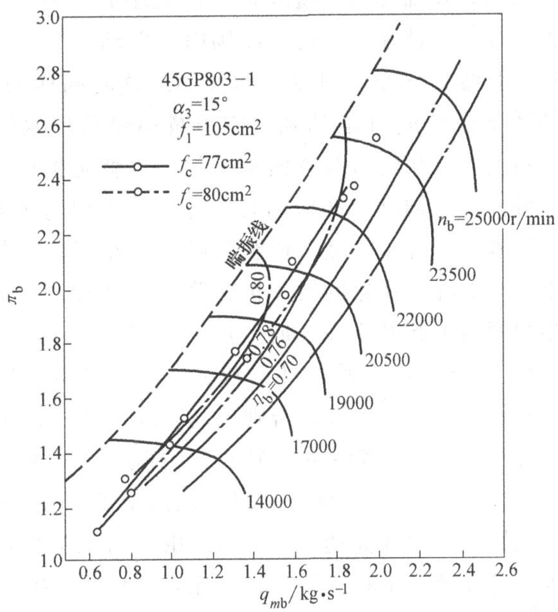

图 2-11 12V240 柴油机与增压器的联合运行线

螺旋桨推进特性（$P_e = cn^3$）进行的，可以看出其配合情况是很好的。整个运行范围都离喘振线有一段距离（在标定工况的 q_{mb} 为相同压力下喘振流量的112%），且都在高效率区域内运行。对于高增压柴油机来说，标定工况配合点位置的选择，其活动的余地不大，因为高增压比的增压器，在高增压比处能稳定运转的流量范围不大。配合点离喘振线越近，增压器的效率越高，但易喘振。因为增压器与柴油机匹配运行时，进气管气体压力会有波动，即增压器出口压力波动；或在变负荷时柴油机转速下降太快等，都会使增压器发生喘振，所以配合点不能离喘振线太近。但离喘振线太远，则将在低效率区域运转，并接近阻塞区域。因此。一般在按负荷特性或螺旋桨推进特性运行时，标定工况的 q_{mb}为相同 π_b 下喘振流量 110%～150%；若按外特性，如拖船、渔船、车用等，则要高些，甚至达到 120%，这是因为柴油机的空气流量特性曲线的形状、位置是随柴油机的运转特性而变化的。

对车用、坦克、电传动及带可变螺距螺旋桨柴油机的运转特性，实际上已不是一条运转线，而是在由图 2-10 中的最低转速负荷特性线 1、外特性线 3 及最高转速负荷特性线 2 组成的一个区域内运转。在高增压的情况下，外特性线只能用高转速时的一段。低转速时，T_T 会太高，甚至不能很好地燃烧。后面只能按等过量空气系数 ϕ_a 线运转。因此，车用、坦克等的运转特性对增压器配合运行的要求更高。这也是车用柴油机增压度的提高不及船用柴油机快的主要原因。

如果高增压柴油机主要是在高速、高负荷下运转，则必须把增压器的高效率运转区域设计得广一些。有些柴油机低转速工况要求较苛刻，如车用柴油机，不仅依外特性运转，而且转矩的适应性系数高，所以增压器的高效率区域选在柴油机转速较低的地方，这样做即使在标定工况时性能稍差一些也是值得的。对于超高增压柴油机，低工况性能更为突出。因此，在选配涡轮增压器时，除了要进行变工况运行的配合性能计算外，还必须进行样机的配合调整试验，以满足各方面的要求；必要时甚至采用一些特别措施。

3. 联合运行线的调节

在柴油机进行正常设计和经过估算及性能模拟计算来选配涡轮增压器后，一般在配合性能上不会出现太大偏差。对于大功率柴油机，通常只要调节一下涡轮喷嘴环出口通流面积 f_c 或扩压器的进口角 α_3，即可得到满意的结果。

（1）涡轮喷嘴环出口通流面积 f_c 的调整　改变 f_c 可改变柴油机空气体积流量特性线的位置，如图 2-12 所示。

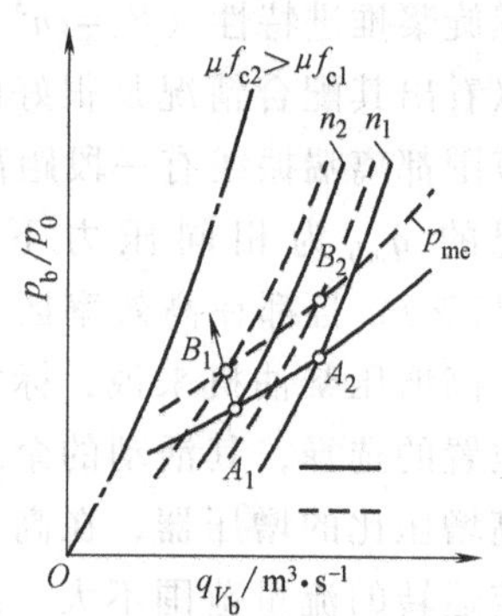

图 2-12 涡轮喷嘴环出口通流面积 f_c 调节对联合运行线的影响

当涡轮喷嘴环出口通流面积 f_c 减小后，整个柴油机的排气阻力增加，因此在压气机特性场内，发动机的耗气特性（即等转速运行线）向小流量率方向移动。这时同样的 p_{me} 只能以更高的增压压力 p_b 才能达到。应用减小喷嘴环通流面积 f_c 的办法，可使发动机运行线移向喘振线，也就是把运行线从压气机的低效率区移向高效率区的有效办法。采用这个办法，只改变一个喷嘴环，非常简便。但当喷嘴环减小时，涡轮机的反动度 Ω 也一起下降，涡轮的效率也将降低。试验结果表明，当喷嘴环出口通流面积减小 20%时，反动度将下降 10%左右，这时涡轮效率下降约 6%。喷嘴环出口通流面积变动 20%左右，可以认为是调整的一个限度，否则要同时改变动叶轮通流面积。

在试验中，一般用负荷特性来寻找最佳喷嘴环出口通流面积，如图 2-13 所示，减小 f_c 将增加活塞排气推出功，使燃油消耗率增加，只是在高速、高负荷时由于涡轮功增大，压缩空气功增大，使进入气缸的空气量增大，才使燃油消耗率下降，因此涡轮喷嘴环出口通流面积的选取在于高、低负荷工况下燃油消耗率值之间的折中。

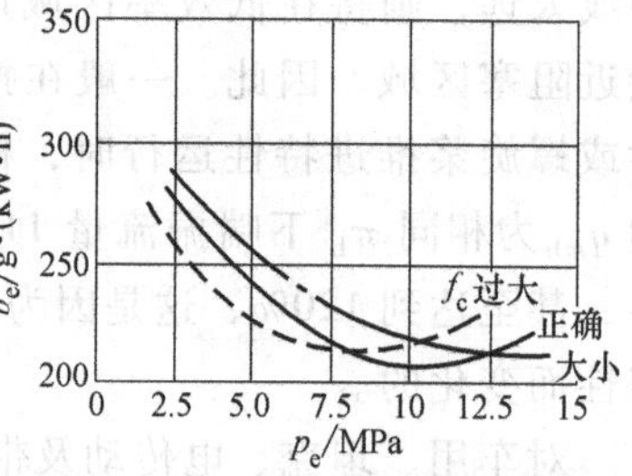

图 2-13 利用负荷特性系数选取最佳 f_c 值

（2）改变压气机扩压器的进口角 α_3　上述改变涡轮喷嘴环出口通流面积的办法，是用改变运行线的办法来适应压气机的特性。当然，也可用改变压气机特性线的办法来适应运行线。改变压气机特性线的办法很多，如改变扩压器进口角、改变叶轮出口及扩压器进口宽度或改变导风轮进口外径等，都可改变压气机的特性。当改变叶轮宽度时，压气机中与其有关的其他结构也得改变，因此只有在大幅度调整压气机流量特性时，才采用这一办法，通常在仔细估算与选配增压器后，一般只是在小范围内调整，这时经常采用改变扩压器进口角 α_3 的办法来实现。

由于在流量减小到某一极限时，气流在扩压器叶片凹部发生强烈脱离而形成喘振，若把扩压器叶片往下转一角度，即减小扩压器进口角 α_3，就会减少气流脱离，消除喘振，这相当于使喘振线移向小流量区域，以使柴油机运转线离开喘振线。图 2-14 所示为一增压器在用不同进口角 α_3 时的压气机特性曲线。当 α_3 加大时，喘振线向大流量方向移动。从图 2-14 中可看到，喘振线的改变如同它绕坐标原点转动，这在扩压器进口最小截面积的减少小于 20%～22%时基本上都是如此。因此，改变扩压器叶片进口角 α_3 时，在高增压比、大流量部分，喘振线移动大，而在小流量、低增压比部分移动小，故在高增压比处运转线穿出喘振线时调整 α_3 比较有效。

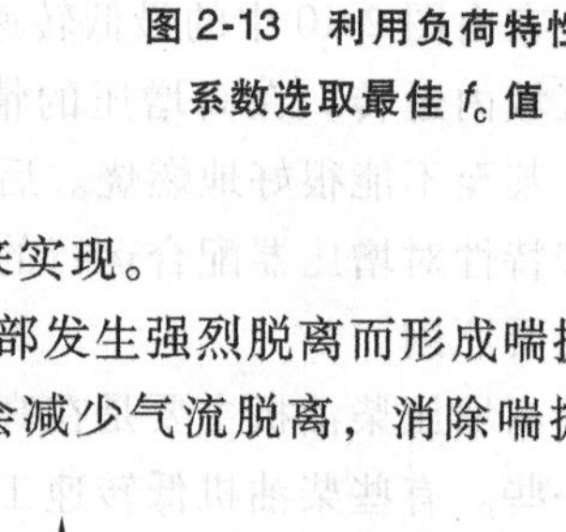

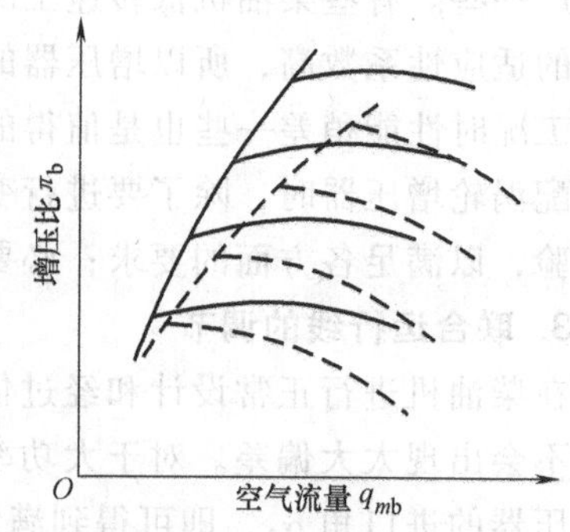

图 2-14 扩压器叶片进口角 α_3 对压气机特性曲线的影响

扩压器叶片进口角及通流面积的调节，可以采用转动叶片的办法，也可以采用车削扩压器内径的办法来达到。当扩压器叶片进口角改变后，不仅使柴油机空气流量运行线不与喘振线相交，消除了喘振，而且对整个柴油机的性能参数也有利。因此，调整 α_3 的目的有时是解决喘振，有时是提高柴油机的性能。

2.4.2　降低热负荷的调节

1. 增压柴油机的热负荷问题

增压柴油机，中冷前新鲜充量的温度是压气机出口温度的函数，比非增压柴油机高得多。即使是低增压度，也要高 60~80℃，甚至更高一些。压缩始温的增加，必然造成柴油机工作循环各特征点温度相应提高。同时，循环供油量增加以后，固然用于转变为有用功的热量增加了，但与此同时，损失的热量也随之增多。这表现在机油温度、冷却水温度及排气温度均显著提高。例如，495 型柴油机，在非增压功率为 37kW 时，排气温度一般低于 480℃；增压到 50kW 时，在无中冷情况下，排气温度可高达 620℃以上。柴油机和涡轮增压器都存在热负荷过大的问题，会出现气缸盖“鼻梁骨”断裂、燃烧室镶块烧结、活塞环烧结、卡死及活塞烧裂等现象。涡轮转子也会因热负荷过大而损坏。随着增压度的提高，热应力问题更加突出。在增压匹配中，解决热负荷过大问题是极其重要的。

2. 热负荷的一种表达式

增压柴油机的热负荷表现形式很多。但比较集中地反映在排气温度上。排气温度可以用几种方式进行计算，下面介绍通过工作过程计算导出的一种用于排气温度计算的表达式。

通过工作过程计算，首先计算出没有与扫气空气混合时的排气温度 T_{r1}

$$T_{r1}=T_0\left[\frac{\lambda\gamma^{n_2}\varepsilon^{n_1-n_2}}{B^{n_2-1}}+\frac{B}{\sigma}(n_3-1)\right] \tag{2-42}$$

式中，T_{r1}为未与扫气空气混合时的排气温度；T_0为压缩始温；λ 为压力升高比；γ 为预胀比或初膨胀比；B 为排气门打开时及进气门关闭时的气缸容积比；ε 为压缩比；σ 为压缩始压与膨胀终压之比；n_1为压缩多变指数；n_2为膨胀多变指数；n_3为排气流出气缸的多变指数，$n_3=1.25\sim1.30$。

为便于计算时选择参数，图 2-15 给出了不同压缩比时，压力升高比与压缩始温间的关系；图 2-16 给出了预胀比与过量空气系数之间的关系。

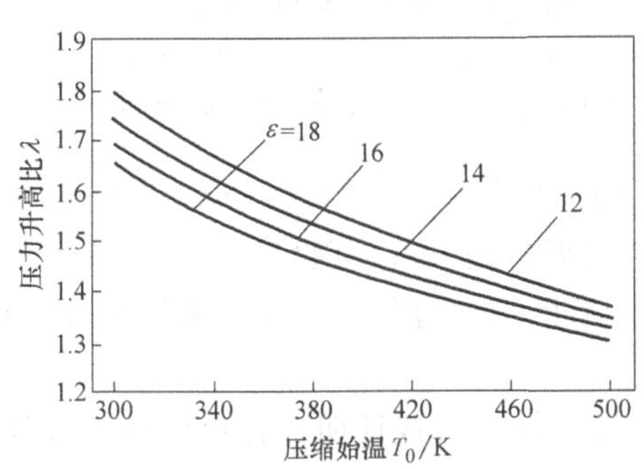

图 2-15　不同压缩比 ε 时 λ 与 T_0 的关系

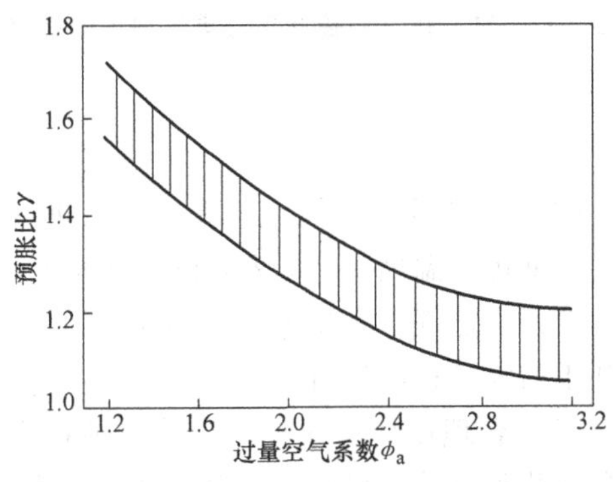

图 2-16　预胀比 γ 与过量空气系数 ϕ_a 的关系

在获得了 T_{r1}后，再计算与空气混合后的排气温度

$$T_r = \frac{T_{r1} + (\phi_s - 1) T_b}{\phi_s} \tag{2-43}$$

式中，ϕ_s为扫气系数；T_b为压气机出口温度。

3. 影响热负荷大小的主要因素分析

由上述表达式可以分析影响柴油机增压系统热负荷的因素：

1）增加扫气系数 ϕ_s可以降低 T_r，即减小热负荷。为此，增加柴油机的进、排气门叠开角，增大进、排气管的压力差，增大进、排气门的时间—截面等，都有利于降低热负荷。

2）降低压气机出口温度 T_b，不仅可增大进气密度，而且可以降低工作循环各特征点的温度，减小热负荷。

3）工作过程的合理组织，对降低热负荷有很大影响。

2.4.3　降低热负荷的主要措施

1. 适当增大进、排气门叠开角

实践证明，每增加叠开角 10°(CA)，可以降低排气温度 5℃左右，图 2-17 反映了叠开角与排气温度之间的关系。一般四冲程高速柴油机叠开角在 50°~110°(CA) 范围内，相应扫气系数可达 1.06~1.30。但过大地增加进、排气门叠开角，会发生活塞与气门相碰现象，在结构设计上必须采取相应措施。

2. 增大叠开期内的进、排气管压力差 Δp

计算表明，增加进、排气管压力差 Δp 可有效提高扫气流量 q_{ms}，如图 2-18 所示。增大压力差 Δp 的主要途径是合理设计进、排气歧管。

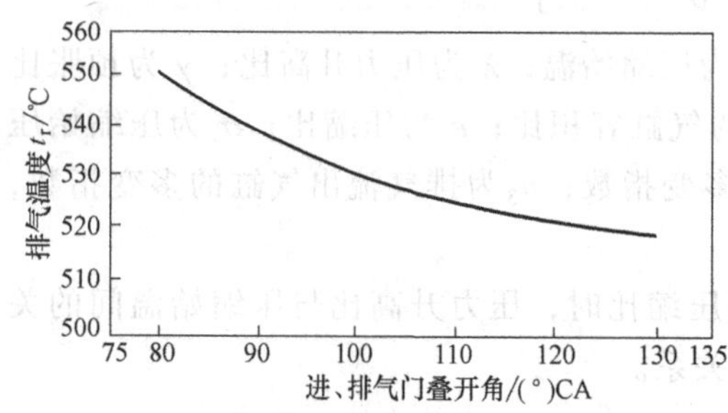

图 2-17　进、排气门叠开角对排气温度的影响

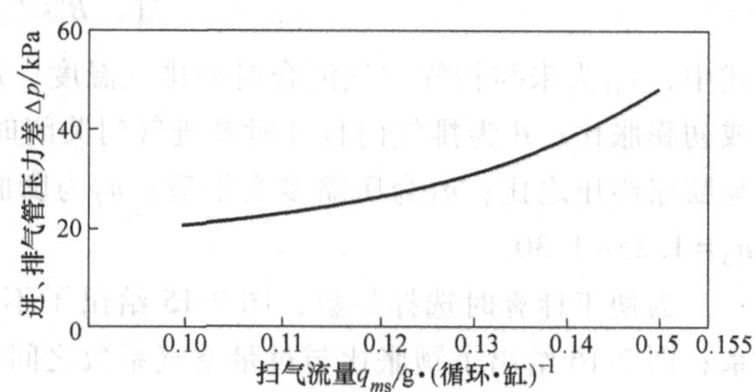

图 2-18　压力差与扫气量的关系

单缸工作容积 V_s=0.815L，进、排气门叠开角为 66°(CA)，柴油机转速 n=2000r/min

（1）合理设计进气管　适当加大进气管容积，增加进气压力平稳度，可以改善扫气过程，降低排气温度。495 柴油机的增压实践表明，采用原机进气管，因尺寸较小，某一缸气门一打开，进气管中出现一个压力波谷，而采用改进后的渐缩进气管。压力波形比较平稳，有利于扫气过程的进行。

（2）合理设计排气管　设计原则在本章前面已讨论过。实践证明，合理设计与选择排气管形状和尺寸，可以有效降低增压系统的热负荷。图 2-19 示出了不同排气管通流面积对排气温度的影响。由图 2-19 可见，三种正方形截面的排气歧管，面积过小，增加了流动阻力；面积过大，减弱了脉冲压力波。所以，只有合理的面积才有较低的排气温度。

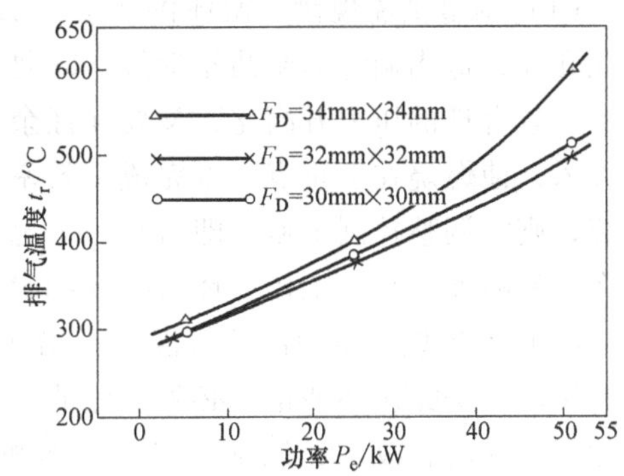

图 2-19 不同排气管通流面积对排气温度的影响

3. 增大进、排气门的时间—截面

增大时间—截面的措施很多，一般有：

（1）合理设计配气凸轮 在设计中有可能承受气门机构惯性力的条件下，尽可能使气门快启快闭，以增加时间—截面。

（2）尽量扩大进、排气门的面积 在气缸盖上位置允许的情况下，力所能及地扩大进、排气门的面积。

（3）增加摇臂比 增大气门端臂长和推杆端臂长之比可有效增加气门升程，这在由非增压机型改为增压机型时比改变凸轮形线更简便。6135Z 柴油机的实践表明，把气门升程由原来的 14.5mm 增加到 16mm，排气温度下降了 20～25℃。

4. 增压中冷

一般地，进气温度降低 1℃，柴油机最高燃烧温度降低 8～10℃，排气温度可降低 2～3℃。因此，对增压空气进行冷却，不但可有效提高进气密度，而且还可有效降低排气温度，解决热负荷过大的矛盾。目前，增压中冷已成为中增压度以上的增压系统中必不可少的措施。

另外，采用增压中冷后可使柴油机进气密度进一步提高，如图 2-20 所示。在不增加热负荷的基础上，柴油机输出功率可明显提高，经济性也可明显改善，是柴油机增加系列产品、扩大功率覆盖面的有力措施，特别是增压中冷能够有效降低柴油机排放中 NO_x 的含量，近年来其应用范围越来越广泛。

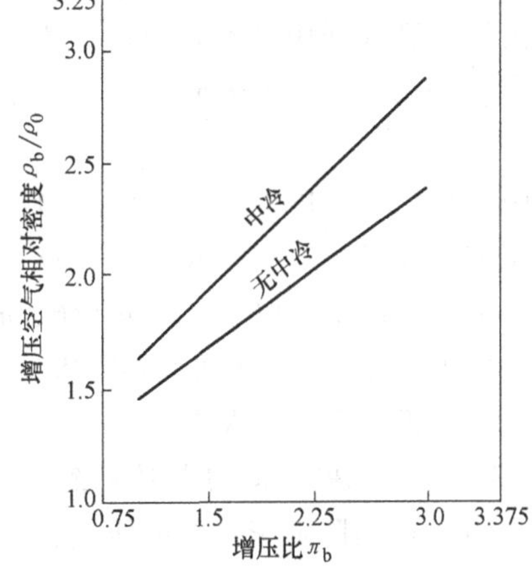

图 2-20 中冷与增压空气密度的关系

5. 强化冷却系统

为了降低热负荷，在冷却系统方面也要进一步强化调整。

1）改善机油冷却条件。适当增大机油泵容量，增大机油冷却器的散热面积，改善曲轴箱通风等，均能缓解热负荷。

2）改善冷却系统工作条件。采取适当调整水泵容量、提高水泵转速、增大散热水箱的散热面积、增大风扇直径、改变风扇的叶片角、提高风扇转速等措施，均有利于降低热负荷。

3）中速机钻孔冷却缸套上部及缸盖。

6. 改善供油系统及燃烧系统

柴油机增压后，循环供油量相应加大，若供油及燃烧系统不作调整，热负荷必然增加。适当调整燃油系统，合理组织燃烧过程，对降低热负荷是十分关键的。在循环供油量增加后，如何在不变的时间内喷油、雾化、混合，使燃烧保持最佳状态，这是增压匹配的重要内容，也是改善热负荷的有力措施。

（1）调整供油规律　循环供油量增加后，应适当加粗喷油泵柱塞直径，增加喷孔数或喷孔孔径，适当调整油泵凸轮形线。既要保证滞燃期内喷油量适度，使速燃期内燃烧比较平稳，有较合理的压力升高比，又要保证余下的循环供油量在速燃期内以合理的规律尽可能全部喷入，使燃烧在上止点附近完成，效率较高，后燃较少，排气温度低。对于高压共轨喷油系统，则需调整控制策略，即对每一工况下，需要多少油，喷射多少油，什么时候需要油，什么时候喷油，每个工作循环可喷6~8次油。

（2）促进燃烧室中的油气混合　增压后缸内油和气均增多了，但混合的时间不变，因而要按时燃烧完循环油量，必须强化油气混合。如加强进气涡流，适当提高喷油压力，调整油嘴安装深度和改善燃烧室形状，可加强油气间的扰动、细化油粒和改善油气间的均匀分布，从而促进雾化混合，减少后燃。

（3）合理调整供油提前角　供油提前角对排气温度的影响十分显著。减小供油提前角对降低柴油机爆发压力有利，但供油过迟会加剧后燃，使排气温度升高。增压柴油机由于介质和燃烧室壁温较高，滞燃期短，因此供油提前角应比非增压机略有减小。

（4）增加过量空气系数 ϕ_a　增加过量空气系数可有效降低最高燃烧温度，既有利于改善排放，又能够减小热负荷。

2.4.4　降低机械负荷的调节

1. 增压柴油机的机械负荷问题

柴油机的机械负荷是由最高燃烧压力 p_{max} 和最大压力升高比（$\Delta p/\Delta\phi$）$_{max}$ 来反映的。由于压力升高比不便测量，故通常以最高燃烧压力 p_{max} 表征。柴油机采用增压技术后，进气压力由压气机（或中冷器）出口压力 p_b 替代非增压的 p_a，即使是低增压度的增压系统，p_b 也要比 p_a 高出0.03~0.07MPa。最高燃烧压力 p_{max} 和 p_b 的关系可用下式表达

$$p_{max}=\lambda\varepsilon^{n_1}p_b \tag{2-44}$$

式中，λ 为压力升高比，一般 $\lambda=1.3\sim2.2$；ε 为柴油机压缩比，一般柴油机 $\varepsilon=12\sim20$；n_1 为压缩多变指数，一般取 $n_1=1.35\sim1.37$；p_b 为增压压力。

为便于讨论，取 $\lambda=2$、$\varepsilon=16$、$n_1=1.36$，则 $p_{max}\approx86.8p_b$。这意味着每增加0.1MPa的进气压力，p_{max} 就会增加8.68MPa。由此可见，柴油机增压后，最高燃烧压力将显著增加，柴油机的机械负荷增大很多。

2. 降低机械负荷的主要措施

（1）适当降低柴油机的压缩比　从柴油机工作过程考虑，提高压缩比可以提高工质的温度，扩大循环的温度阶梯，增大膨胀比，提高发动机的热效率。然而，从增压后的机械强度方面考虑，式（2-44）已经说明，增大 ε，会使最高燃烧压力显著上升。计算表明：压缩比每增加1，最高燃烧压力就会增加1.2MPa左右。可见，适当降低 ε，对缓解机械负荷有显著作用。

（2）适当减小供油提前角　在排气温度不算高，距设计指标还有一定裕度的条件下，适当减小供油提前角，既不使热负荷过分严重，又缓解了柴油机的机械负荷。

X6105Z增压柴油机的试验表明，供油提前角每减小1°(CA)，p_{max} 将减小0.3MPa。对R6100Z增压柴油机的试验表明，当其转速在3000r/min时，供油提前角 θ 由19°(CA)减小为11°(CA)，最高爆发压力 p_{max} 减小了2.16MPa；当柴油机以1600r/min运行时，供油提前

角 θ 由 19°(CA) 减小为 11°(CA)，最高爆发压力 p_{max} 减小了 2.35MPa。

(3) 调整涡轮增压器

1) 适当增大喷嘴环的出口面积。涡轮喷嘴环面积加大，流出气流速度减小，冲击叶轮的动能减少，增压器转子转速减慢，压气机出口压力降低，柴油机最大爆发压力减小。机械负荷得到缓解。但增大喷嘴环面积的同时，柴油机进气量减少，会影响其动力性和经济性。因此，调节喷嘴环面积时要全面考虑。

2) 适当增大压气机及涡轮的蜗壳。无锡动力机厂引进英国 Holset 公司的 H 系列增压器，通过更换压气机及涡轮蜗壳来调整增压比、流量以及效率圈的位置。其中，H_{2A} 型增压器的压气机蜗壳就有 7245E、7260E、7680E 等多种；涡轮蜗壳也有 H_{18G2}、H_{20G2}、H_{23G2} 等多种。号码增大，意味着蜗壳的特征尺寸增大，它们共用一个转子，优化匹配，满足柴油机的增压需要。表 2-1 中列出的数值为 H_{2A} 型增压器与 R6100Z 型柴油机匹配，更换蜗壳得到的增压比 π_b 和最大燃烧压力 p_{max} 的变化值。发动机其他部件不变，转速和功率保持相同。

表 2-1 不同压气机蜗壳及涡轮蜗壳时的 π_b 和 p_{max}

增压器蜗壳型号（压气机/涡轮）	柴油机转速 /r · min^{-1}	增压比 π_b	最高燃烧压力 p_{max}/MPa
H_{2A}7245E/H_{18G2}	1600	1.230	11.9
	3000	1.603	12.2
H_{2A}7260E/H_{18G2}	1600	1.242	11.8
	3000	1.623	12.0
H_{2A}7260E/H_{20G2}	1600	1.218	11.8
	3000	1.583	12.3
H_{2A}7680E/H_{20G2}	1600	1.193	11.5
	3000	1.623	11.6
H_{2A}7680E/H_{23G2}	1600	1.147	11.4
	3000	1.444	11.6

(4) 优化供油系统 供油系统匹配是否合理对发动机性能影响极大。在有的结构参数调整中，经济性和工作粗暴性互相矛盾，在降低热负荷和降低最高燃烧压力方面常常会顾此失彼。因此，在优化供油系统中要特别注意。

1) 柱塞直径。在前面涉及降低增压柴油机热负荷时，由于循环供油量增大，为缩短喷油延续时间，必须加大柱塞直径。但加大柱塞直径后，供油速度增大，使初期喷油速率也较大，喷油规律曲线变高，如图 2-21 所示，最高燃烧压力升高。因此，选择时应兼顾考虑。

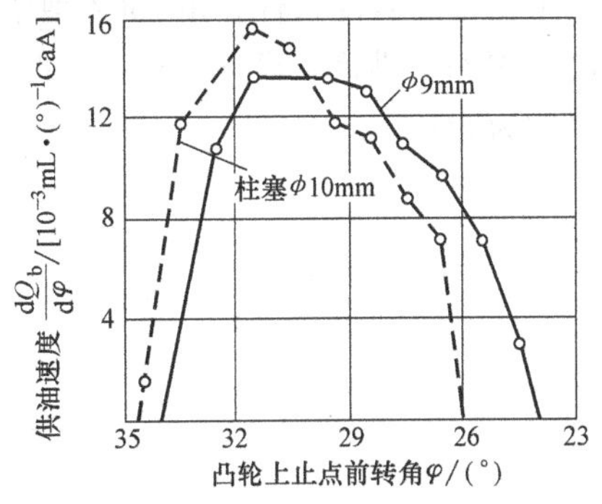

图 2-21 柱塞直径对供油规律的影响

2) 喷孔尺寸。

① 喷孔总通流面积 f_x。当循环供油量选定以后，喷孔的总通流面积 f_x (mm^2) 可用下式确定：

$$f_x=\frac{Q_{bmax}}{\mu\omega_x t_x \times 10^3} \tag{2-45}$$

式中，Q_{bmax} 为循环最大供油量 [mm^3/(循环 ·

缸)]；μ 为喷孔流量系数，一般 $\mu=0.65\sim0.70$；ω_x 为喷油时的平均流速（m/s）；t_x 为喷油待续时间（s）。其中，增压后的最大循环供油量 Q_{bmax} [mm^3/(循环·缸)] 按下式计算：

$$Q_{bmax}=\frac{b_eP_e}{60n\rho\tau i}\times10^3 \tag{2-46}$$

式中，b_e 为标定功率时的燃油消耗率 [g/(kW·h)]；P_e 为发动机标定功率（kW）；n 为发动机转速（r/min）；ρ 为燃油密度（g/mm^3）；τ 为冲程系数，二冲程 $\tau=1$，四冲程 $\tau=2$；i 为发动机缸数。

喷油时的平均流速 ω_x 可按下式计算：

$$\omega_x=\sqrt{\frac{p_1-p_2}{\rho}} \tag{2-47}$$

式中，p_1 为喷油平均压力（MPa）；p_2 为气缸平均压力，$p_2\approx(p_0+p_c)/2$，p_0 和 p_c 分别为气缸压缩始压和压缩终压（MPa）。喷油持续时间 t_x 可按下式计算：

$$t_x=\frac{\varphi_x}{6n} \tag{2-48}$$

式中，φ_x 为喷油持续角（°）CA；n 为发动机转速（r/min）。

② 喷孔直径和喷孔数。喷孔直径可由下式计算：

$$d_x=\sqrt{\frac{4f_x}{\pi i}} \tag{2-49}$$

式中，i 为喷孔数。

显然，喷孔数 i 增加，喷孔直径 d_x 就小，燃料在空间的分布量增加，雾化质量改善，但减小了油束贯穿距离，且喷孔容易被堵塞。另外，喷孔之间的夹角是否相等，或者说喷柱是否均布，这对雾化质量的改善也十分重要。对喷油器斜置的发动机，如果喷柱均布，则油束在燃烧室的落点就不均布，这对缸内燃烧不利。为此，喷孔之间的夹角不均布，以确保油束落点均布。在 R6100Z 增压柴油机的增压匹配试验中，为达到预期的最高爆发压力 p_{max} 和其他动力性、经济性指标，在供油系统方面做了精心调配选择，最后确定以下结构参数：

BX 泵，C 型调速器，柱塞直径 ϕ9.5mm，油泵凸轮升程 10mm，预行程为 3.4mm。CAV 公司的等圆弧喷油器，4 孔，孔径 ϕ0.27mm，喷雾锥角 150°。与之匹配的增压器是 H_{2A} 7680E/H_{23G2} 径流式涡轮增压器。压缩比较原机减小 0.8，喷油提前角为 11.5°(CA)。

根据以上匹配条件，R6100Z 型柴油机外特性试验表明：最大爆发压力 p_{max} 保持了非增压的 11MPa，满足了设计要求。同时，外特性最低油耗率为 b_e=207g/(kW·h)，涡轮前排气温度为 560℃。

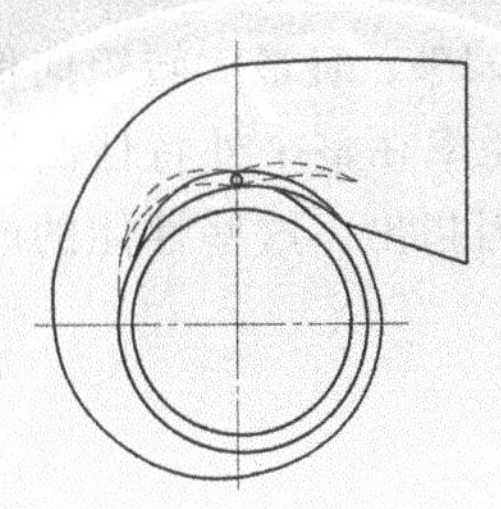

第 3 章

中冷技术

3.1 中冷技术对增压系统性能的影响

增压中冷柴油机是在压气机出口和柴油机空气入口之间安置空气中间冷却器（简称中冷器）。由于压缩空气温度在中冷器内得到降低，空气密度增加，在其他条件不变的情况下，进入气缸的空气质量增加，这对增压系统性能产生了一系列的影响。

第一，可以增加柴油机循环供油量，通过合理组织燃烧过程，使柴油机有更多的燃料化学能转变为热能，进而转变为机械能，增加了柴油机的动力性。

第二，由于增加了空气质量，使燃料雾粒有更多机会与空气混合，燃烧更加充分，从而节省了燃油耗，改善了柴油机的经济性。

第三，通过中冷器的压缩空气温度降低，即柴油机进气温度降低。计算表明，在其他条件不变的前提下，进气温度降低1℃，缸内燃烧最高温度可降低10℃左右，而排气温度可降低3℃左右。这就是说，中冷使整个增压系统的热负荷有所降低，提高了增压系统的可靠性。

第四，缸内燃烧过程中，NO_x 生成率与燃烧温度有密切关系，燃烧温度越高，NO_x 生成越快。因此，中冷降低了缸内温度，也就压抑了 NO_x 的生成率，减少了 NO_x 的排放量。

早在20世纪90年代初，在6130ZQ车用增压柴油机上，进行了增压中冷技术的试验研究，如图3-1和图3-2所示。试验表明，增压系统未作其他改动的条件下，采用增压中冷技

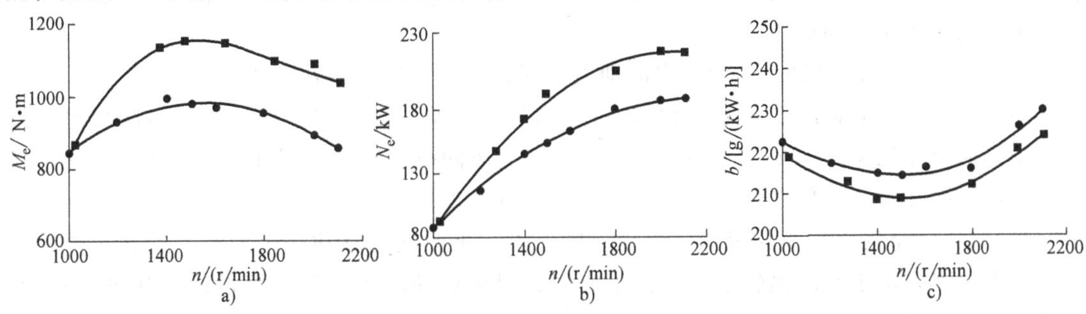

图 3-1 外特性对比

●—原机（增压非中冷） ■—增压中冷机型

术后，增压中冷型较原增压非中冷型在外特性线上，转矩提高了15.1%，且最大转矩向低转速方向移动；功率提高了19.3%，增压度增加了21.7%，柴油消耗率在整个外特性测试范围内平均降低2.7%；缸内最高燃烧温度由1980K降为1680K。应当指出，这些性能的改善还与中冷器冷却效率、空气阻力等性能密切相关。

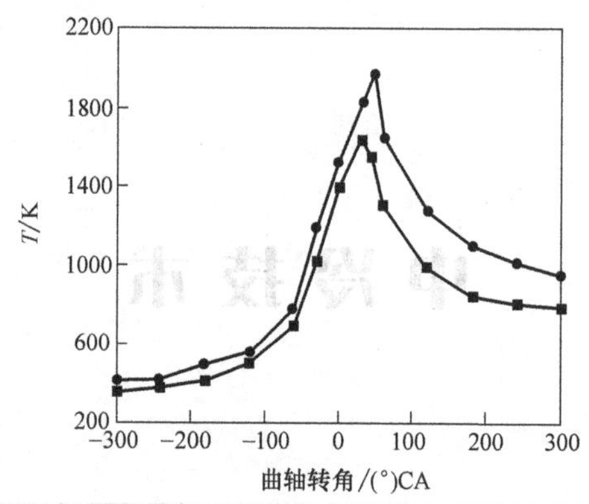

图3-2　缸内温度变化对比

●—增压非中冷　■—增压中冷

3.2　中冷器的冷却方式与结构

3.2.1　中冷器的冷却方式

目前采用的中冷器都属于错流外冷间壁式冷却方法，根据冷却介质的不同，有水冷式和风冷式两大类。

（1）水冷式　根据冷却水系的不同又分以下两种方式：

1）用柴油机冷却水系的冷却水冷却。这种冷却方式不需另设水路，结构简单。柴油机冷却水的温度较高，在低负荷时可对增压空气进行加热，有利于提高低负荷时的燃烧性能；但在高负荷时，对增压空气的冷却效果较差。因此，这种方式只能用于增压度不大的增压中冷柴油机中。

2）用独立的冷却水系冷却。柴油机有两套独立的冷却水系，高温冷却水系用来冷却发动机，低温冷却水系主要用于机油冷却器和中冷器。这种冷却方式冷却效果最好，在船用和固定用途柴油机中普遍应用。

（2）风冷式　根据驱动冷却风扇的动力不同，可分为以下两种方式：

1）用柴油机曲轴驱动风扇。这种方式适用于车用柴油机，把中冷器设置在冷却水箱前面，用柴油机曲轴驱动冷却风扇与汽车行驶时的迎风同时冷却中冷器和水箱。车用柴油机普遍采用这种冷却方式，但在低负荷时易出现充气过冷现象。

2）用压缩空气涡轮驱动风扇。由压气机分出一小股气流驱动一个涡轮，用涡轮带动风扇冷却中冷器。由于驱动涡轮的气流流量有限，涡轮做功较少，风扇提供的冷却风量较少，显然其冷却效果较差。由于增压压力随负荷变化，因此这种冷却方式的冷却风量也随负荷变化，低负荷时风量小，高负荷时风量大，有利于兼顾不同负荷时的燃烧性能。且其尺寸小，在车上安装方便，在军用车辆上也有应用。

3.2.2 中冷器的结构

1. 水冷式中冷器的结构

目前普遍使用的水冷式中冷器是采用管片式结构。近些年由俄罗斯引进技术的冷轧翅片管式中冷器由于使用可靠性好、传热系数大等优点，也开始受到重视与应用。图 3-3 示出了这两种中冷器冷却元件的结构形式。

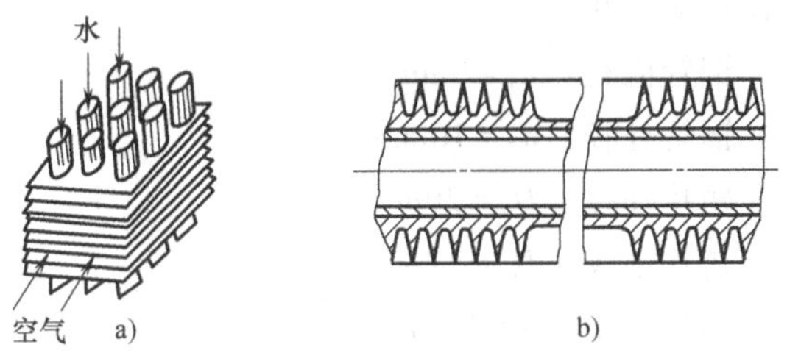

图 3-3 水冷式中冷器冷却元件

a) 管片式 b) 冷轧翅片管式

(1) 管片式中冷器 管片式中冷器是在许多水管上套上一层层的散热片，经锡钎焊或堆锡焊焊接在一起。冷却水管和散热片采用纯铜或黄铜制造。水管的排列有叉排和顺排两种，水管截面的形状有圆形、椭圆形、扁管形、滴形和流线形等几种形式，如图 3-4 所示。其中，圆管工艺性和可靠性较好，但空气的流通阻力较大，使空气压力损失较大。滴形和流线形管虽然空气阻力较小，但由于工艺性和可靠性较差，目前很少应用。椭圆管与圆管和扁管相比，具有较小的空气阻力，其工艺性和可靠性虽不及圆管但优于扁管。因此，在柴油机上多采用椭圆管作中冷器的水管。

中冷器冷却元件的结构参数对中冷器性能影响很大。由于水侧的表面传热系数通常是气侧的表面传热系数的 10 倍以上，因此气侧的散热面积应为水侧散热面积的 10 倍以上。无论水侧还是气侧，流通面积越小，则流速越大，表面传热系数越大，但流动阻力损失也越大。椭圆水管中冷器冷却元件结构参数推荐值如下：

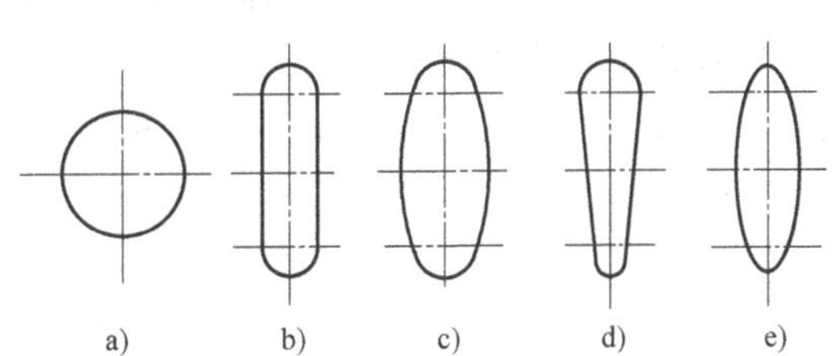

图 3-4 管片式中冷器冷却水管截面的形式

a) 圆管 b) 扁管 c) 椭圆管 d) 滴形管 e) 流线形管

水管断面尺寸：$2a\times2b=17\text{mm}\times5\text{mm}$，管壁厚取 0.5mm

管束横向间距：$S_1=15\text{mm}$

管排纵向间距：$S_2=23\text{mm}$

散热片厚度：$d=0.10\sim0.15\text{mm}$

散热片间距：$h=2\sim2.7\text{mm}$

(2) 冷轧翅片管式中冷器 冷轧翅片管是由单金属管或内硬外软的双金属管在专用轧机上轧制而成的。通常单金属管用纯铜或铝制作，双金属管的内管用黄铜，外管用铝。在轧制过程中使两种金属牢固地贴合在一起，几乎没有间隙，即使在长期振动工作条件下也不会脱开。将翅片管用胀管法固定在端板上。整个加工过程不用焊接，不存在虚焊和长期振动工作后的脱焊现象。因此，冷轧翅片管中冷器的主要优点就是接触热阻小，工作可靠性好。其缺点是在同样体积下冷却表面积较小，空气阻力损失较大。同样是设计合理的中冷器，与水管为椭圆管的管片式相比，能保持相同的散热能力，冷却表面积可减少约 30%，其空气阻力损失与水管为圆管的管片式大致相同。

以下是一种适用于中冷器的双金属冷轧翅片管结构参数，根据实际情况，其结构尺寸也可作相应变化。

铜管内径：$d_1=9\text{mm}$

铜管外径：$d_2=10\text{mm}$

翅片外径：$D_2=20\text{mm}$

翅片根径：$D_1=12\text{mm}$

翅片间距：$h=2.2\text{mm}$

翅片锥角：$\alpha=15°$

翅片螺纹升角：$\theta=2°$

管束横间距：$S_1=21\sim24\text{mm}$

管排为叉排，管排纵间距：$S_2=19\sim22\text{mm}$

2. 风冷式中冷器的结构

风冷式中冷器是用环境空气来冷却增压后的高温空气。由于热侧和冷侧换热介质均为空气，两侧的表面传热系数在同一数量级，因此两侧的换热面积应大致相当。风冷式中冷器的结构有扁管式、板翅式和管翅式。

（1）扁管式中冷器　在扁管外围设有散热片，增压空气在管内流动，冷却空气在管外流动。由于这种结构的热气侧换热面积太少，使中冷器传热效率低，故应用很少。应用较多的是板翅式和管翅式中冷器。

（2）板翅式中冷器　板翅式中冷器的结构及其基本结构元件如图 3-5 所示，在厚度为

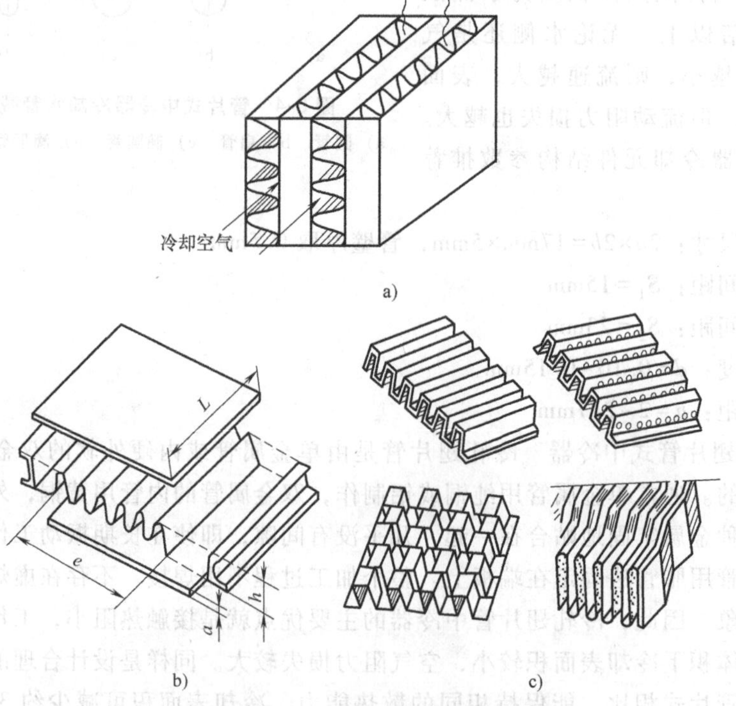

图 3-5　板翅式中冷器的结构及其基本结构元件

a）结构形式　b）冷却元件　c）翅片的形式

0.5~0.8mm的薄金属板之间，钎焊由厚度为0.1~0.3mm的薄金属板制成的翅片，两端以侧限制板封焊。因各层翅片方向互错90°，两个不同方向的翅片分别形成了两种错流换热介质的通道。板翅式中冷器大多用铜和铝合金制造，其结构紧凑，传热面积大、效率高。

光直翅片传热系数和阻力损失都比较小，只用在对阻力要求特别严格的场合。为了增强气流的扰动，破坏边界层以强化传热，可以采用锯齿形翅片或多孔翅片等翅片形式。其中，锯齿翅片对促进流体的湍动，破坏热阻边界十分有效，传热系数比光直翅片高30%以上。大多数中冷器都采用锯齿形翅片。

(3) 管翅式中冷器　管翅式结构是在板翅式结构的基础上发展而来的，其热气侧通道是多孔的成型管材，其他结构与板翅式相同，如图3-6所示。与板翅式相比，它的主要优势在热气侧。由于采用成型管材，简化了工艺，避免了翅片与隔板之间的虚焊及工作振动中的脱焊而造成的接触热阻，提高了传热效率和工作可靠性。其缺点是热气侧只能是光直的通道，难以采用扰流措施。目前，管翅式中冷器已得到越来越多的应用。

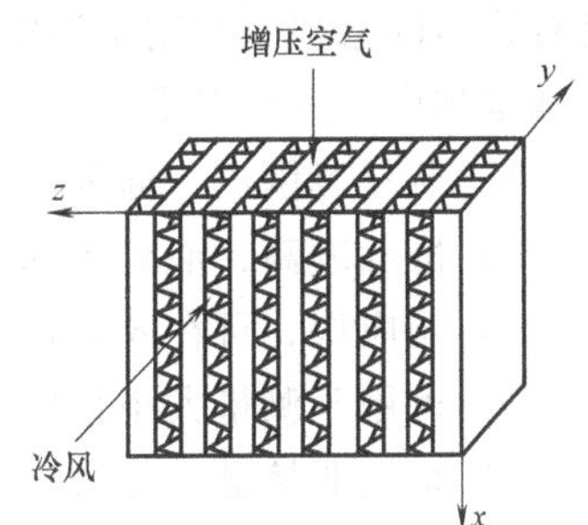

图3-6　管翅式中冷器的结构

3.3　中冷器管道内三维温度场测定试验

3.3.1　问题的提出

温度场是表征换热装置传热过程最直接的参数，对研究传热过程非常重要。温度的高低是传热方向的直接指示，温度分布的状态又是传热过程热流分布的根本反映。因此，温度测量是热工测量中应用频率最高的技术之一[38,39]，也是研究传热过程的关键环节[40]。然而，对于像车用柴油机中冷器所采用的叉流式换热器这种复杂结构的换热装置，温度测试还仅限于对进出口温度[41-43]、壁面或翅片等固体表面[44-49]或气流平均温度的测量[50]，而对于最能体现对流传热规律的通道内部气流的温度场，由于测试工作很难进行，目前还少有报道。探索和研究简便易行、准确可靠的测试方法，测试气流温度分布，不仅有利于增压中冷技术的深入发展，而且对叉流换热器传热理论的深入研究都是很有意义的。

测量温度的方法通常分为接触法和非接触法两类[51]。所谓接触法是通过感温元件与被测物体接触，经过足够长的时间达热平衡后，根据热力学第零定律通过检测感温元件所体现出的温度，即获得被测物体的温度。非接触法是利用物体的热辐射能（或亮度）随温度的变化关系或气体对光束的折射率随温度变化的关系，不对物体接触，而进行温度测量的方法。对于我们的测试目标——中冷器内气流的温度场，由于其最高温度一般小于150℃，采用单色辐射式光学高温计、全辐射式光学高温计及比色高温计等非接触式测温手段显然均不可行，采用全息干涉技术测量又仅可获得沿光束方向的气流平均温度，因而对于此类范围的气流温度测量，一般采用通过温度计、热电阻、热电偶等接触式测法较多。由于热电偶具有尺寸较小、成本较低、热惯性较小等优点，目前的换热器内温度测量大都以热电偶为主[44,43-49]。然而用热电偶测量气流温度场时，需要多点测量，如同时布置测点，则会对气流流场影响较大，而使测量结果失真；如单点扫描，则过程又太长，耗时太多，而且热电偶

测试的直接检测结果为热电势值，还需由标定曲线反算出温度值，测试工作极其烦琐。另外，这种测试方法测出的结果也只是温度场中离散的、不连续的点的温度值，若想获得反映温度场规律性的结果，则还需进行额外的数据分析整理，因而最终结果往往受人为因素的干扰，难以正确而又公正地反映出实际温度场的总体面貌。

能直接反映平面内温度场的分布规律的方法之一是用红外热像仪测量。红外热像技术在第二次世界大战期间，首先在军事上获得了广泛应用，自20世纪50年代起转向民用，至今已有许多国家能生产用于温度场测试的红外热像仪。近年来红外热像仪发展很快，应用范围也越来越广，其特点是：

1）测量范围广，通常为-170～+2000℃。

2）准确度高，能分辨0.1℃的温度。

3）响应快，可在8ms内测出物体的温度场。

4）可用于测量大小目标的整体、局部温度场。

5）采用非接触式测量，不破坏被测温度场。

6）测量距离从几厘米到天文距离。

红外热像仪的测试对象，主要为固体或液体等有确切界面的表面上的温度场[52-56]。红外热像仪具有响应快、分辨率高和可遥测的特点，用红外热像仪显示高速飞行物表面附面层内气体温度情况的探索，已引起人们极大的兴趣[57,58]，并已成功地将其用于航天飞机的检测[59-61]。但是，目前红外热像仪对气体温度的测试还仅限于那些固体外表面附面层内温度较高的区域[61,62]，反映的也是某空间区域内的平均温度，对于要求获得流场中某点的温度值的测试场合，应用红外热像仪测试还未见报道。有研究人员提出了一种用红外热像仪测试复杂结构换热器内稳态气流温度场的方法，并成功地对中冷器模型内的温度场进行了测试[63]。

3.3.2　试验方案设计

1. 红外热像仪的工作原理

红外热像仪是利用红外扫描原理测量物体表面温度分布的。它可以摄取来自被测物体各部分射向仪器的红外辐射通量，利用红外探测器，按顺序直接测量物体各部分发射出的红外射线，综合起来就得到物体发射红外辐射通量的分布图像，这种图像称为热像图。热像仪在显示器上显示出的热像图，直接反映的是被测物体表面上各点的热分布状况，即红外辐射通量分布状况。任何温度高于绝对温度的物体，都会发出红外辐射。物体所发射的红外辐射功率与其本身的温度之间的关系可由斯蒂芬-玻耳兹曼全辐射定律确定：

$$E = \varepsilon\sigma T^4 \tag{3-1}$$

式中，ε为物体的比反射率；σ为玻耳兹曼常数。

因此，反映红外辐射通量分布的图像也同样反映了被测物体表面温度分布情况，也有人称为温度图。通过与基准黑体温度相比较，即可获得被测物体表面上各点的温度值。图3-7所示为红外热像仪系统组成框图。它由光学会聚系统、扫描系统、探测器、视频信号处理器、显示器等几个主要部分组成。目标的辐射图形经光学系统会聚和滤光，聚焦在焦平面上。焦平面内安置一个探测元件。在光学会聚系统与探测器之间有一个光学机械扫描装置，它由两个扫描反射镜组成，一个用作垂直扫描，另一个用作水平扫描。从目标入射到探测器上的红外辐射随着扫描镜的转动而移动，按次序扫过物体空间的整个视场。在扫描过程中，入射红外辐射使探测器产生响应。一般来说，探测器的响应是与红外辐射的能量成正比的电压信号，扫描过程使二维的物体辐射图形转换成一维的模拟电压信号序列。该信号经过放大、处理后，由视频监视系统实现热像显示和温度测量。

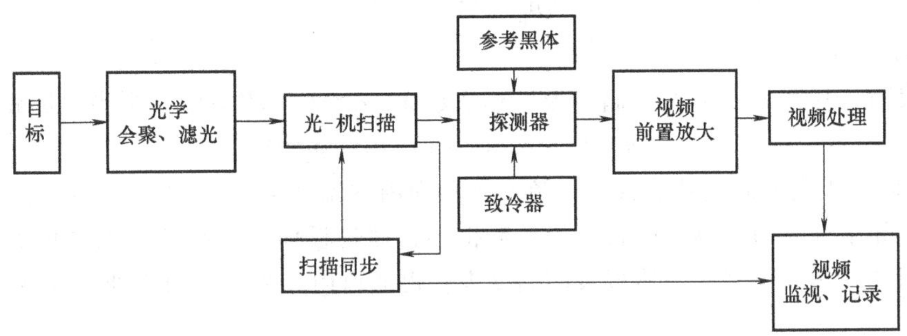

图 3-7 红外热像仪系统组成框图

2. 测试方案设计

如上所述，红外热像仪不能用于测试气体温度场中某个面或某个点的温度值，要测量中冷器内气流的温度场，必须借助于固体表面。如果在图 3-6 所示的中冷器内测量，中冷器热气通道内沿 x-z 面在其一孔内放置一个与孔同宽的储热板，板在气流中的传热情况如图 3-8 所示。

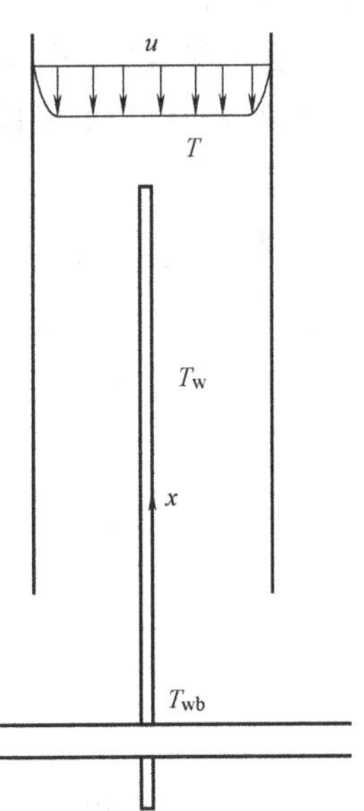

图 3-8 储热板传热分析

气流沿流程受冷却，有温降，气流平均温度 T 和储热板表面温度 T_w 为坐标 x 的函数：

$$T=f(x)；\quad T_w=g(x) \tag{3-2}$$

如果流动是稳态的，那么对储热板的稳态传热问题，当其在气流中达到热平衡时，可得

$$\frac{\mathrm{d}}{\mathrm{d}x}\left(A\frac{\mathrm{d}T_w}{\mathrm{d}x}\right)\lambda\Delta x-\alpha P\Delta X(T_w-T)=0$$

$$\frac{\mathrm{d}^2T_w}{\mathrm{d}x^2}-m^2(T_w-T)=0 \tag{3-3}$$

其中

$$m=\sqrt{\frac{\alpha P}{\lambda A}}$$

通道内气流平均温度 T 在离开入口一定距离后，与流程呈线性关系变化[15]，即

$$\frac{\mathrm{d}^2T}{\mathrm{d}x^2}=0 \tag{3-4}$$

式（3-3）与式（3-4）相加得

$$\frac{\mathrm{d}^2(T_w-T)}{\mathrm{d}x^2}-m^2(T_w-T)=0$$

令 $\theta=T_w-T$，于是

$$\frac{d^2\theta}{dx^2}-m^2\theta=0 \tag{3-5}$$

对于宽度较小、长度很大的储热板，式（3-5）的解为[64]

$$\frac{\theta}{\theta_b}=\exp(-mx) \tag{3-6}$$

式中，$\theta_b=T_{wb}-T$。

如果表面传热系数 α 远大于储热板导热系数 λ，$\alpha\gg\lambda$，$\alpha P\gg\lambda A$，则当 x 足够大时

$$m\gg1,\quad \exp(-mx)\to0,\quad \theta=0$$

即 $T_w=T$，储热板表面温度就能代表气流在该截面内的温度。

因此，如果选择的储热板材料导热系数很小，储热板伸入足够长，测试位置选择合理，就可通过用红外热像仪测试储热板表面温度来获得通道内气流在板面所处位置截面上的温度分布。

3.3.3 试验设施及测试过程

1. 试验设施

中冷器模型内气流温度场的测试是在图 3-9 所示的中冷器试验台上进行的。试验台是在压气机性能试验台的基础上改造而成的，中冷器热气供应系统由原压气机试验平台上用于第三级增压的废气涡轮增压器的压气机提供，其最高压比可达 2.2，最大流量为 0.35kg/s。冷风系统新配置了 A-72 型离心式鼓风机，最大流量为 $3.5m^3/s$。为了进行中冷器入口温度的调节，在压气机出口与中冷器入口之间，加装了一个 6kW 的加热器，通过调压变压器调节加在其两端的电压值来控制加热器的加热量，从而控制中冷器热气入口温度。

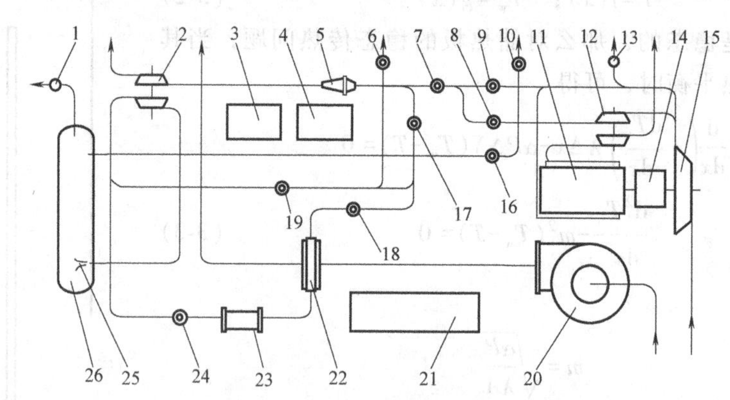

图 3-9　中冷器试验台

1—空气阀　2—GJ80 增压器　3—GJ80 润滑系统　4—燃烧室燃料供给系统　5—燃烧室　6—循环旁通电动阀　7—送风电动阀　8—二级送风阀　9—一级送风阀　10—二级旁通电动阀　11—6130 柴油机　12—12GJ 增压器　13—一级旁通电动阀　14—变速器　15—AⅡ-82 航空压气机　16—稳压箱送风阀　17—循环送风电动阀门　18—中冷器空气阀　19—截流阀　20—冷却送风机　21—控制中心　22—试验中冷器　23—空气加热器　24—空气阀　25—流量计　26—空气稳压箱

由于实际中冷器通道尺寸较小，难以布置测试点，测试时必须对其进行放大。被测试中冷器模型是按相似理论原理对图 3-6 中冷器几何尺寸放大而得到的，如图 3-10 所示。由于

此处主要研究中冷器内气流的流场与温度场的规律，故模型制作时根据传统中冷器设计计算中管壁导热热阻很小可忽略的假设，将模型制作材料改用制作方便的、厚 0.5mm 的铁皮。为充分体现外部冷却作用，冷风侧翅片采用厚 0.2mm 的纯铜片。通过锡焊将热侧通道扁管与冷风侧的翅片焊接在一起。通道内廓尺寸与 KTM44020 中冷器保持几何相似，热气通道单孔截面尺寸为 35mm×35mm，长度受试验台限制仅为 700mm，与原中冷器等长。

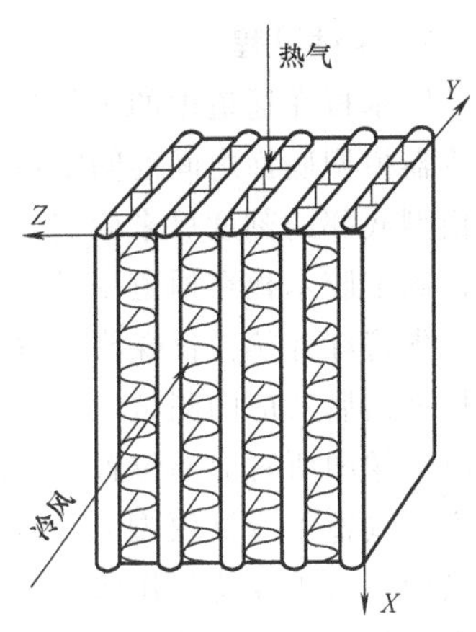

图 3-10 中冷器模型

根据实际中冷器相匹配的柴油机功率范围，可估算出实际中冷器的流量范围，从而确定气流流动的雷诺数变化区域，根据相似第三定律，只要保证模型冷热两侧气流雷诺数与实际中冷器内气流流动雷诺数相当，入口条件基本一致，即可保证在模型测试中获得的反映气流流动传热规律的结论，能够体现实际中冷器内的情况[65]。由 KTM44020 中冷器匹配的 6130ZLQ 柴油机标定工况参数可知，标定工况下中冷器冷热两侧气流流动雷诺数均在 1×10^4 左右，皆属湍流，由此确定中冷器模型测试中的流动状态。

为消除边界因素影响，测试针对中间一排热气通道的中间孔内进行。测试用红外热像仪系美国休斯飞机制造公司（Hughes Aircraft Company）生产的 Probeye TVS3500 红外热成像系统，如图 3-11 所示。其测量范围为：−40~1500℃，灵敏度为 0.1℃。热像图共由 16 种颜色组成，在标度范围内，由所选的分辨率大小确定每种颜色所代表的温度间隔，从而获知每条等温线的数值。通过调节探头和分辨率，可测出物体整体及局部的温度分布。TVS3500 热成像系统具有补偿发射率的功能，只要已知被测物体的发射率，就可通过补偿设置，使热成像系统显示被测物体的真实温度值。各点温度显示是通过移动光标实现的，热像图一呈现，可立即锁定，然后将光标移动至检测点，屏幕下方即显示出该点的温度值。

测试用储热板选用厚 2mm、长 450mm 的胶木板，原因如下：

1）胶木板发射率已知，$\varepsilon=0.9$，有利于红外热像仪准确测量。

2）胶木板导热系数很小，$\lambda=0.048\sim0.050$ [W/(m·℃)]，导热影响小。

3）胶木板热容量较大，测试过程中板面温度变化小，有利于测试进行。

胶木板结构如图 3-12 所示，由于板较长，在其顶端设有一可调支承，以保证插入通道后板面与主流方向保持平行。

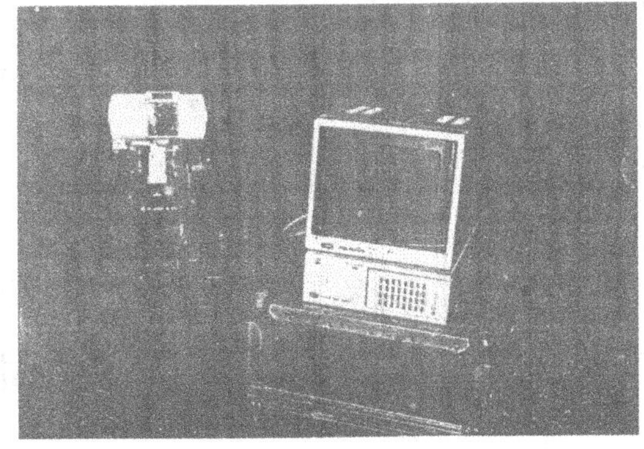
图 3-11 TVS3500 红外热像仪

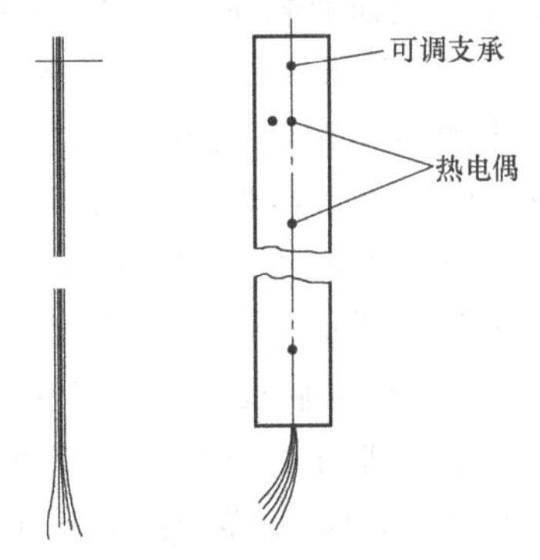

图 3-12 胶木板结构

2. 测试过程

胶木板在通道中的定位是由图 3-13 所示结构实现的，胶木板上下位置由纵向定位板与中冷器模型底面之间的间距控制，水平方向位置通过移动将其夹在当中的滑板由固定在中冷器模型底部的刻度尺来确定。通过调节胶木板上的可调支承和滑板上的相对于刻度尺的读数，确定胶木板在通道中的位置，由此确定所测表面温度分布对应的实际空间坐标。测试前，先将红外热像仪探头位置调整好，使其对准胶木板抽出后对应的测试段，并在显示屏上确定好测试段热像图所对应的位置坐标。然后将胶木板插入通道，调整中冷器模型入口参数至所需稳定状态，使热像仪探头保持工作状态，待胶木板与气流达到热平衡后（胶木板上埋设热电偶测得的温度值在1min 内的变化小于 0.1℃），迅速抽出胶木板至固定位置，同时监视显示屏，热像图一呈现立即将其锁定，在显示屏上读取对应坐标位置下所显示的温度值即可。

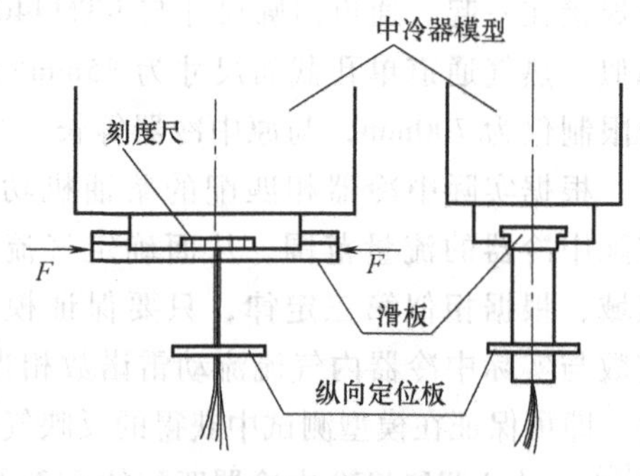

图 3-13　定位系统

3.3.4　误差评定

实测中由于胶木板有一定的厚度，且板放入通道后总会在板面附近形成附面层，板厚及附面层厚度的存在，会使被测气流的流场发生变化，从而影响温度分布，而且胶木板的导热系数也不为零，导热因素也总会对温度分布产生影响，由此形成的测试误差是本测试方法的原理误差，或系统误差。另一方面，用红外热像仪测试胶木板表面温度时，还必须在板与气流达热平衡后迅速将其从通道内取出，并尽快测试。因此，不但要求板导热系数低，而且还要求其比热容要尽可能大，以保证板在取出到测试这段过程中温度变化足够小，另外还要保证测试操作快，从而不致影响板面温度分布规律。显然，胶木板在实际的测试操作过程中的散热对其表面温度分布也会产生一定程度的影响，由此形成的误差称为操作误差。

在实际测量中，必须确定上述两种误差的大小，并由此对测试结果作出合理修正，方可保证测试结果能够反映实际温度场的面貌。为此，在实测前，对应实测条件和实测对象，用试验的方法，通过红外热像仪测试结果与微热电偶测试结果的对比，确定了上述两种误差的大小。

1. 微热电偶的制作、标定与误差评定[66]

误差评定是以微热电偶对温度场中各具体点的测值作为气流温度的真值的，因此，要求微热电偶测试结果具有较高的精度。测试前，首先通过惰性气体保护焊自制了若干 $\phi0.2$mm 的铜-康铜微热电偶，按图 3-14 所示 CS-501 恒温水浴标定系统对自制热电偶逐一进行了标定，并对标定结果进行了一元多项式回归分析，得到在标定范围内（10 ~ 100℃），各热电偶热电特性函数关系：

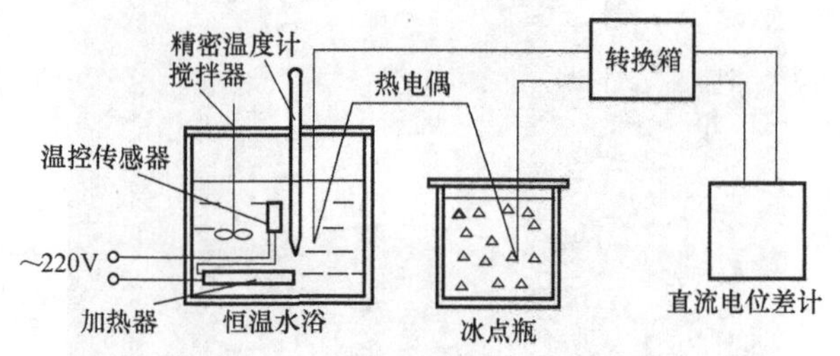

图 3-14　CS-501 恒温水浴标定系统

$$E_i = a_i + b_i T + c_i T^2 \tag{3-7}$$

相关系数均大于0.999。热电特性曲线如图3-15所示，可见自制热电偶虽与标准铜-康铜热电偶热电特性曲线有一定差距，这主要是由材质差异造成的，但所有自制热电偶之间差别很小，表明加工质量是可靠的，为检验其稳定性，测试完后又重新对热电偶进行了标定，发现两次标定结果相差在2%之内，进一步证明自制热电偶测试结果是可信的。

为消除微热电偶测试系统的试验误差，实测与标定两种情况下，热电偶热电势的检测采用了同一个UJ-31型直流电位差计（量程为20mV，精度为0.05级），转换箱采用了同一个EA1无接触电势转换开关，热电偶的参比端均置于冰点瓶中。如此使得热电偶测试系统的误差仅为仪表的检测误差：

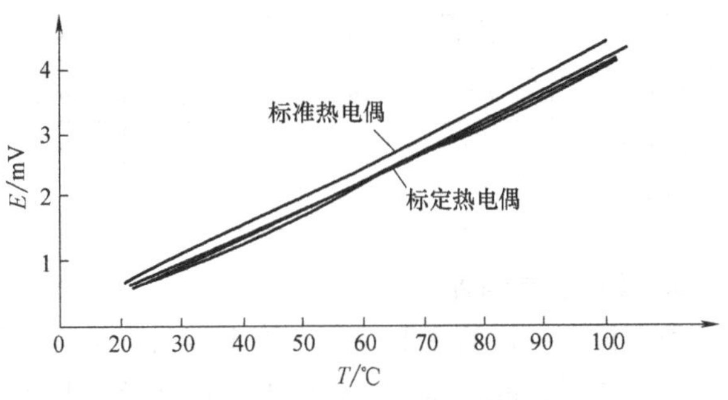

图3-15　热电偶热电特性曲线

$$\Delta = \delta_1 = 20 \times \pm 0.05\% \text{mV} = \pm 0.01 \text{mV}$$

在被测温度范围内（20~90℃），相当于±0.1℃，可见以微热电偶测试结果为真值是可信的。

2. 系统误差的评定

为反映系统误差的大小，在胶木板的测试段上布置了几处微热电偶，如图3-12所示。将胶木板插入通道，达到热平衡后，分别测取几处热电偶在各自埋设点的温度值 X_i。然后取出胶木板，再用微热电偶分别探测通道空间内胶木板埋设位置坐标处气流在此点上的温度值，记为 X_{0i}，以此作为气流温度的真值，则各测值的真误差为

$$\sigma_i = \frac{X_i - X_{0i}}{X_{0i}} \tag{3-8}$$

此真误差应等于系统误差 Δ_i 与随机误差 ε_i 之和，即

$$\sigma_i = \Delta_i + \varepsilon_i \tag{3-9}$$

每一工况测三次，各点真误差平均值记作

$$\sigma_i' = \frac{1}{3} \sum \frac{X_i - X_{0i}}{X_{0i}} \tag{3-10}$$

表3-1列出了7个测试工况下，四处位置的 σ_i' 值。根据随机误差的性质，当测量次数 $N \to \infty$ 时

$$\lim_{N \to \infty} \frac{1}{N} \sum \varepsilon_i = 0 \tag{3-11}$$

实际测试中每一位置有21个测值，其随机误差的平均值可近似为0，故每处测点测值的系统误差 Δ_i 为

$$\Delta_i = \frac{1}{7} \sum \sigma_i' \tag{3-12}$$

由表3-1可见，各测点系统误差在7.3%~8.0%之间，相差较小。对通道中三个不同位置截面系统误差评定结果差别很小，故可断定以其四点平均系统误差值7.8%作为统一系统

误差值对测量结果进行修正是基本可以如实反映温度分布面貌的，也就是说板面温度分布规律与实际气流在该面内的温度分布规律是基本一致的。

表 3-1 各位置真误差 （%）

工况	1	2	3	4	5	6	7	Δ
位置 1	9.7	8.6	5.5	9.0	8.5	5.1	7.2	7.7
位置 2	10.0	7.0	7.0	9.1	8.9	6.3	7.8	8.0
位置 3	9.5	6.7	7.2	9.4	8.4	7.0	8.0	8.0
位置 4	8.2	6.0	6.2	9.2	7.8	6.4	7.0	7.3
平均								7.8

3. 操作误差的评定

胶木板上埋设的热电偶，在胶木板与气流达热平衡时测得的温度值，与胶木板抽出后用红外热像仪测得的板面上此点的温度值之差，反映了胶木板在抽出到测试过程中，板面向环境散热而引起板面温度变化所形成的误差，即操作误差的大小。记各埋设点热电偶在板抽出前测值为 X_i，板抽出后用红外热像仪对该点测量结果为 X_i'，则操作误差为

$$\gamma_i = \frac{X_i - X_i'}{X_i} \tag{3-13}$$

共对 140 个测点进行了操作误差的评判[63]，各次操作中板从开始抽动到热像仪图像锁定，整个过程用时均在 2s 之内。发现 140 个测点的结果中最大操作误差值为 3.6%，平均误差为

$$\overline{\gamma} = \frac{1}{N}\sum \gamma_i = 1.6\% \tag{3-14}$$

表明整个测试过程中，板面温度变化很小，不会对通道内温度分布规律产生严重歪曲。

通过误差评定充分表明，这种借助于胶木板，用红外热像仪测定像中冷器模型这样的复杂换热器内气流温度场的方法是可行的，其测试结果通过误差修正能够反映实际气流温度场真实面貌。

3.3.5 测试结果及分析

图 3-16 所示为气流温度场测试试验中获得的典型热像图照片，照片上部指示了不同的颜色所代表的温度值，胶木板面上的温度分布由 16 种颜色表示，两种不同颜色区域间的分界线即是一条具体的等温线，等温线代表的温度等于两种颜色所表示的温度中较高一个的值。由于实测中分度值的设定间隔为 1.8℃，相邻等温线间所含区域内的温度值，需经线性插值计算确定。

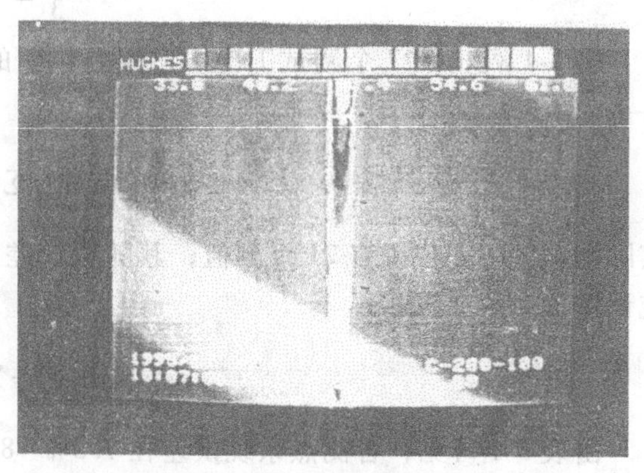

图 3-16 气流温度场测试热像图

热像图锁定后，测得各等温线对应的坐标，各等温线最终所代表的具体的温度

值，是根据误差分析的结果，经修正后确定的。试验中共测试了中冷器模型在7个不同的工况下，热气侧当中通道的中间孔内的温度场，各工况所对应的中冷器工作参数见表3-2。

表 3-2　测试工况参数

工况序号		1	2	3	4	5	6	7
热气侧	雷诺数 *Re*	3900	7500	11300	3600	3500	7500	7500
	入口温度/℃	75.2	75.5	75.4	89.5	97.7	75.2	75.2
冷风侧	雷诺数 *Re*	13000	13000	13000	13000	13000	21600	8000
	入口温度/℃	8.8	9.0	9.2	8.5	8	8	8

1. 温度场特征

(1) 热气侧 *Re* 数对温度分布的影响　如图3-17所示，三种工况由上到下等温线依次代表温度值为：

工况1：67℃、65℃、63℃、60℃、58℃。

工况2：68℃、65℃、63℃、60℃、58℃。

工况3：68℃、65℃、63℃、60℃。

图3-17所示为工况1、2、3下管道中心截面（*X-Z* 面）上，测试段上的温度分布情况。等温线形状为抛物线形，由上到下（沿流程）温度逐渐下降。通过三个工况下等温线对比可见，在外部冷却条件基本相同时（冷风侧雷诺数基本一致，冷风入口温度由于受环境温度影响，无法保持完全一致，但三种工况下相差很小，见表3-2，随着雷诺数 *Re* 的提高，同值等温线向着 *X* 增大的方向移动，即主流方向的温降呈递减的趋势。

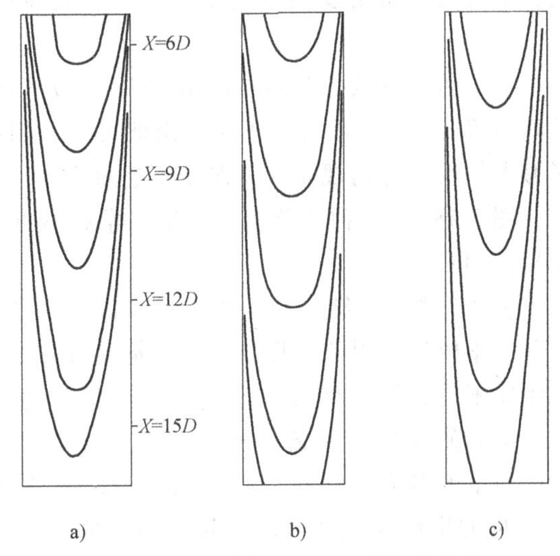

图 3-17　通道中心 *X-Z* 面内温度分布

a) 工况1　b) 工况2　c) 工况3

雷诺数提高时，根据经验公式，气流与壁面间的表面传热系数提高，从这个角度讲对温降的增大是有利的；但雷诺数的提高，即气流流量增大，使得进气压力升高，在同等入口温度下，气流比热容增大，气流热容量等于流量与比热容之积，因而气流热容量提高，又对气流的总温降是不利的。二者综合的结果使温降递减，表明在中冷器模型内，当流量增大时，中冷器传热量升高的幅度要小于热容量升高的幅度，即对中冷器而言，同等冷却条件下，发动机流量增大时，热气进出口温差减小，中冷器冷却效率 η_c 下降。这与文献［15］中的式（2-13）中$\dfrac{G}{G_B}$项的指数为负是相吻合的。

相对工况1、2、3实测的通道进出口温差与雷诺数之比的关系见表3-3。

表 3-3　进出口温差与雷诺数之比的关系

工况	雷诺数 Re	入口压力 /kPa	$\left(\frac{Re}{Re_1}\right)^{-0.1}$	$\left(\frac{Re}{Re_1}\right)^{-0.2}$	实测进出口温差 ΔT/℃	$\frac{\Delta T}{\Delta T_1}$
1	3900	102.7	1.0	1.0	25.1	1.0
2	7500	105.2	0.93	0.87	21.3	0.85
3	11300	106.8	0.90	0.81	19.6	0.78

在外部冷却条件相同时，由于热气侧入口温度一致，压力相差不足4%，故可认为雷诺数与气流流量成正比，即

$$\frac{Re}{Re_1}=\frac{G}{G_1} \tag{3-15}$$

由表 3-3 中的计算结果可知，雷诺数升高时，其温降减小的比例与参考文献［15］中式（2-13）中的$\left(\frac{G}{G_B}\right)^{-0.1}$流量比关系相差较大（9.4%～15.4%），而与$\left(\frac{G}{G_B}\right)^{-0.2}$的关系差别较小（2.5%～4.2%）。引出$\left(\frac{G}{G_B}\right)^{-0.2}$的用意在于如下的分析：热气侧雷诺数升高时，在温度不变压力升高较小时，可认为进气比热容不变，如此气流热容量的增加与气流量（1次方）成正比，或者说与雷诺数 Re 成正比；而根据传统的管流传热分析经验公式：

$$Nu=CRe^{0.8}Pr^{0.4} \tag{3-16}$$

对流传热系数的升高与雷诺数 Re 的 0.8 次方成正比，因此二者综合的结果，使温降的升高与 Re 的−0.2 次方成正比。由此可见，用经验公式（3-16）来反映方管内的传热，还是能够大体反映总的规律的，误差不超过 5%。

图 3-18 中三种工况由上到下等温线依次代表的温度值均为：68℃、65℃、63℃、60℃、58℃。

表 3-3 中实测结果与参考文献［15］中式（2-13）中流量关系相差较大的原因在于：中冷器数学模型获得的计算分析是根据实际发动机的工作情况进行的，进气流量增大时，若增压压比不变，则必然转速升高，冷风量也随之增大，从而使冷风侧的条件改变，这也有利于中冷器传热量的增大，有利于温降的上升，故使（G/G_B）项的指数变为−0.1，这与实测冷风条件不变的情况相差很大，故二者不符，且实测温差变化小于按文献［15］中式（2-13）近似而得的温差是合理的。

(2) 冷风侧 Re 数对温度分布的影响　冷风侧雷诺数变化对传热的影响，如图 3-18 所示，其中图 3-18a、b、c 分别为工况 2、工况 6 和工况 7 下管道中心截面（X-Z 面）上测试段的温度分布情况。三种工况下热气侧参数相同，工况 7、工况 2 和工况 6 冷风雷诺数依次增大，即冷风量依次加大，由等温线分布可见，随着冷风雷诺数的增大，

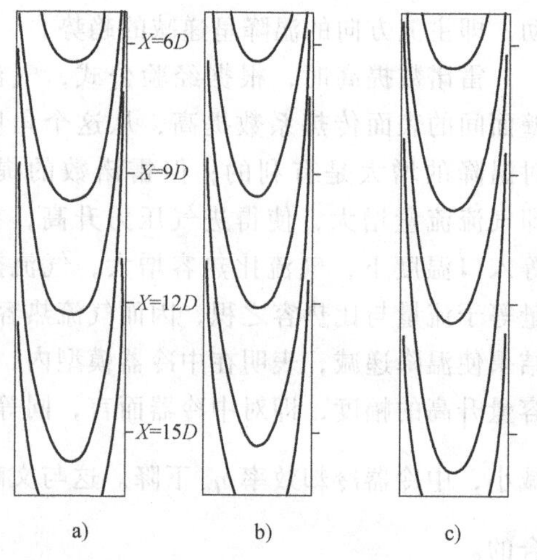

图 3-18　通道中心 X-Z 面内温度分布

等温线向着 X 减小的方向移动，即主流方向温降呈递增的趋势。冷风侧雷诺数加大，冷风与通道外壁机翅片间的表面传热系数加大，传热量增加，根据能量平衡，热气侧传热量势必随之加大，从而使热气温降上升。但与图 3-17 相比可见，冷风雷诺数增大所引起的主流方向温度变化程度远远小于热气侧雷诺数变化所引起的温度变化，说明中冷器模型内的传热热阻主要在于其热气侧，即中冷器提高传热仍有潜力可挖，其热气侧是强化传热的主攻方向。提高热气侧的传热能力会明显改善中冷器的传热能力，而提高冷风侧的传热能力只能事倍功半。

（3）温度场特征分析　图 3-19、图 3-20、图 3-21 分别为 1、2、3 三种工况下，沿流程 $X=6D$、$9D$、$12D$、$15D$ 四处位置横截面（Y-Z 面）上的温度分布。图中显而易见，Y 向温度变化远远小于 Z 向温度变化。Z 向，从壁面到管道中心，同等温差的等温线间距越来越大，故温度梯度由壁面到中心呈递减的趋势，壁面附近温度梯度最大，表明传热主要沿 Z 向进行。Y 向相邻热气管道，Y 向边壁两侧皆为热气，其入口条件及外侧冷却条件差别较小，因此其间温差自然很小，传热量较小。Z 向壁面外侧为冷风，是散热的主要方向。

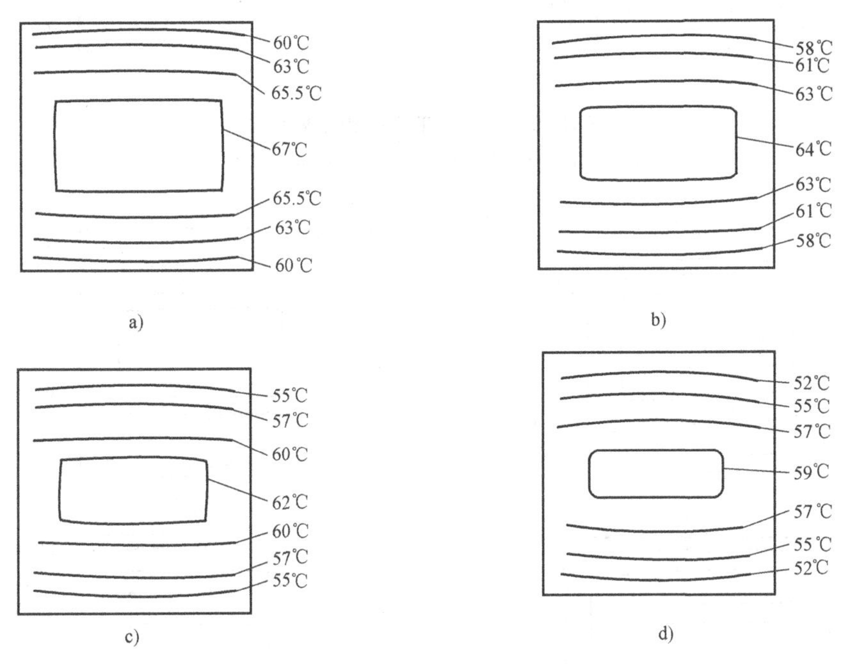

图 3-19　工况 1 下 Y-Z 面温度分布

a）$X=6D$　b）$X=9D$　c）$X=12D$　d）$X=15D$

图 3-22 所示为参考文献［50］利用激光全息干涉法对板翅式换热器矩形截面通道内温度场的测试结果。其测试模型如图 3-23 所示，模型上下两隔板通过热水来维持其定壁温的条件，翅片为厚 2mm 的铜片。图 3-22 所得等温线是沿整个流程横截面上气流温度的平均值。与红外热像仪测试结果对比可见：

1）隔板到通道中心，等差值等温线间距越来越大，即壁面附近温度梯度大于中心处温度梯度，这一点两种测试结果是一致的。

2）四个角附近区域温度偏低，温度梯度偏小，传热效果差，这也是相同的。

3）相邻热气通道之间的隔板附近的传热，二者有较大的差别。由图 3-24 所示的结果可

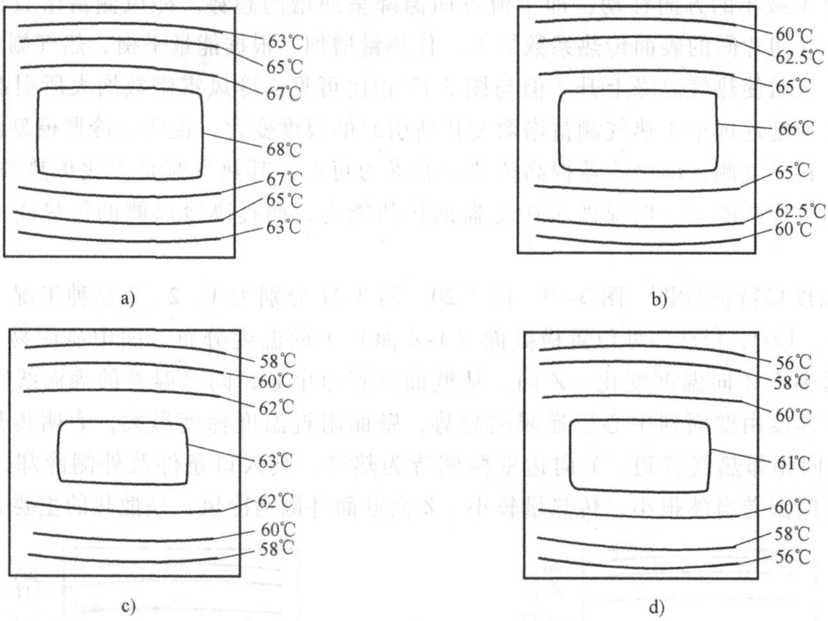

图 3-20 工况 2 下 *Y-Z* 面温度分布

a) $X=6D$ b) $X=9D$ c) $X=12D$ d) $X=15D$

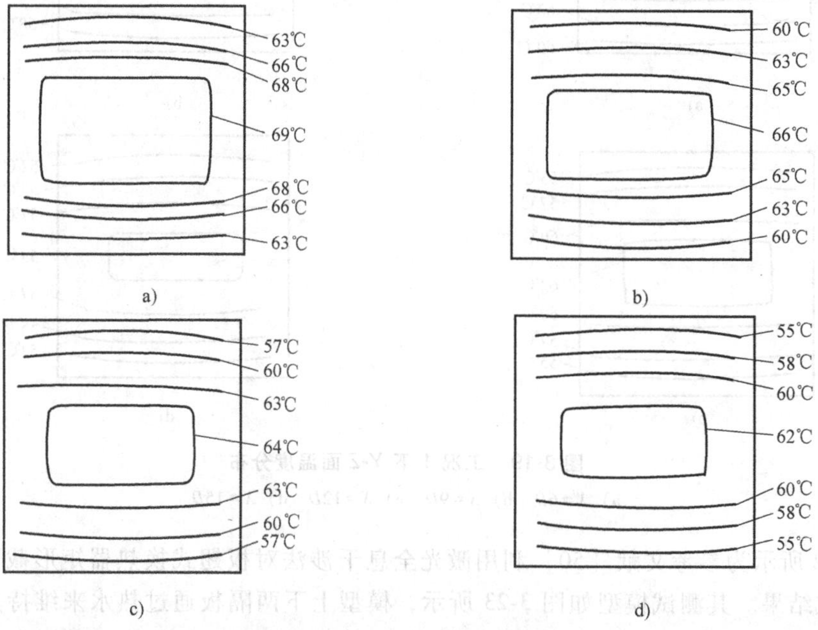

图 3-21 工况 3 下 *Y-Z* 面温度分布

a) $X=6D$ b) $X=9D$ c) $X=12D$ d) $X=15D$

知，翅片附近气流的温度梯度与上下壁面附近温度梯度几乎一致，而红外热像仪对中冷器模型测试结果却是相邻热气通道的隔板附近，温度梯度远远小于冷风侧的温度梯度。二者在热气通道隔板（翅片）附近形成差别的主要原因在于：中冷器模型本着研究气流流场温度场

图 3-22 参考文献［50］测量结果

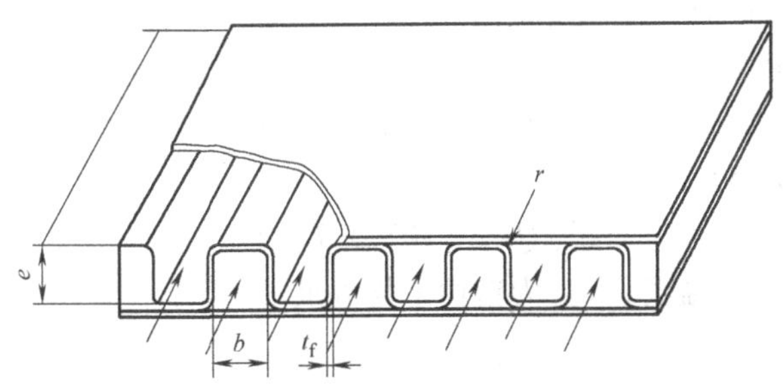

图 3-23 参考文献［50］测试模型

为主的原则制作，忽略了壁面的导热热阻的存在，隔板以 0.5mm 的铁皮制成；而参考文献［50］的测试对象，翅片材料为纯铜，其导热系数比制作中冷器模型热气通道隔板的铁皮的导热系数要大许多，而且翅片厚度为 2mm，其通道截面尺寸为 10mm×10mm，翅片厚度与通道尺寸的比例较高；中冷器模型隔板厚度只有 0.5mm，而通道截面尺寸却为 35mm×35mm，隔板厚度与通道尺寸之比要小许多。因此，中冷器模型内热气通道隔板的导热作用要比图 3-23 中的翅片的导热作用差得多。翅片的导热使其表面温度与上下壁面温度相当，故气流在此面的传热也与上下壁面接近；中冷器模型内隔板参与的传热量较小，气流与隔板间的热交换量就小，在此方向的温度梯度自然较弱。这一点可从隔板上的温度分布进一步证明：图 3-24 所示为当胶木板贴紧隔板后，达热平衡时，板面上温度分布的热像图。由图 3-24 可见，隔板中心与边界的温度虽没有像气流那么大的温差，也有明显的差别，表明中冷器模型隔板上的传热边界条件不可能与冷却边壁相同，从而说明温度分布在两个边界方向不可能获得像参考文献［50］那样的结果。

4）中冷器模型通道内温度分布沿流程有较大的变化，如图 3-19、图 3-20、图 3-21，这与图 3-24 所示的结果有根本的不同。参考文献［50］测试时，上下两块隔板是用水来保持温度恒定的，且测试模型长度较短，只有 300mm，而中冷器模型的冷却条件为外界冷风，由于传热作用，中冷器模型在热气进出口之间的通道壁面上，其温

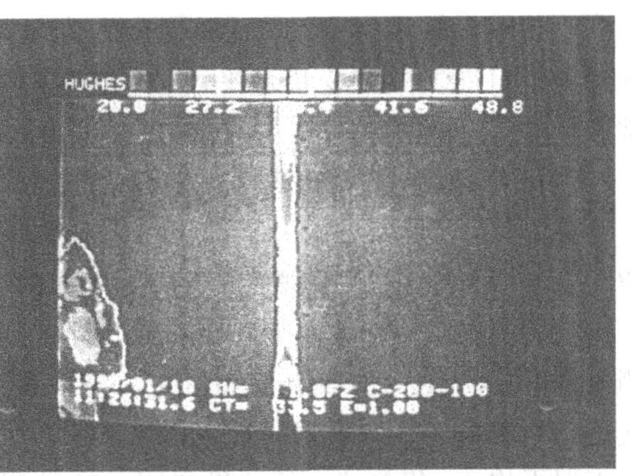

图 3-24 隔板上温度分布

度也必然随气流温度的变化而变化，因而会影响与气流间的传热。这可以从图 3-24 中隔板表面的温度分布上得到证实，与图 3-16 所示的气流温度场测试热像图相比，隔板上温度场沿流向的温度变化虽然没有气流的温度变化那么显著，但也存在明显的温差。因而证明传热边界条件沿流程有差异，不可能获得像图 3-22 所示的等壁温条件的统一温度分布。

2. **传热分析**

（1）平均努塞尔数 Nu　平均努塞尔数：

$$Nu=\frac{\alpha_m D}{\lambda} \tag{3-17}$$

式中，D 为水力直径；λ 为气流导热系数，可根据各工况进出口参数求出，平均表面传热系数是由传热平衡方程求得的。

气流散失的总热量

$$Q=Gc_p(T_{fin}-T_{fout})$$

气流与壁面的热交换量

$$Q=\alpha_m A(T_{fm}-T_{wm})$$

式中，T_{fm} 为气流沿程平均温度；T_{wm} 为壁面平均温度。

故

$$\alpha_m=\frac{Gc_p(T_{fin}-T_{fout})}{A(T_{fm}-T_{wm})} \tag{3-18}$$

图 3-25 所示为 7 种工况下的平均 Nu 计算结果。其中，工况 1、工况 4 和工况 5 的进气流量均保持不变，入口温度变化由工况 1 的 75.2℃ 变为工况 4 的 89.7℃ 和工况 3 的 97.9℃，由于温度变化而使物性参数改变，从而使其雷诺数分别由工况 1 的 3900 变为工况 2 的 3700 和工况 3 的 3600，测得平均 Nu 由于温度升高而有所下降。以上结果表明尽管温度升高，气体密度减小，流速增大，但由于温度升高使得气体黏性增加，近壁附面层厚度增加，不利于传热，故最终平均 Nu 随温度升高呈下降趋势，但进气温度变化对平均 Nu 的影响非常微弱。

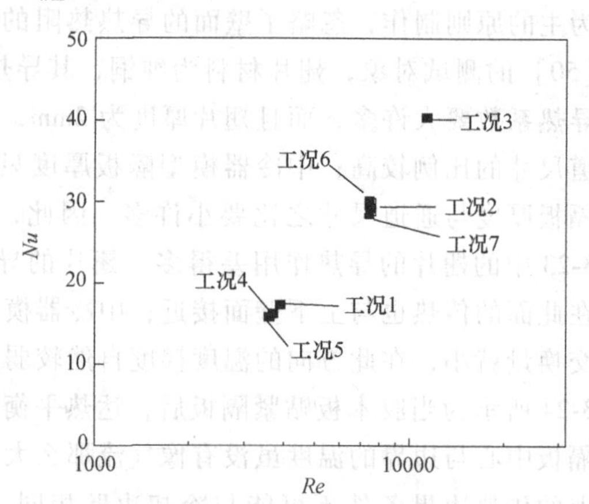

图 3-25　各工况下的平均 Nu

工况 1、2、3 的对比表明，随着雷诺数 Re 的提高，平均 Nu 显著上升，传热增强。工况 2 和工况 3 与工况 1 相比，雷诺数 Re 分别增加了 92.3% 和 189.7%，但平均 Nu 只增加了 68.9% 和 133.5%，Re 的增加高于 Nu 增加的比例，说明传热系数增长指数小于雷诺数的增长指数。工况 2、6、7 的热气侧参数相同，冷风侧 Re 变化，平均 Nu 变化的结果表明，冷风侧 Re 的提高，使冷风侧传热量加大，壁面温度下降，从而增加了内侧气流的传热量，使热气进出口温差加大，根据式（3-18），平均 Nu 的变化取决于其分子分母的变化差别，图中三工况平均 Nu 相差较小的结果表明，冷风侧 Re 变化使式（3-18）中分子分母变化程度接近，故对热气侧的表面传热系数影响很小。

（2）局部 Nu

图 3-26、图 3-27、图 3-28 中，B 为通道宽度，Nu_L 为局部努塞尔数，Nu 为平均努塞尔数。图中符号●为 $X=6D$ 处结果，■为 $X=9D$ 处结果，▲为 $X=12D$ 处结果，▼为 $X=15D$ 处结果。

为便于比较，局部努塞尔数 Nu_L 仍采用参考文献［50］的定义：

$$Nu_L=\frac{\alpha_L D}{\lambda} \tag{3-19}$$

式中，D 为水力直径；λ 为该状态下的气流导热系数；α_L 为当地表面传热系数，由下式确定：

$$\alpha_L=\frac{q_L}{\Delta T_m} \tag{3-20}$$

式中，$\Delta T_m = T'_{fm}-T'_{wm}$，$T'_{fm}$ 为气流在该截面的平均温度；T'_{wm} 为该截面壁面平均温度；q_L 为当地热流密度，由下式计算：

$$q_L=\lambda\left(\frac{dT}{dZ}\right)_w \tag{3-21}$$

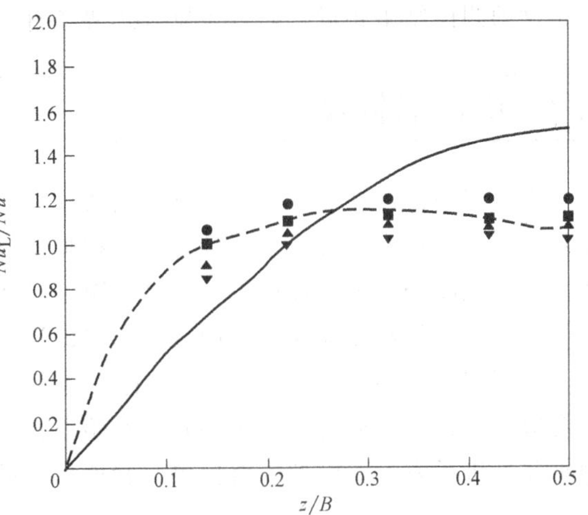

图 3-26　工况 1 下局部 Nu 变化情况

式中，$(dT/dZ)_w$ 为壁面处的法向温度梯度，由试验结果的当地壁面温度与其最近气流测点的温度差除以其间距值来确定。

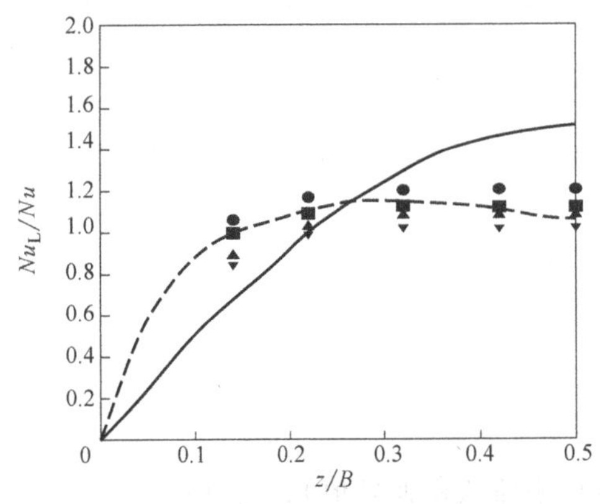

图 3-27　工况 2 下局部 Nu 变化情况

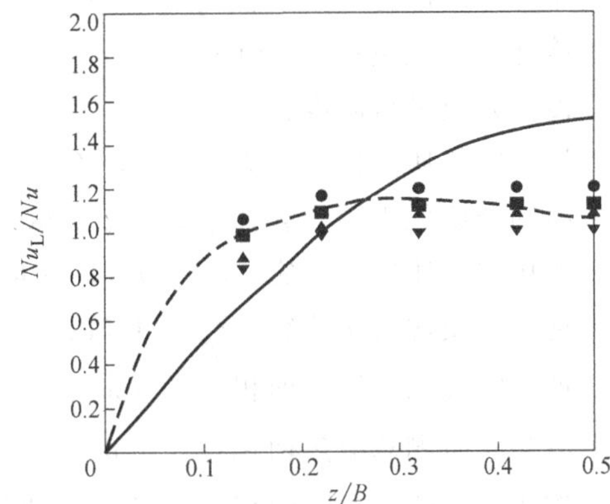

图 3-28　工况 3 下局部 Nu 变化情况

图 3-26、图 3-27、图 3-28 分别为工况 1、工况 2 和工况 3 下 Z 向壁面处的局部 Nu 变化规律，图中实线为参考文献［50］测试结果，虚线为参考文献［67］的测量结果。参考文献［67］的测量对象是定热流边界条件下的方管内湍流流动对流换热过程，测量方法也是用激光全息干涉法。通过对比可见：

1）在中冷器模型热气侧，沿流程随坐标 X 的加大，局部 Nu 呈下降的趋势，表明随着流程的增长，附面层厚度增加，对流传热效果受到削弱。

2）对于热气通道的 Z 向壁面，在中心处表面传热系数最大，而邻近边界，Nu 减小，

方管圆角处为气流的流动死区，气流速度偏低，故该区域局部 Nu 偏小。由此表明在整个通道内，由于各处流动条件的差异而使其局部 Nu 有很大差异。说明改善气流速度分布对改善传热的作用是很显著的。

3）局部 Nu 的分布情况表明，中冷器模型热气通道内 Z 向壁面的传热情况与定热流边界条件的测试结果相近，而与定壁温边界条件的测试结果差别较大。

3.4　中冷器估算

中冷器的设计计算一般是根据使用要求，对于已设计好的中冷器进行校核计算。如不能满足要求，则重新进行设计。计算时，根据所校核的参数不同分为两种情况：其一，主要校核散热面积能否满足设计要求，这种情况下具体计算时通常采用对数平均温差法；其二，主要校核增压空气和冷却介质在中冷器出口的温度是否在使用要求的范围内，此时通常采用效能（ε）-传热单元数（NTU）法。以上两种情况还均需校核增压空气和冷却介质的流动损失等参数。在以下计算过程中所用到的经验公式和经验数据，冷轧翅片管式中冷器是由俄罗斯中央柴油机研究院的内部资料提供，其他形式的中冷器分别来自参考文献［68-73］。

3.4.1　原始数据

增压空气流量：q_{mb}（kg/s）

中冷器进口空气压力：p_b（Pa）

中冷器进口空气温度：T_b（K）

中冷器出口空气温度：T_a（K）（采用 ε-NTU 法时以设计要求值暂时代替实际值）

冷却介质流量：q_{mw}（kg/s）

冷却介质进口温度：T_{w1}（K）

增压空气压力损失容许值：Δp_b（Pa）

冷却介质压力损失容许值：Δp_w（Pa）

增压空气比定压热容：c_{pb}［J/(kg·K)］

冷却介质比定压热容：c_{pw}［J/(kg·K)］

增压空气侧总散热面积：A_b（m^2）

冷却介质侧总散热面积：A_w（m^2）

增压空气侧流通截面积（管片式和翅片管式取最小流通截面处值）：F_b（m^2）

冷却介质侧流通截面积：F_w（m^2）

3.4.2　传热系数计算

中冷器的换热量

$$Q=q_{mb}c_{pb}(T_b-T_s) \tag{3-22}$$

冷却介质的出口温度

$$T_{w2}=T_{w1}+\frac{Q}{c_{pw}q_{mw}} \tag{3-23}$$

冷却介质的平均温度

$$T_{wn}=(T_{w1}+T_{w2})/2 \tag{3-24}$$

平均温度下冷却介质的热物理性质由有关手册查表求取：密度 ρ_w（kg/m^3）、导热系数 λ_w［W/(m·K)］、运动黏度 ν_w（m^2/s），普朗特数 Pr_w。

增压空气的平均温度

$$T_{bm}=(T_c+T_s) \tag{3-25}$$

平均温度下增压空气的密度为 $$\rho_b=\frac{p_b-\Delta p_b/2}{287.4T_{bm}} \tag{3-26}$$

式中，Δp_b 初步近似用容许值代替。

平均温度下增压空气的运动黏度为

$$\nu_b=\frac{1.717\times10^{-5}}{\rho_c}\left(\frac{T_{bm}}{273}\right)^{0.683} \tag{3-27}$$

平均温度下增压空气的导热系数为

$$\lambda_b=2.44\times10^{-2}\left(\frac{T_{bm}}{273}\right)^{0.82} \tag{3-28}$$

平均温度下增压空气的普朗特数为

$$Pr_b=\frac{\nu_b c_{pb}\rho_b}{\lambda_b} \tag{3-29}$$

冷却介质的流速为

$$c_w=q_{mw}/F_w \tag{3-30}$$

冷却介质通道当量直径为

$$D_w=4F_w/U_w \tag{3-31}$$

式中，U_w为通道截面的湿周，即通道截面上与冷却介质接触的壁面周长。

冷却介质的雷诺数为

$$Re_w=\frac{c_w D_w}{\nu_w} \tag{3-32}$$

冷却介质的努塞尔数为

$$Nu_w=0.023Re_w{}^{0.8}Pr_w{}^{0.4} \tag{3-33}$$

冷却介质侧的表面传热系数为

$$h_w=Nu_w\lambda_w/D_w \tag{3-34}$$

对于板翅式和管翅式中冷器增压空气通道当量直径为

$$D_b=4F_b/U_b \tag{3-35}$$

式中，U_b为通道截面湿周。

管片式中冷器的当量直径，由于芯子结构不同而没有统一的计算式，其值可由有关设计手册中直接查取（如从参考文献［68］中查取）。

对于冷轧翅片管式中冷器增压空气通道当量直径为

$$D_b=4S_2(S_1-F_a)/F_b$$

式中，S_1、S_2 分别为横向和纵向管间距；F_a 为每米管长的迎流截面积；F_b 为每米管长的管外散热表面积。

增压空气的流速为

$$c_b = q_{mb}/F_b \tag{3-36}$$

增压空气的雷诺数为

$$Re_b = c_b D_b/\nu_b \tag{3-37}$$

对于板翅式和管翅式，增压空气的努塞尔数为

$$Nu_b = 0.023Re_b^{0.8}Pr_b^{0.4} \tag{3-38}$$

对于管片式增压空气的努塞尔数为

$$Nu_b = C_1 Re_b^{n_1} \tag{3-39}$$

式中，C_1、n_1为常数，对于不同的芯子结构，其值不同，可查有关手册（如参考文献［68］）。

对于翅片管式，增压空气的努塞尔数为

$$Nu_b = 0.09Re_b^{0.65} \tag{3-40}$$

增压空气侧的表面传热系数为

$$h_b = Nu_b \lambda_b / D_b \tag{3-41}$$

增压空气侧污垢热阻　$R_1 = 0.00035\text{m}^2 \cdot \text{K/W}$

冷却介质为处理后的淡水，污垢热阻可取：$R_2 = 0.0002\text{m}^2 \cdot \text{K/W}$

冷却介质为风冷，污垢热阻可取：$R_2 = 0.00035\text{m}^2 \cdot \text{K/W}$

冷轧翅片管式接触热阻可取：$R_3 = 0\text{m}^2 \cdot \text{K/W}$

其他形式焊接处接触热阻可取：$R_3 = 0.0001\text{m}^2 \cdot \text{K/W}$

冷轧翅片管式导热热阻为

$$R_4 = \frac{F_b}{2\pi}\left[\frac{\ln(D_3/D_2)}{\lambda_2} + \frac{\ln(D_2/D_1)}{\lambda_1}\right] \tag{3-42}$$

式中，F_b为每米管长的管外散热面积；λ_1 和 λ_2 分别为内管和外管材料的导热系数；D_1、D_2、D_3 分别为内管内径、内管外径和翅根直径。

管片式、板翅式和管翅式导热热阻为

$$R_4 = \frac{A_b \delta}{A_w \lambda} \tag{3-43}$$

式中，δ 为冷热两侧间壁厚度；λ 为材料导热系数。

中冷器的传热系数

$$\frac{1}{K} = \frac{1}{h_b} + R_1 + R_2 + R_3 + R_4 + \frac{1}{h_w}\frac{A_b}{A_w} \tag{3-44}$$

3.4.3　用对数平均温差法校核散热面积

对数平均温差为

$$\Delta T_n = \frac{(T_b - T_{w2}) - (T_s - T_{w1})}{\ln[(T_b - T_{w2})/(T_s - T_{w1})]} \tag{3-45}$$

所需散热面积

$$A_c=\frac{Q}{K\Delta T_n} \tag{3-46}$$

如所需散热面积大于实际散热面积时，说明设计的中冷器不能满足使用要求，应重新设计，适当增加散热面积并进行校核。当所需散热面积小于实际散热面积较多时，也应适当减少散热面积。

3.4.4 用效能（ε）-传热单元数（NTU）法校核增压空气出口温度

1. 热容比

$$\phi=\frac{(q_m c_p)_{\min}}{(q_m c_p)_{\max}} \tag{3-47}$$

式中，$(q_m c_p)_{\min}$为$q_{mb}c_{pb}$和$q_{mw}c_{pw}$中的较小者；$(q_m c_p)_{\max}$为两者中的较大者。

2. 传热单元数

$$\mathrm{NTU}=\frac{KA_b}{(q_m c_p)_{\min}} \tag{3-48}$$

3. 效能

管片式和翅片管式中冷器冷却介质侧各通道流体不混合，增压空气则在中冷器内相互混合，其效能由下式计算：

$$\varepsilon=1-\mathrm{e}^{-\frac{1}{\phi}(1-\mathrm{e}^{-\phi\mathrm{NTU}})} \tag{3-49}$$

板翅式和管翅式两侧的流体均不混合，效能为

$$\varepsilon=1-\mathrm{e}^{\frac{\phi}{n}[\mathrm{e}^{-\phi\mathrm{NTU}(n-1)}]} \tag{3-50}$$

式中，$n=\mathrm{NTU}^{-0.22}$。

4. 增压空气出口温度

$$T_a=T_b-\varepsilon(T_b-T_{w1}) \tag{3-51}$$

5. 冷却介质出口温度

$$T_{w2}=T_{w1}+\frac{q_{mb}c_{pb}}{q_{mw}c_{pw}}(T_b-T_a) \tag{3-52}$$

如果计算出的增压空气出口温度不在设计要求的范围之内时，应改进设计重新进行校核计算，直到满足使用要求为止。

3.4.5 增压空气和冷却介质的流动阻力损失

1. 冷却介质的压力（Pa）损失

当 $Re_w \leqslant 2320$ 时

$$\Delta p_w=\rho_w\frac{c_w^2}{2}\left(\frac{64L_w}{Re_w D_w}+1.4\right) \tag{3-53}$$

当 $Re_w>2320$ 时

$$\Delta p_w=\rho_w\frac{c_w^2}{2}\left(\frac{0.3164L_w}{Re^{0.25}D_w}+1.4\right) \tag{3-54}$$

式中，L_w为冷却介质通道的深度（m）；ρ_w为水的密度（kg/m^3）；c_w为水流速度（m/s）；

D_w为水通道直径（m）。

2. 增压空气的压力（Pa）损失

板翅式和管翅式

$$\Delta p_b = \rho_b \frac{c_b^2}{2}\left(\frac{0.1364 L_b}{Re_b^{0.25} D_b} + 1.4\right) \tag{3-55}$$

管片式

$$\Delta p_b = C_2 \rho_b c_b^2 Re_b^{-n_2} \tag{3-56}$$

翅片管式

$$\Delta p_b = 1.33 \rho_b c_b^2 Re_b^{-0.13} Z \tag{3-57}$$

以上各式中，L_b为增压空气通道的深度（m）；Z为增压空气通道深度上的管排数；ρ_b为增压空气密度（kg/m^3）；c_b为增压空气流速（m/s）；D_b为增压空气通道当量直径；C_2、n_2为常数，不同芯子结构其值不同，可查有关手册（如参考文献［68］）。

当增压空气或冷却介质的压力损失大于设计容许值时，也应重新改进设计。

3.5 中冷技术仿真计算

由于中冷器的内部流场复杂性、结构复杂性，使得相关方面的试验研究受到了许多限制，在此前提下，随着计算机技术的快速发展，以及数值模拟的深入研究，越来越多的人开始使用 CFD 软件来对复杂的模型进行数值仿真模拟[34]。本节利用 CFD 仿真软件对中冷器的散热芯体和翅片的温度场及流场进行了数值模拟分析并对比，可以清楚地了解散热芯体和翅片内部的压力、温度和速度等参数的分布和变化情况。利用三维软件建立中冷器计算域模型，并简化处理；应用 Workbench 和 ICEM 划分网格；利用试验获取中冷器边界条件，采用 Fluent 数值计算的方法进行计算分析。获得传统中冷器散热芯体和百叶窗翅片的压力、温度、速度等云图。本节主要内容是利用 Fluent 软件对中冷器模型进行仿真分析，包括几何模型建立、网格划分、边界条件设置、仿真计算以及后处理几个步骤[35]。

3.5.1 几何模型

原始几何模型如图 3-29 所示，包含两部分，上部和下部扁平管为高温空气通道，中间为百叶窗翅片式散热带。在中冷器工作时，高温空气在高温空气管道内部流动，冷空气流过百叶窗散热带，高温空气的热量通过高温空气管道与散热带翅片的接触将热量传递给百叶窗翅片，而后再通过冷空气与散热带的对流换热带走热量，从而达到降低高温空气温度的目的。

图 3-29 所示模型为基本结构，该结构计算完成后，保证网格数目基本不变，边界条件设置保持一致，再分别计算图 3-30 所示的其他两种不同结构的管内形状，根据计算结果比较不同结构下的中冷器换热性能。

3.5.2 网格划分

利用 Hypermesh 软件对几何模型进行网格划分。网格划分时需根据实际情况分析该模型有几个计算域。本次仿真计算共有 3 个计算域，分别是上下部高温空气计算域、固体计算域

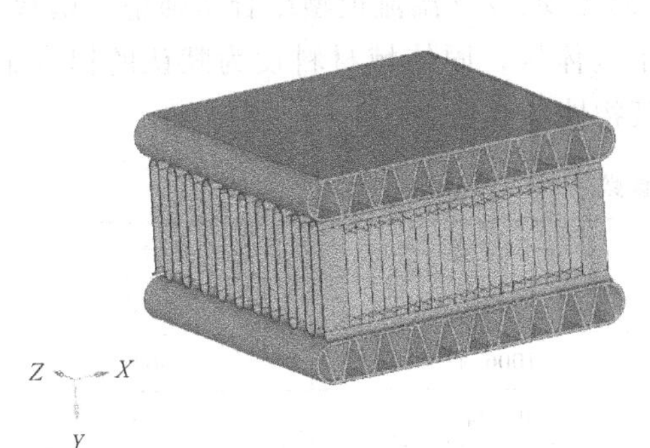

图 3-29　原始几何模型

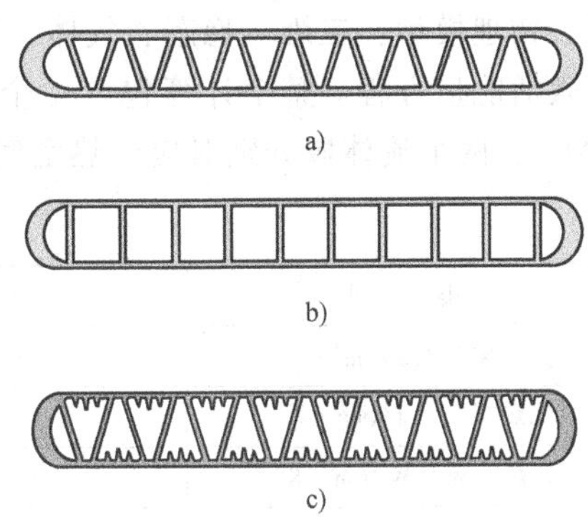

图 3-30　热空气管内模型

以及中部冷空气计算域。

高温空气计算域的网格划分如图 3-31 所示，在高温空气进、出口处分别延长 10mm，防止出现回流，中间高温空气实际流体区域网格大小约为 0.3mm，拉伸区域网格长度为 0.5mm。

图 3-31　高温空气计算域网格划分

固体计算域网格划分如图 3-32 所示，在计算中将高温空气管道与百叶窗翅片作为一个固体域，其中高温空气管道的网格大小与高温空气网格大小一致，在 0.3mm 左右，而百叶窗翅片作为主要的换热部件，需要较密的网格才能保证计算精度，因此该部件的网格大小约为 0.2mm。

冷空气计算域的网格划分如图 3-33 所示，与高温空气计算域相似，对冷空气计算域的进出口进行网格拉伸。拉伸网格一方面可以有效减少网格的数目，另一方面可以减少计算所需的时间，快速收敛。进口拉伸长度是 15mm，出口拉伸长度是 30mm，空气与百叶窗翅片接触区域是热量交换的主要位置，因此为保证计算结果的精度，此区域的网格需做加密处理，网格大小约为 0.2mm。

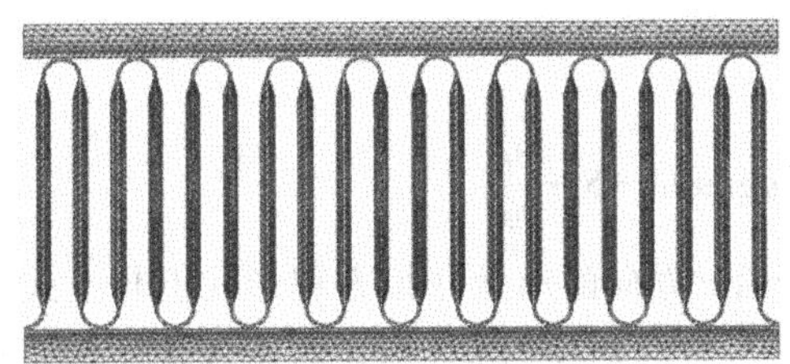

图 3-32　固体计算域网格划分

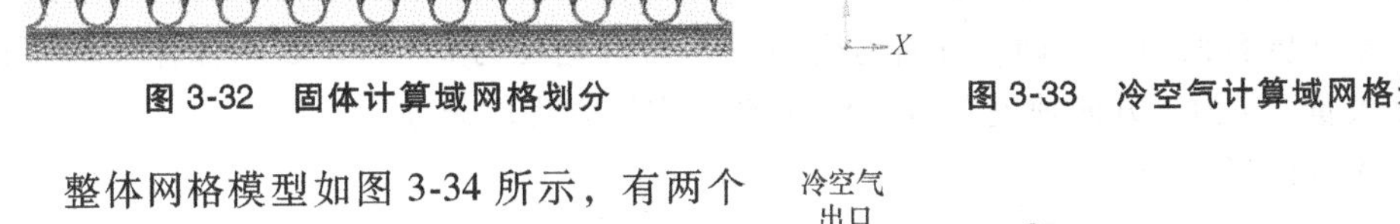

图 3-33　冷空气计算域网格划分

整体网格模型如图 3-34 所示，有两个热空气入口和两个热空气出口、一个冷空气入口和一个冷空气出口。

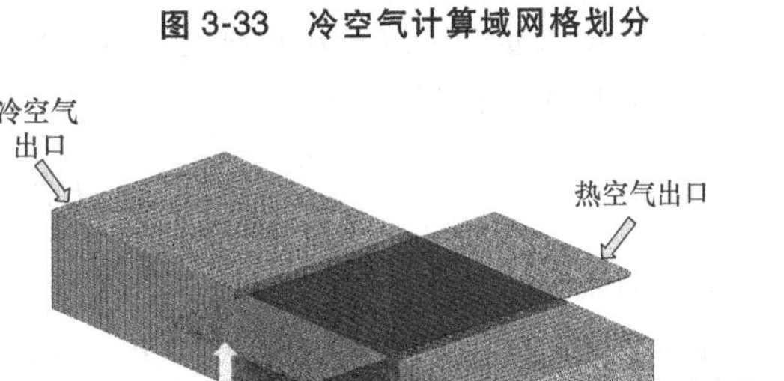

图 3-34　整体网格模型

3.5.3　边界条件

根据中冷器实际运行过程，仿真计算的流程应该是：高温空气进入高温空气管道，通过高温空气管道将热量传递到百叶窗翅片，流过散热带的低温冷空气带走热量。物理模型：三维、稳态、气体、定常密度、分离流动，k-e 湍流模型结合增强壁面函数，并激活能量方程。整个计算包含一个固体域和两个流体域，固体域材料设为默认的铝合金“AL”，两个流体域分别对应于热空气和冷空气，其物性参数见表 3-4。

表 3-4 物性参数

类型	热空气	冷空气	铝合金
密度/(kg/m^3)	0.98	1.252	3610
比热容 c_p/[J/(kg·K)]	1015	1006.43	903
导热系数/[W/(m·K)]	0.0355	0.0242	230
动力黏度/Pa·s	2.82×10^{-5}	1.7894×10^{-5}	

热流耦合数学模型的方程主要由导热微分方程和对流换热方程组成。首先导热微分方程的形式为

$$\frac{\partial T}{\partial t}=\alpha\left(\frac{\partial^2 T}{\partial x^2}+\frac{\partial^2 T}{\partial y^2}+\frac{\partial^2 T}{\partial z^2}\right)+\frac{q_V}{c\rho}$$

上式由傅里叶定律和能量守恒方程建立，其中 ρ 为微元体的密度，c 为比热容，T 为温度，t 为时间，q_V 为单位时间单位体积所产生的热量。导热微分方程所代表的含义是：微元体热力学能在单位时间内的总增量等于其单位时间通过界面导热的能力与源项的增量和。

对流换热方程由质量守恒方程、动量守恒方程及能量守恒方程组成。其中质量守恒方程的形式为

$$\frac{\partial \rho}{\partial t}+\frac{\partial(\rho u)}{\partial x}+\frac{\partial(\rho v)}{\partial y}+\frac{\partial(\rho w)}{\partial z}=0$$

质量守恒方程表征的是单位时间内流体微元体中的质量增量，等于同一时间间隔之内流体流入该微元体的净质量，对于不可压流体，ρ 为常数，不随时间变化，因此上式中第一项为零。

而动量守恒方程的形式为

$$\frac{\partial(\rho u)}{\partial t}+\mathrm{div}(\rho u\boldsymbol{U})=\mathrm{div}(\mu\,\mathrm{grad}u)+S_{\mathrm{u}}-\frac{\partial p}{\partial x}$$

上式为沿 x 方向的动量守恒方程，沿 y 方向和沿 z 方向的动量守恒方程形式上与上式一致，只需将分量速度替换即可，即 y 方向速度为 v，z 方向速度为 w。式中 μ 为流体的动力粘度，$\boldsymbol{U}$ 为速度矢量，u 为 x 方向速度分量，S_{u} 为动量守恒方程的源项。

能量守恒方程的形式为

$$\frac{\partial(\rho T)}{\partial t}+\mathrm{div}(\rho \boldsymbol{U}T)=\mathrm{div}\left(\frac{k}{c_{\mathrm{p}}}\mathrm{grad}T\right)+S_{\mathrm{T}}$$

上式表征微元体内部能量的增加率等于自进入微元体内的净热流量加上体积力、表面力对微元体所做的功，其本质是热力学第一定律。式中 S_{T} 为流体的内热源以及由于流体粘性作用而引起的机械能转化为热能的那一部分，也可作粘性耗散项[36]。

3.5.4 计算结果

设置完成后，初始化开始进行迭代，观察计算过程中的残差曲线，待各项的残差曲线趋

于稳定且都满足收敛标准时，可以认为计算已经收敛，开始对计算结果进行后处理分析。

1. 温度场分析

图 3-35 所示为高温空气的温度分布云图。由图 3-35 可以看出高温空气在进入管道后，三种换热管出口截面的温度分布，都呈现中间温度高、四周温度低的现象，而散热管两侧的温度最低，说明流体在流经换热管时，主要通过中间管路散热。同时，对比三种散热管可知，换热管内管路的形状越不规则[37]，其散热表面积就越大。

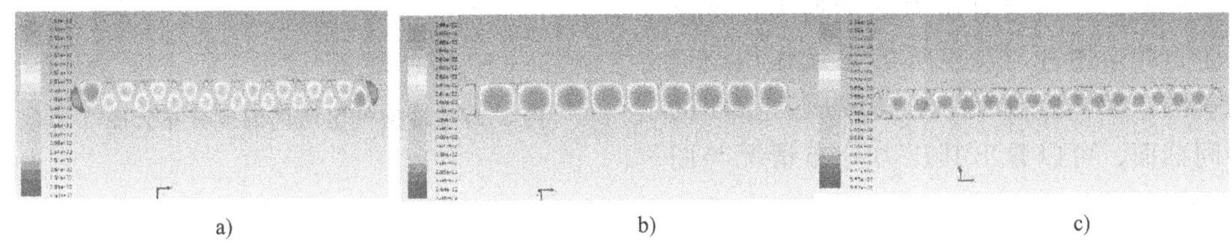

a)　　b)　　c)

图 3-35　高温空气的温度分布云图

图 3-36 所示为固体区域的温度分布云图。由图 3-36 可以看出固体区域翅片温度受冷空气流动的影响。由于翅片对冷空气的导流作用，使得冷空气在流动过程中会向翅片倾角方向流动，这就导致翅片的温度分布存在区域差异。图 3-36a 所示为高温空气出口方向的翅片一侧温度分布情况，从图中可以看出翅片温度自左向右温度逐渐升高，左侧为冷空气入口，因此这部分的冷空气和翅片温差最大，对流换热效果最好，从而带走的热量最多；随着冷空气在散热带内流动，逐步吸收热量，冷空气温度有所升高，而翅片温度基本不变，因此两者间温差有所降低，使得对流换热效果减小，带走的热量也就减小了；直到冷空气流出散热带，这时冷空气的温度已经升高很大，与翅片的温差达到最小值，相应的对流换热效果也最小，能带走的热量达到最小值。

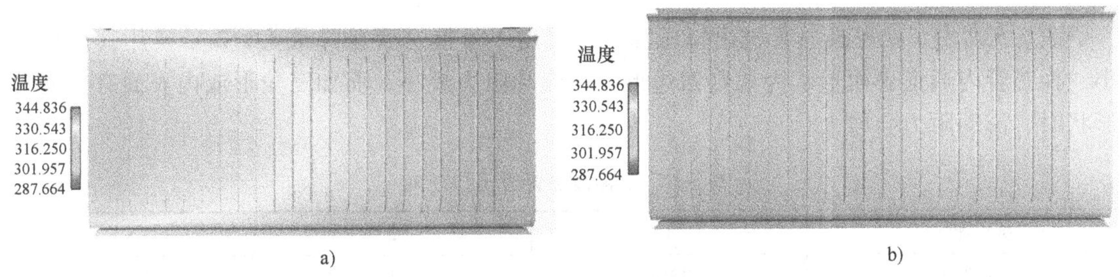

a)　　b)

图 3-36　固体区域的温度分布云图

a）高温空气出口方向翅片　b）高温空气进口方向翅片

图 3-36b 所示为高温空气进口方向的翅片温度分布情况，可以看出这一侧的翅片温度分布较均匀。冷空气来流方向是自右向左，右侧翅片在冷空气刚进入时，虽然冷空气与翅片温差最大，对流换热效果最好，但是翅片的温降较低，这是由于翅片的导流作用，使得冷空气在进入散热带后，很快便向翅片倾角方向偏移流动，流过这一侧的冷空气流量会很少，因此导致这一侧的翅片温度变化较小，温度分布均匀。

图 3-37 所示为冷空气区域的温度分布云图。由图 3-37 可知，冷空气自右边方向流过固体部分，开始进行热交换，由于翅片的存在，热交换过程呈现局部不均匀现象。在与高温空气接近的区域，温度达到最大值，翅片整体温度存在沿高温空气流动方向呈逐渐降低的

趋势。

2. 压力分析

图 3-38 所示为空气域压力云图。图 3-38a所示为冷空气域整体压力云图变化情况，总体变化趋势是：①冷空气沿着来流方向绝对压力逐渐减小；②冷空气压力沿着液体流动方向绝对压力逐渐增大，这是由于百叶窗翅片对冷空气的导流作用造成的。图 3-38b 所示为冷空气域压力云图的中间截面，可以看出其压力分布情况与图 3-38a 一致。

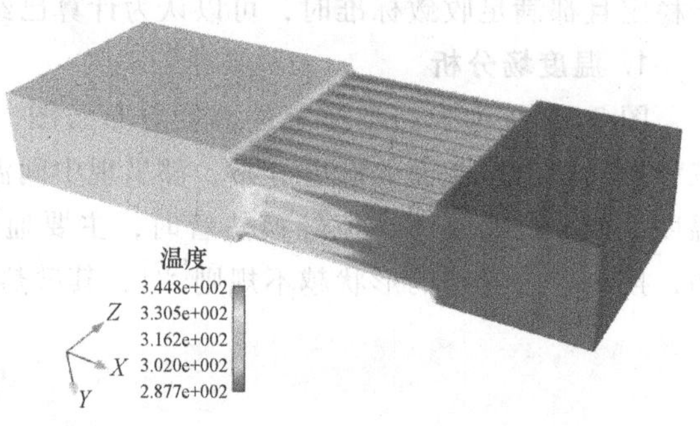

图 3-37 冷空气区域的温度分布云图

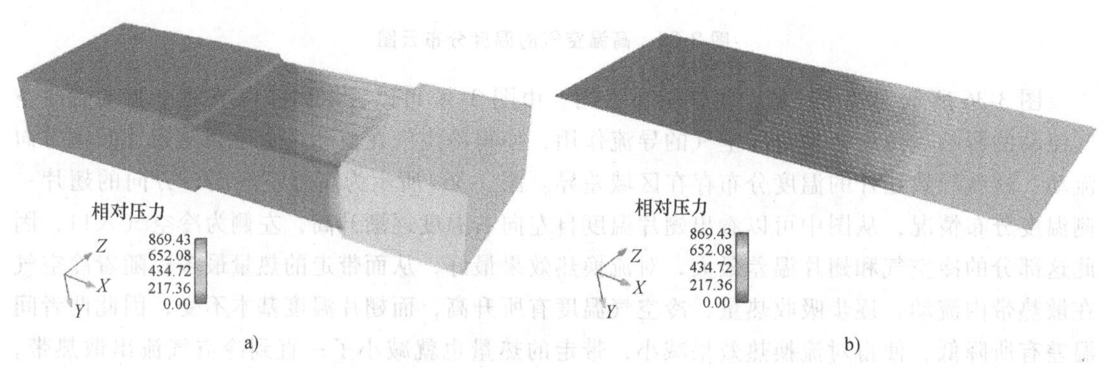

图 3-38 空气域压力云图

a）冷空气域整体压力云图变化 b）冷空气域压力云图中间截面

表 3-5 列出了三种换热管进出口压降，可看出 1 号换热管压降最大，2 号换热管压降最小。换热管内通道表面形状为规则四边形时，流动阻力最小，而如三角形或内表面有突起等形状时，流动阻力会增大。

表 3-5 三种换热管进出口压降

换热管编号	1	2	3
压降/Pa	1369	713	1213

1 号和 3 号换热管内通道同为三角形，且 3 号换热管内有突起，但从表 3-5 中可知 3 号换热管的压降低于 1 号换热管，这是由于 3 号换热管的横截面积要大于 1 号换热管。

3. 速度分析

图 3-39 所示为冷空气流动速度云图。由图 3-39 可以看出，冷空气自来流方向流经散热带时，速度的变化是沿着整个计算域对角线方向逐渐增大，而在来流直线方向上的速度是逐渐减小的，引起这种变化的主要原因是翅片的导流作用。

4. 仿真分析小结

通过对中冷器的 CFD 仿真分析可以发现，散热带对高温空气的降温作用与高温空气管道的长度密切相关。为使高温气体的温降更小，应在高温空气流动方向上加长管道；为使冷

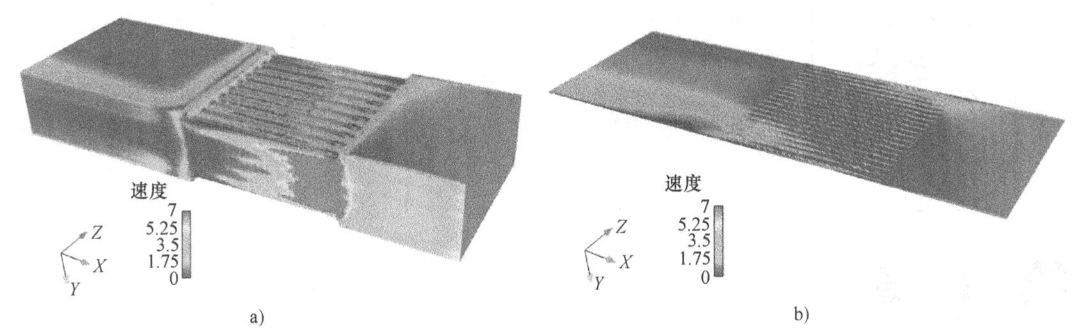

图 3-39 冷空气流动速度云图

a）冷空气速度云图 b）冷空气域中间截面速度云图

空气压降减小，应适当优化百叶窗翅片的开窗角度，同时管道内部的结构对压降也有很大的影响，一般来说管道内部结构越复杂，表面突起越多，压降则越大；内通道为三角形截面的换热管，其换热量要大于四边形截面的换热管，同时三角形截面的换热管压力损失也大于四边形截面的换热管；内通道有突起结构的换热管，由于其换热表面积相对增加，因此换热量要大于没有突起结构的，同时由于突起的存在，使得管内的压力损失增大。

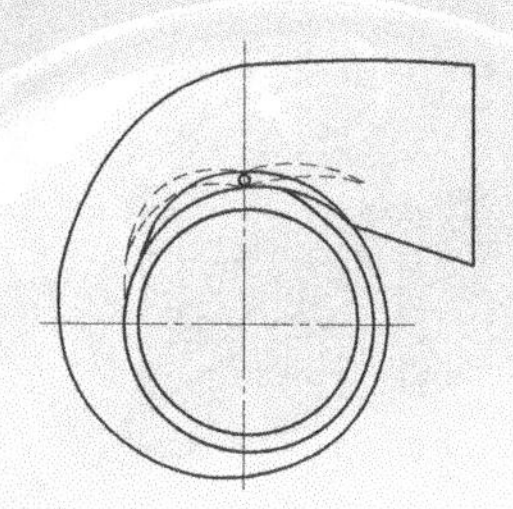

第 4 章 提高平均有效压力及改善低工况的措施

4.1 提高平均有效压力的措施

4.1.1 米勒系统

1. 设计思想

柴油机进一步提高平均有效压力会受到最大爆发压力的限制，在低转速运行时，尤其按螺旋桨特性运行的部分负荷工况，充气量严重不足。如果可能，应在高负荷运行时采用低压缩比以降低最大爆发压力，而在起动或低负荷时采用高压缩比以改善低负荷特性。R. H. Miller 在 1951 年提出了低温高增压系统，即米勒系统。对于四冲程发动机，进气冲程活塞不到下止点之前提前关闭进气门终止进气，使空气在气缸中膨胀以获得进一步冷却。对于二冲程发动机，在压缩冲程的一段中，进气口继续保持开启，从而排出一部分能量以减少实际压缩比。进气门的关闭时刻可以自动控制，使发动机的实际压缩比适应变负荷的需要，既可防止高负荷时爆发压力过高，又可满足起动及低负荷时充量的要求。

2. 特点

米勒系统具有以下一些特点：

1）只改变进气门开闭时刻，从而改变实际压缩比，而排气定时不变，即膨胀比不变。大负荷时，膨胀比大于压缩比。

2）进气门定时变化，使开、闭时间共同提前或延后，相应气门重叠角也发生变化。高负荷时，进气门提前开、提前关，重叠角增大，有利于扫气，并降低热负荷；低负荷时，进气门延后关，重叠角减小。

3）起动及低负荷时，采用高压缩比，改善了部分负荷性能；高负荷时，采用低有效压缩比，限制了最高爆发压力的过分增大，以确保发动机的可靠性。

4）米勒系统中，增压空气在涡轮增压器后冷却一次，在进气过程中，由于缸内膨胀而再冷却一次，故米勒系统就是低温循环增压系统。在下止点时同样的缸内增压压力下，具有较低的温度，充量增多，过量空气系数 ϕ_a 大，压缩开始时缸内温度低，从而减小了热负荷。

5）米勒系统有较低的缸内温度，NO_x 的排放量较少。

6）米勒系统与其他增压系统相比，达到同样的平均有效压力时需要有较高的增压比；在高增压时，往往需要采用二级增压系统。

3. 应用

米勒系统首先在高增压柴油机上得到应用，例如：

日本富士 6MD26X 型柴油机 6 缸，缸径 $D=260$mm，$S=320$mm，$n=750$r/min。采用米勒系统后，功率 $P_e=1560$kW，增压压力 $p_b=0.35$MPa，平均有效压力 $p_{me}=2.5$MPa，最大爆发压力 $p_{max}=13$MPa，耗油率 $b_e=213$g/(kW · h)，这台柴油机同时采用二级增压、二次中冷。

意大利 B230 · 20DV 型柴油机，$D=230$mm，$S=270$mm，$n=1200$r/min，采用米勒系统同时采用二级增压、二次中冷，增压压力 $p_b=0.6$MPa，功率 $P_e=5600$kW，平均有效压力 $p_{me}=2.5$MPa。

煤气机受爆燃的限制，压缩始点温度和燃烧始点温度对功率的影响比柴油机大得多，因而更适合采用米勒系统。

1994 年，出于节能和降低排放方面的考虑，马自达公司新开发一台采用米勒系统的排量为 2.3L 的 V 形 6 缸柴油机，其性能优于 3.0L 的普通发动机，功率达到 164kW/5500r · min^{-1}，最大转矩为 294N · m/3500r · min^{-1}。

4.1.2　可变压缩比增压系统

1. 设计思想

降低压缩比固然可以控制最大爆发压力和缸内温度，但起动性恶化。早期，人们设想过可变压缩比的方案，在起动和低负荷时采用大压缩比，当最大爆发压力达到极限值时，压缩比随之减小，保持 p_{max} 基本不变的状态。20 世纪 70 年代以来，这种思路越来越活跃，并涌现出一些设计方案。

2. 可变压缩比活塞高增压系统

图 4-1 所示为英国内燃机研究所提出的一种可变压缩比活塞的结构。活塞由内、外两部分组成，外活塞与燃气直接接触，镶有活塞环。内活塞通过活塞销与连杆相连。内、外活塞之间有一油腔。当其容积改变时，改变了大、小活塞的相对位置，也就改变了气缸的余隙容积，实现了可变压缩比。

可变压缩比活塞工作原理是：柴油机润滑油从曲轴主油道通过连杆小头进入弹簧集油器 3，然后由通道 7 及进油阀 6 和止回阀 8 进入上油腔 5 及下油腔 9，上油腔有弹簧泄油阀 4，泄油压力由弹簧预紧力事先设定，从而控制内、外活塞相对位移。当最大爆发压力超过极限值后，上油腔的油通过弹簧泄油阀 4 回曲轴箱，外活塞向内活塞移动，气缸余隙容积增大，压缩比减小。由于外活塞向下移动，使下油腔 9 的容积增大，同时，在惯性力作用下，通道 7 的油压较高，润滑油通过止回阀 8 进入下油腔 9。反之，当外活塞上方压力小于上油腔压力时，外活塞被顶起，润滑油从集油器通过进油阀 6 进入上油腔，压缩比增大。各油腔中的油在运动过程中有惯性力，当外活塞顶上压力较大时，这种惯性力影响不大；反之，当外活塞顶上压力较小时，例如进、排气行程时，这种惯性力相对较大，在排气行程后期和进气行程前期，外活塞相对于内活塞向上移动，润滑油通过进油阀 6 进入上油腔 5，同时下油腔 9

的油从泄油孔 10 压出，这时，下油腔起缓冲器作用。

英国 TL3 型四冲程三缸机上曾采用了这种结构进行试验，该机 $D=349\text{mm}$，$S=216\text{mm}$，$n=600\text{r/min}$，原压缩比为 $\varepsilon=12.5$，平均有效压力 $p_{me}=1.62\text{MPa}$；变压缩比在 15.2~8.0 之间变化，$p_{me}=2.11\text{MPa}$，这种变压缩比活塞曾用于美国坦克柴油机。

3. 带膨胀室的变压缩比高增压系统

由图 4-2 可以看出，带膨胀室的变压缩比高增压系统的工作原理。膨胀室和燃烧室用菌形阀隔开，在膨胀室内充满了一定压力的压缩空气，一般为气缸压缩终压。在进、排气过程中，膨胀室不工作。在燃烧过程中，当压力超过膨胀室的压力时，阀开始上升，其上升速率与缸内压力升高率密切相关。发动机负荷越大，增压压力越大，阀上升的距离也越大，缸内余隙容积增加量也越大，相对压缩比越小，并以此控制最大爆发压力。在阀上升过程中消耗能量，气缸压力下降后，膨胀室阀下降，同时对气体做功。法国热机研究所对这种变压缩比装置进行了试验，并在第 13 届国际内燃机学术会议上发表了研究结果。

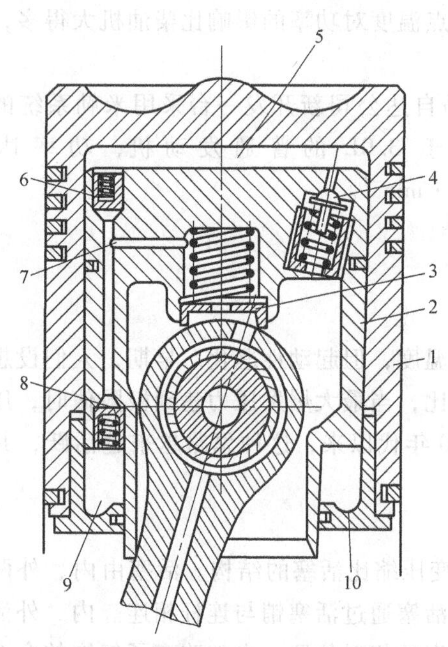

图 4-1　可变压缩比活塞示意图

1—外活塞　2—内活塞　3—弹簧集油器
4—弹簧泄油阀　5—上油腔　6—进油阀
7—通道　8—止回阀　9—下油腔　10—泄油孔

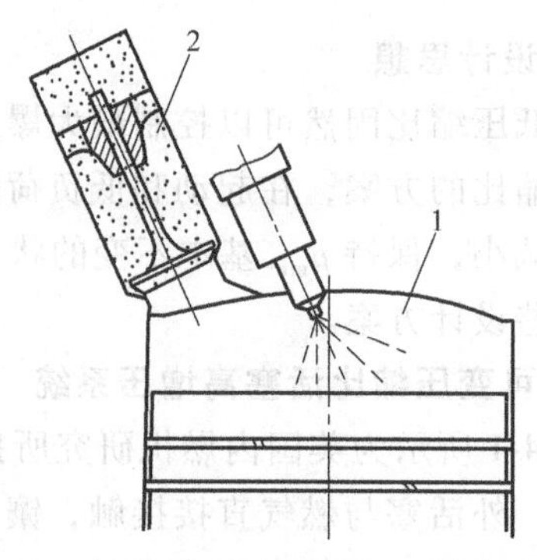

图 4-2　带膨胀室的变压缩比原理图

1—燃烧室　2—膨胀室

4.1.3　Hyperbar 增压系统

1. 设计思想

为提高平均有效压力而不至于使机械负荷、热负荷过高，采用较高的增压比和较低的压缩比可以达到目的。但低压缩比对柴油机起动十分困难，低负荷性能也不理想。1970 年，法国琼·梅尔希奥尔（J. Melchior）提出了补燃超高压比系统，即 Hyperbar 增压系统的设想。在这个增压系统中，柴油机压缩比为 6~8，增压比为 4~8。由于起动困难，增加了一个补燃室，如图 4-3 所示。起动时或涡轮向外输出额外功率时，补燃室中由专门的供油系统喷入燃油，火花塞点火，利用压气机旁通的空气进行燃烧，被加热的燃气连同柴油机排气一起通向涡轮，确保涡轮有足够的功率驱动压气机。压气机输出的气体分为两路：一路充入柴油机，另一路绕过柴油机与排气在补燃室中燃烧后，一起流入涡轮膨胀做功。

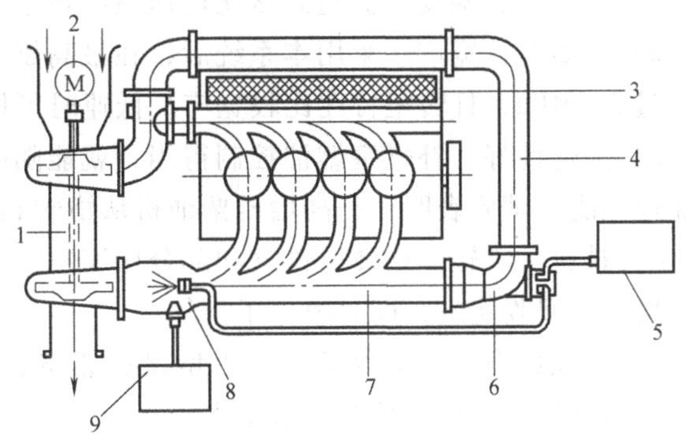

图 4-3 超高压比增压系统示意图

1—涡轮增压器 2—起动电动机 3—空气冷却器 4—旁通空气管 5—燃油泵 6—空气调节器 7—空气和排气的混合管 8—补燃室 9—点燃器和火焰控制器

柴油机起动后，涡轮增压器达到规定增压比时，涡轮所需的能量主要来自柴油机排气。但因增压器需供应很高的增压比，在柴油机正常工作时，排气能量还不足以使涡轮能量与压气机能量相平衡，补燃室仍在工作，只是喷油量较小，只要补充不平衡的那部分能量即可，此时补燃室处于微燃状态。由于增加了一个补燃室，所以超高压比增压系统也叫作补燃增压系统。

2. 特点

（1）工作循环方面的特点

1）高增压比。普通柴油机增压比一般小于 3.5，本系统为 4~8。

2）低压缩比。普通柴油机压缩比一般大于 11，本系统为 7~10。

3）其工作循环属于低温循环。

（2）结构方面的特点

1）旁通。超高增压柴油机进、排气管之间设置了一根旁通管，使压气机、柴油机和涡轮成并联关系。当压气机供气过多时，柴油机多余的空气可经过旁通管路直接进入涡轮，避免增压器喘振。

2）旁通节流。在旁通管内设置了节流阀，目的是建立扫气压差，合理地完成发动机气缸和补燃室以及经旁通管流经补燃室主燃区和混合区各股气流的比例分配，并与补燃室一起协调，保证压气机正常运行。

3）补燃。在旁通管一侧通往涡轮的管道上设置了补燃室，当柴油机在起动、空转、低转速大转矩情况下工作时，补充柴油机能量不足，以产生足够的增压压力。

（3）质量和尺寸方面的特点

1）主要零部件结构尺寸基本不变。除为降低几何压缩比改变工作容积或活塞尺寸、调整油泵喷油量及配气机构外，一般对原机主要零部件结构尺寸不作变动。

2）热负荷基本不变。由于采用低压缩比，缸内压缩终压和循环温度相应较低，从而降低了热负荷。虽然平均有效压力提高，但热负荷增加不多。

3）机械负荷基本不变。由于采用低压缩比、超高增压，柴油机最高爆发压力受到了限制，确保了工作的可靠性。

（4）优缺点

1）功率增长幅度大。超高压比增压系统功率一般可为非增压机的2~5倍。

2）转矩特性宽广。采用本系统后，在最高爆发压力基本不变的情况下，平均有效压力已超过3.0MPa，且转矩特性比较宽广，低速时可提供超高转矩。

3）加速性好。补燃室燃油控制得当，就能随时储备一定数量的过量空气，从而大大改善加速性能。试验表明：超高增压柴油机从惰转到满负荷只需不到10s时间。

4）排放污染轻。柴油机排气和部分压缩空气通过补燃室，未燃成分得到再燃机会，这不仅增加了回收能量，同时净化了排气。

5）油耗偏高、结构复杂。由于增设补燃室、旁通管、节流阀等装置，油耗必然增加，结构比原机复杂，自动控制环节增多。

3. 应用

1968年发明海泊巴超高增压系统，1969年申请专利，1971年在6缸Poyaud 520发动机上试验。该机缸径为135mm，冲程为122mm，转速为2500r/min，原机功率为132kW，增压中冷为243kW，超高增压后功率为441kW。1972年，法国宣布新的主战坦克柴油机将采用该增压系统，并同时在海军快艇动力装置上进行研究。1973年，法国在SACM的AGO240型20缸柴油机上采用该系统，功率由3677kW增至7354kW，而热负荷、机械负荷基本不变。接着，法国发动机制造商采用了超高增压系统。

1979年，美国康明斯（Cummins）公司试制成超高增压系统，1984年购买了海泊巴超高增压系统柴油机专利。到20世纪80年代末期，全世界有40多个国家直接或间接购买了超高增压大小专利近500项。海泊巴超高增压系统在坦克、战舰、火车牵引和其他民用车辆上均有推广应用价值。

4.1.4 二级增压系统

1. 设计思想

随着对高平均有效压力的追求，单级涡轮增压器所达到的增压比已无法满足要求，通常单级涡轮增压器的增压比可在3.5左右持续运行，采取特殊措施增压比可达到4.5。早在20世纪40年代，因单级增压比较低，出现了二级涡轮增压，且付之实用。所谓二级涡轮增压，是将两台不同大小的涡轮增压器串联运行，空气经两级压气机压缩，并在低压级压缩后通过中冷器冷却。两台压气机可以由同轴或不同轴的两台排气涡轮驱动。

2. 特点

（1）单、双轴式二级涡轮增压系统比较

1）双轴式运行范围广，便于调节。

2）两台独立运行的涡轮增压器能更好地在各自的高效区运行因而总效率高。

3）双轴式二级涡轮增压器无须专门设计与制造，总造价较低。

4）单轴式二级涡轮增压器所占空间较双轴式的小。

（2）二级与单级涡轮增压系统比较

优点是：

1）二级比单级容易获得高的增压压力，从而可使柴油机获得更高的平均有效压力。

2）因为级的增压比越高，压气机和涡轮的效率越低，所以在给定的增压压力下，二级比单级效率高。

3）二级增压便于中间冷却，可以减少压缩功，提高压气机效率，同时降低柴油机的热应力。

4）二级涡轮增压可以扩大运行范围，便于与柴油机匹配。

5）二级增压可降低每一级的轮周速度，叶轮和叶片的应力小、强度高、可靠性好。

其缺点是：

1）二级比单级占空间多，质量大，造价高。

2）二级涡轮增压时，在两个增压器之间的联合管道中，气体流动阻力和热损失较大。

3. 高、低压级能量分配

高、低压级涡轮增压器的能量分配，即高、低压级涡轮膨胀比及压气机的增压比的分配，这是二级涡轮增压系统设计的关键问题。从涡轮、压气机能量的授、受关系看，能量分配中更关键的应是压气机增压比的分配。通常分配遵循以下三个原则：

1）在标定工况下，使二级压气机系统总效率达到最大值。

2）从高压级、低压级增压器尺寸大小的配合出发，进行最佳增压比分配。

3）从改善部分负荷特性出发，进行最佳增压比分配，这种分配原则应用较多。

4. 应用

俄罗斯科洛明机车厂对ЦН26/26型、20缸、4400kW的机车柴油机采用二级涡轮增压，试验结果为：在保持最大爆发压力 p_{max} 及指示效率 η_{it} 不变的情况下，增压压力提高7%，扫气系数提高5.8%，排气温度降低45℃，55%标定功率以上的运行范围内效率超过60%，增压器综合效率变化平坦，在25%标定功率以上运行范围内的增压压力 p_b 大于排气管压 p_r。

1992年，在德国汉诺威市货车展览会上，KKK公司展出了适合货车柴油机的新型可调二级涡轮增压系统，其示意图如图4-4所示。两种不同大小的KKK涡轮增压器与中冷、旁通阀装置串联运行。发动机低速时，旁通阀关闭，排气通过两级涡轮膨胀回收功；当发动机转速提高，旁通阀开启，排气只能在低压涡轮中做功。这种带旁通阀的二级涡轮增压系统的主要优点是：柴油机低速时有高的转矩，燃油消耗低，如图4-5所示，排烟减少，低工况和瞬态响应特性改善。

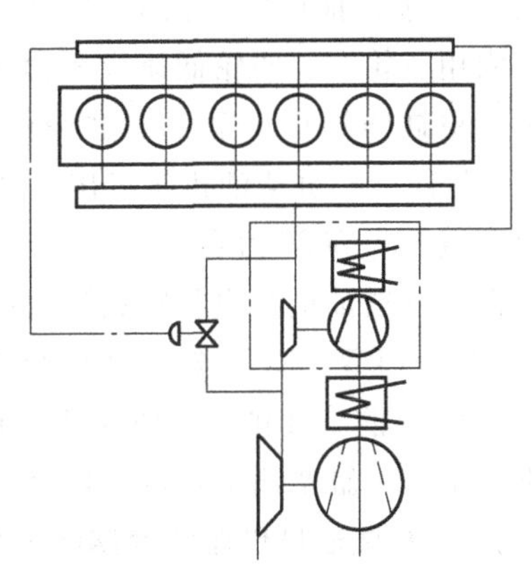
图4-4 可调二级涡轮增压系统

Volkswagen公司推出了一款4缸两级涡轮增压直喷柴油机。高压级为可变喷嘴截面增压器，其由一电动机在300ms时间内完成最大量程的调节，增压器的最高转速为240000r/min，最高增压压力为0.15MPa（相对）。低压级增压器最高转速为165000r/min，增压压力可达0.38MPa（绝对）。该型增压直喷柴油机采用高压共轨喷油系统，最高喷油压力为250MPa，每循环喷油8次，包括2次预喷射、1次主喷射和5次后喷射，最小喷油量为0.5mm³。

MWM公司在2004年首款6缸两级涡轮增压直喷轿车柴油机问世。2012年相继研发出了由一个低压级、两个高压级组成的二级涡轮增压6缸柴油机，其功率达到280kW，攀上世界排量3L的轿车柴油机动力性能的巅峰。2015年再次以294kW的新标杆刷新该款柴油机动力性能的纪录。该款3L的轿车柴油机由4台涡轮增压器组成二级增压系统。压缩空气经

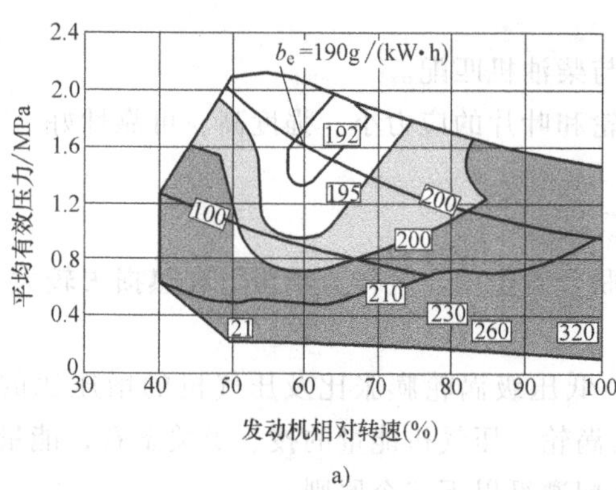

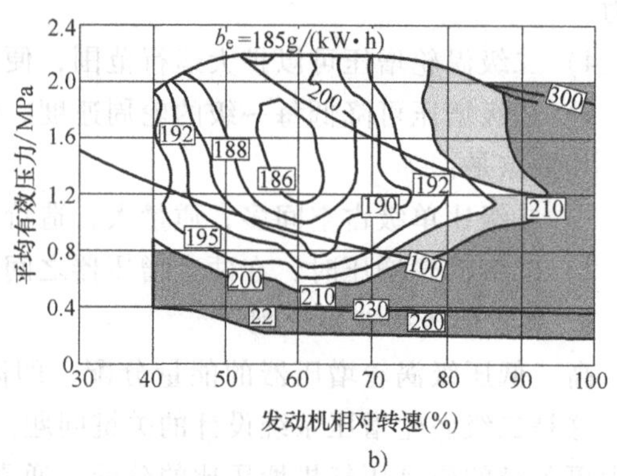

图 4-5　二级与单级涡轮增压系统燃油消耗率比较

a）单级　b）二级

低压压气机壳体、低压中冷器、高压中冷器三次冷却。其喷油系统为 Bosch 公司最新一代共轨喷油系统，喷油压力为 250MPa，7 孔的喷油器为第三代液压伺服压电系统。该新款轿车柴油机不仅动力性能优异，其动态性能也特别出众。

4.1.5　提高单缸柴油机性能的措施

1908 年我国首台单缸煤油机在广州诞生。1924 年首台单缸柴油机在江苏常州投产。由于单缸柴油机结构简单、使用维修方便、价格低廉，在农林牧副渔业中深受欢迎。20 世纪 60 年代，手扶拖拉机“铁牛”出现为单缸柴油机带来了第一个大发展；80 年代小四轮拖拉机、农用三轮车、四轮低速货车出现为单缸柴油机带来了第二个大发展。目前 95% 的农机动力为单缸柴油机。至今单缸柴油机年产量已达 800 多万台，占全球单缸柴油机产量的 90%。目前，单缸柴油机每年出口 200 万台，占全球总使用量 65%。全国小型单缸柴油机社会保有量约为 3000 万台。

但单缸柴油机在农林牧副渔业中立下了汗马功劳的同时也消耗了大量的石油，其油耗为 230~260g/(kW·h)，全国单缸柴油机每年消耗柴油约 2.16 亿 t。与此同时，也污染了大气。2014 年前，其排放一般在非道路国Ⅱ水平上，有的甚至只有国Ⅰ水平。在国家环保政策推动下，单缸柴油机在供油燃烧系统方面作了较大改进，较大幅度地改善了性能。

1. 单缸柴油机增压技术路线分析

由上内容可以看出，进一步提高单缸柴油机性能很有必要，技术路线可以有多条，如图 4-6 所示。

（1）机械增压　单缸柴油机采用机械增压，压气机由曲轴通过带轮等传动装置驱动，结构简单，压气机可以采用罗茨式、刮片式、离心式等结构形式，其耗功占单缸柴油机标定功率的 15%~20%。机械增压可改善 CO、HC 等排放。由图 4-7 可以看出，油耗比原机降低了 3%。但若压气机效率不高，柴油机功率将得不偿失，导致油耗升高，NO_x 排放还必须采取其他措施来解决。另外，机械增压带来的高速轴承价位高、寿命短，给推广应用带来了阻力。故机械增压不是首选方案。但在特定场合，如二级增压系统中有的采用机械增压作为一

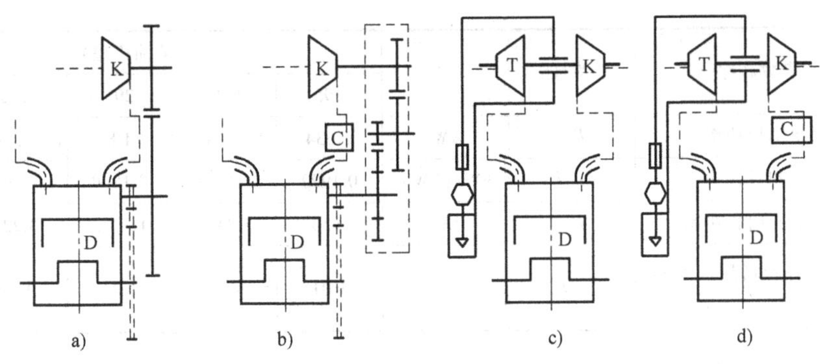

图 4-6　单缸柴油机增压方案

a）机械增压　b）机械增压中冷　c）涡轮增压　d）涡轮增压中冷

个级的配置已有先例。

单缸增压柴油机经济性分析

增压方案	油耗率变化(%)
原机	100
机械增压	97
机械增压中冷	95
涡轮增压	93
涡轮增压中冷	92

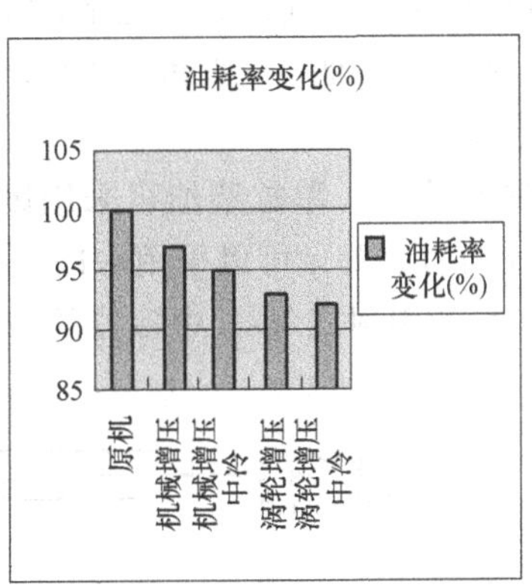

图 4-7　单缸增压柴油机油耗率变化

（2）机械增压中冷　单缸柴油机采用机械增压中冷技术，在保留前述机械增压所述特性外，增加进气密度的同时，降低了进气温度。计算表明：进气温度降低 1℃，缸内最高燃烧温度降低 10℃，排气温度降低 3℃。由图 4-7 可以看出，采用中冷技术后油耗比机械增压又降低了 2%。由于降低了进气温度，NO_x 必然减少。

（3）涡轮增压　单缸柴油机采用废气涡轮增压，废气涡轮回收排气中部分能量用以驱动离心式压气机，计算表明，可以满足两者功率授受关系，详见表 4-1 。

表 4-1　小型增压柴油机功率授受关系

序号	参数名称	符号	单位	柴油机型号				
				195	1115	295	295	395
1	排量	iV_h	L	0. 531	1.1945	1.5	1.5	2.2
2	柴油机转速	n	r/min	2200	2200	1500	2300	1500
3	柴油机功率	P_e	kW	8.5	16.2	10	15.5	15
4	柴油机空气流量	q_b	kg/s	0.0174	0.03	0.0188	0.0288	0.0278
5	标定工况压气机压比	π_k		1.89	1.89	2.05	2.05	2.06
6	压气机效率	η_k		0.74	0.72	0.68	0.69	0. 7

（续）

序号	参数名称	符号	单位	柴油机型号				
				195	1115	295	295	395
7	压气机消耗功率	P_{ek}	kW	1.634	2.48	1.8	2.74	2.64
8	压气机相对耗功	P_{ek}/P_e	kW/(kW)	0.1922	0.1531	0.1800	0.1768	0.1760
9	废气涡轮回收功率	P_{et}	kW	1.6553	3.2458	1.8742	3.223	3.1249
10	废气涡轮增压功率授受关系	P_{et}/P_{ek}		1.01	1.31	1.04	1.18	1.18

单缸柴油机采用废气涡轮增压技术可以改善动力性、经济性和HC、CO及PM排放特性，但NO_x比原机高。调整供油时刻及EGR（废气再循环技术）等措施可以降低NO_x，但往往HC、CO及PM三者指标反弹。采用废气涡轮增压技术存在一些困难，主要表现在以下方面：

1）进、排气管气流间断，大幅度降低了换气质量和废气涡轮增压器效率。

2）单缸机排量小，废气涡轮流道细，使柴油机背压升高。

3）使用工况恶劣，油、气脏污，影响增压器工作寿命。

4）NO_x难达标。

（4）涡轮增压中冷　单缸柴油机采用废气涡轮增压及中冷技术后才能全面改善排放特性。对于移动式动力装置，可以采用水冷气和气冷气两种中冷方案；对于固定式动力装置，可采用图4-8所示的引射式气-气中冷器的冷却方案，可以节省风扇耗能。

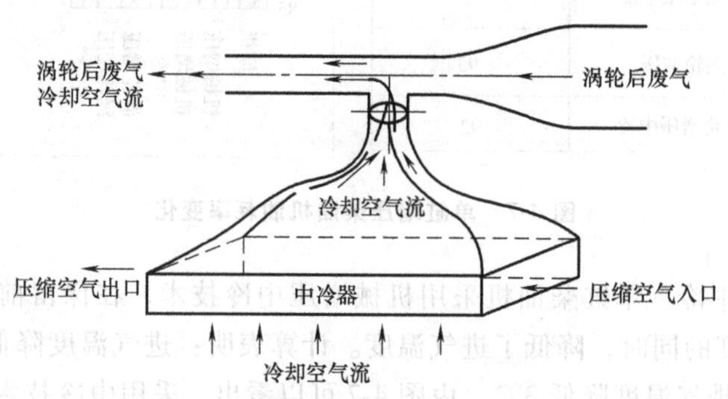

图4-8　引射式气-气中冷器示意图

由图4-7可以看出，单缸柴油机采用废气涡轮增压及中冷技术后，油耗率比原机降低了8%。

2. 增压中冷单缸柴油机台架和道路试验

（1）增压中冷单缸柴油机台架试验　研究人员对一台来自农机市场的1115型单缸柴油机采取了涡轮增压及中冷技术，并采取在压气机后和涡轮前设稳压包等各项变断流为续流的措施，进行了大量的台架试验和计算，试验结果列于表4-2~表4-5。由表中可以看出：其动力性、经济性有所改善；降低了排气温度，有利于提高工作的可靠性；该型单缸增压中冷柴油机性能通过国家检测站检测，满足了非道路国Ⅳ排放要求。

（2）增压中冷单缸柴油机道路试验

对安装1115型单缸增压中冷柴油机的三轮车进行了初步的道路试验，试验条件如下：

表 4-2 1115 型单缸柴油机增压中冷特性对比试验（动力性）

工况	序号	转速/(r/min)	功率/kW		增加量(%)
			增压中冷	原机	
负荷特性	1	2200	15.86	14.83	6.95
	2	2200	14.27	13.34	6.97
	3	2200	11.9	11.12	7.01
	4	2200	9.52	8.9	6.97
	5	2200	7.93	7.41	7.02
	6	2200	6.2	5.93	4.55
外特性	1	2200	15.85	14.8	7.09
	2	2000	15.64	14.68	6.54
	3	1800	15.48	14.4	7.50
	4	1600	14.95	13.64	9.60
	5	1400	13.61	12.19	11.65
	6	1200	11.44	10.42	9.79

表 4-3 1115 型单缸柴油机增压中冷特性对比试验（经济性）

工况	序号	转速/(r/min)	油耗率/[g/(kW·h)]		降低量(%)
			增压中冷	原机	
负荷特性	1	2200	240	245.8	2.36
	2	2200	243.4	240.6	-1.16
	3	2200	248.5	237.1	-4.81
	4	2200	253	241.7	-4.68
	5	2200	259.3	254.3	-1.97
	6	2200	282.4	272.6	-3.60
外特性	1	2200	236	244	3.28
	2	2000	230.3	242.6	5.07
	3	1800	226.7	244.4	7.24
	4	1600	228.1	254	10.20
	5	1400	232.2	261.7	11.27
	6	1200	246.1	268.1	8.21

三轮车总质量：1840kg。

路况：8km 长村际水泥公路，有 5 处弯道，曲率半径为 50~100m。

车速：29~41km/h，平均车速 39km/h。

试验结果：经过超 200h 的对比试验，增压中冷型较原型节油 10%。

3. 单缸柴油机增压中冷技术的应用前景

我国地形复杂，大部分为丘陵山区，作为简易农用交通工具尚有一定市场；农林牧副渔业中尚无更合适的动力来取代；国外一些发展中国家和欠发达地区对这类动力机械较为青

睐。单缸柴油机进一步提高自身工作可靠性，改善经济性和排放特性，尚可继续为人民服务。

表 4-4　1115 型单缸柴油机增压中冷特性对比试验（排气温度）

工况	序号	转速 /(r/min)	排气温度/℃		降低量(%)
			增压中冷	原机	
负荷特性	1	2200	420	592	29.05
	2	2200	400	520	23.08
	3	2200	386	456	15.35
	4	2200	350	412	15.05
	5	2200	292	362	19.34
	6	2200	253	320	20.94
外特性	1	2200	420	594	29.29
	2	2000	425	585	27.35
	3	1800	440	583	24.53
	4	1600	450	582	22.68
	5	1400	467	573	18.50
	6	1200	458	539	15.03

表 4-5　1115 型单缸柴油机增压中冷特性对比试验（排放特性）

排放物	单位	实测值	Ⅱ阶段	Ⅲ阶段	Ⅳ阶段	余量(%)
CO	g/(kW·h)	2.4		5.5	5.5	56.36
HC	g/(kW·h)	1.4				
NO_x	g/(kW·h)	5.1				
HC+NO_x	g/(kW·h)	6.5	9.5	7.5	7.5	13.33
PM	g/(kW·h)	0.53	0.8	0.6	0.6	11.67
依据:GB 20891—2007;GB 20891—2014						
测量工况:六工况						

4.2　改善低工况的措施

4.2.1　增压柴油机低工况性能分析

增压柴油机是回转式机械的涡轮增压器与往复式机械的柴油机配合运行，由于两种机械本身的特性不同，势必造成当两者按某一工况下的参数进行的较佳匹配，在工况参数变化后会发生这样或那样的问题。对于按柴油机标定工况参数匹配的增压柴油机，在降低转速时，增压压力的降低就会造成进气量不足以满足气缸燃烧所需的空气量要求，从而产生冒黑烟、排气温度过高等不良后果。在有些高增压四冲程柴油机中，有 30%～50%功率的部分负荷时，会出现增压压力偏低、空燃比下降到低于全负荷时空燃比的情况。其根本原因还在于增压系统各参数在这些条件下不能很好地匹配。

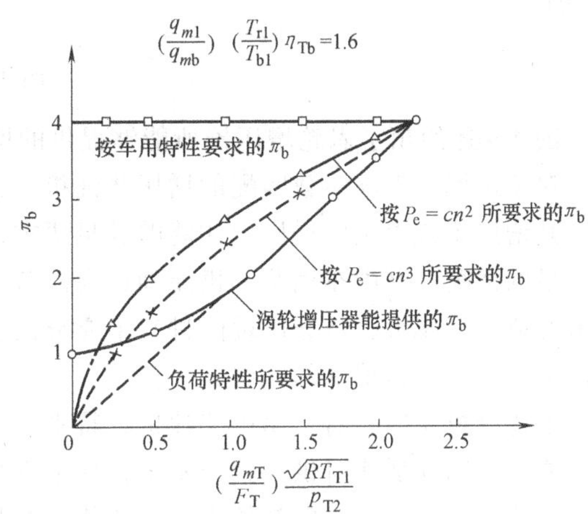

图 4-9　涡轮增压器匹配性能

如图 4-9 所示，为说明问题方便，以增压比 π_b 为纵坐标，以涡轮流量 q_{mT} 与涡轮当量喷嘴面积 F_T 之比与因素 $\sqrt{RT_{T1}}/p_{T2}$ 的乘积形成的无量纲参数为横坐标，建立函数关系，来反映柴油机按不同特性运行时，对增压系统中主要参数的要求。其中，R 为气体常数，T_{T1} 为涡轮入口处的气体温度，p_{T2} 为涡轮出口处的气体压力。

作为定性地分析，可近似地假设增压系统各参数中，增压器进口温度 T_{b1}、涡轮进口温度 T_{T1}、涡轮出口压力 p_{T2} 为常数，且增压比 π_b 与平均有效压力 p_{me} 成正比，压气机流量 q_{mb} 和涡轮流量 q_{mT} 均与柴油机有效功率 P_e 成正比，即

$$\pi_b \propto p_{me},q_{mb} \propto P_e,q_{mT} \propto P_e \tag{4-1}$$

在一定的涡轮当量喷嘴面积 F_T 下，则

$$\left(\frac{q_{mT}}{F_T}\right)\frac{\sqrt{RT_{T1}}}{p_{T2}} \propto P_e \tag{4-2}$$

对于按负荷特性运行的增压柴油机

$$p_{me} \propto P_e$$

$$\pi_b \propto \left(\frac{q_{mT}}{F_T}\right)\frac{\sqrt{RT_{T1}}}{p_{T2}} \tag{4-3}$$

对于按螺旋桨特性运行的增压柴油机

$$P_e \propto n^3$$

所以

$$p_{me} \propto P_e^{2/3}$$

$$\pi_b \propto \left[\left(\frac{q_{mT}}{F_T}\right)\frac{\sqrt{RT_{T1}}}{p_{T2}}\right]^{2/3} \tag{4-4}$$

对于有些快艇或高速舰艇用增压柴油机

$$P_e \propto n^2$$

所以

$$p_{me} \propto P_e^{1/2}$$

$$\pi_b \propto \left[\left(\frac{q_{mT}}{F_T}\right)\frac{\sqrt{RT_{T1}}}{p_{T2}}\right]^{1/2} \tag{4-5}$$

对于车用柴油机，要求按速度特性运行，并具备一定的转矩储备系数。为简化问题，可认为其在转速改变时，平均有效压力 p_{me} 保持不变，所以其增压比 π_b 也保持不变，为常数

C，即

$$\pi_{\mathrm{b}}=C \tag{4-6}$$

图 4-9 还给出了涡轮增压器所能够提供的增压比与无因次流量之间的关系。从图中可看出，对于按标定工况参数匹配的增压柴油机，在低工况时，只有按负荷特性工作的增压柴油机，其增压系统提供的增压比才能够满足要求，按其他特性运行的增压柴油机都会出现增压比不足的情况，其中车用柴油机差别最大。若标定工况的 p_{me} 越高，则在低工况时增压比与要求的值差别越大，就会出现因进气不充分而引起的燃烧不完全的现象。这也是车用增压柴油机平均有效压力偏低的原因之一。

上述分析说明，对于船用柴油机，特别是车用柴油机，如果增压系统满足高速时增压适量的要求，则在低速时供气就会不足；如果满足低速时的供气量，则在高速时就可能增压过量。因此，必须采取一些补救措施，才能弥补其高低工况不能同时满足较佳匹配的矛盾，满足应用的要求。

4.2.2 可变截面增压系统

对于车用高速柴油机及某些超高增压中速柴油机，为了改进低工况性能，可采用高速时放气的措施，这是一种简单而安全的措施，但高工况经济性不好。为此，人们发展了一种喷嘴环出口截面可变的涡轮增压器，简称变截面涡轮增压器。在发动机低速时，让喷嘴环出口截面积自动减小，使得流出速度相应提高，增压器转速上升，压气机出口压力增大，供气量加大；在发动机高速时，让喷嘴环出口截面积增大，增压器转速相对降低，增压压力降低，增压不过量。

车用发动机一般功率不大，因此，大多采用径流涡轮增压器。在有喷嘴叶片的情况下，可以采用改变喷嘴叶片安装角度的方法来改变喷嘴环出口截面积。图 4-10 所示为典型的有叶喷嘴变截面涡轮示意图。喷嘴叶片与齿轮相连，齿轮受齿圈控制，当执行机构来回移动时，齿圈往复摆动，通过啮合的齿轮，使得各喷嘴叶片改变角度，从而实现喷嘴环出口截面积相应变化的目的。

图 4-11 所示为一轴向变截面涡轮示意图，其截面的变化由一轴向平行移动板控制。图 4-12 所示为舌形挡板变截面增压器，通过舌形叶片的摆动来改变蜗壳的 A/R 值，使得发动机在低速时 A/R 值减小，从而提高涡轮转速，增加增压压力；在高速时，有较大的 A/R 值，减小流通阻力，发动机背压较低，充量系数提高。图 4-13 所示为双舌形挡板的可变截面方案，其特点是在增压器与柴油机最佳匹配工况时，A、B 两挡板处于零开度位置，随着柴油机转速下降，B 挡板全闭，A 挡板逐渐打开，这阶段的工作状态与单舌形叶片喷嘴一样。当柴油机转速大于设计工况时，关闭 A 挡板，逐步打开 B 挡板，此阶段挡板外侧气流忽胀忽缩，膨胀力度减缓，内侧气流撞击 B 挡板内壁而动能受损，由此缓解了压力增长势头。图 4-14及图 4-15 所示为潍坊富源增压器有限公司生产的配有双舌形挡板的 SJ82 型可变截面增压器与6130ZQ 型车用柴油机匹配试验的结果。由图 4-14 可见，随着 A 挡板开度增大，外特性中转矩、油耗及烟度得到改善。由图 4-15 可见，随着 B 挡板开度增大，外特性中功率、油耗及烟度等性能变差。针对以上三种可变截面方案，上海交通大学、北京理工大学和山东大学等院校有了深入的研究，比较适用无叶蜗壳增压器。

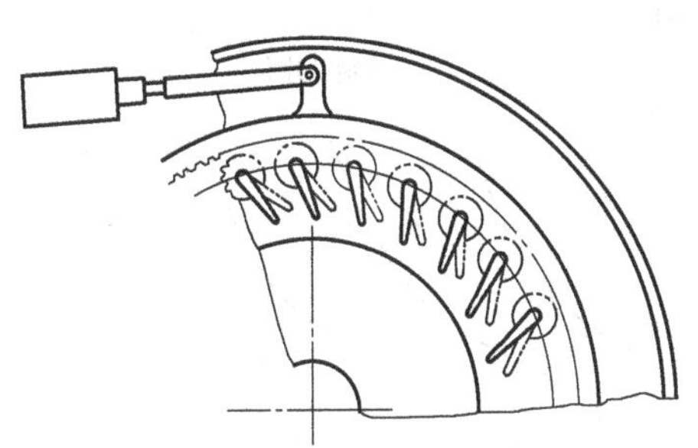

图 4-10　有叶喷嘴变截面涡轮示意图

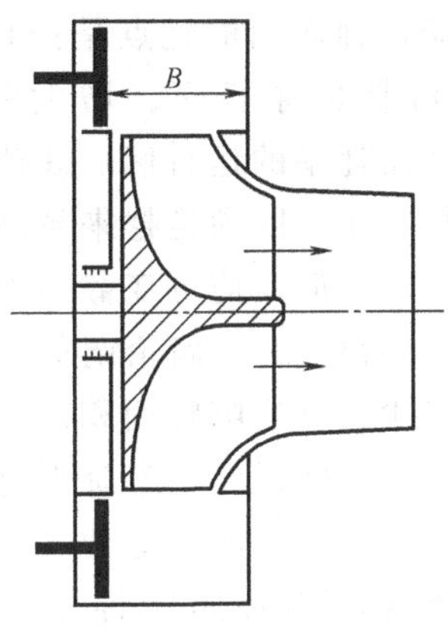

图 4-11　轴向变截面涡轮

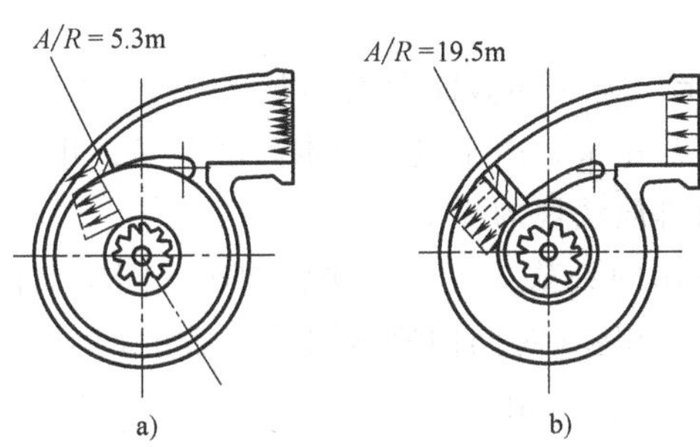

图 4-12　舌形挡板变截面增压器示意图

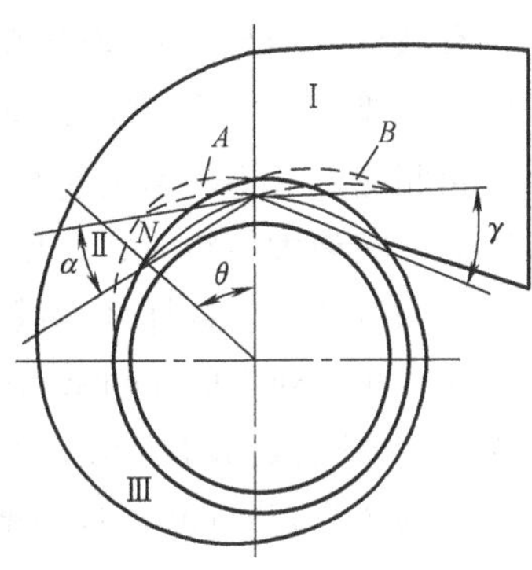

图 4-13　双舌形挡板变截面增压器示意图

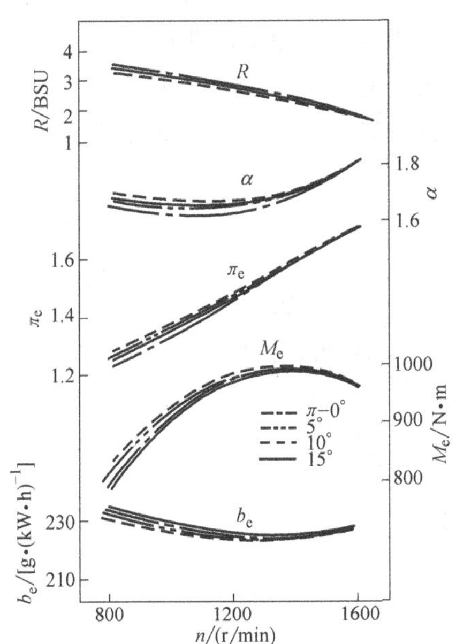

图 4-14　A 挡板不同开度外特性

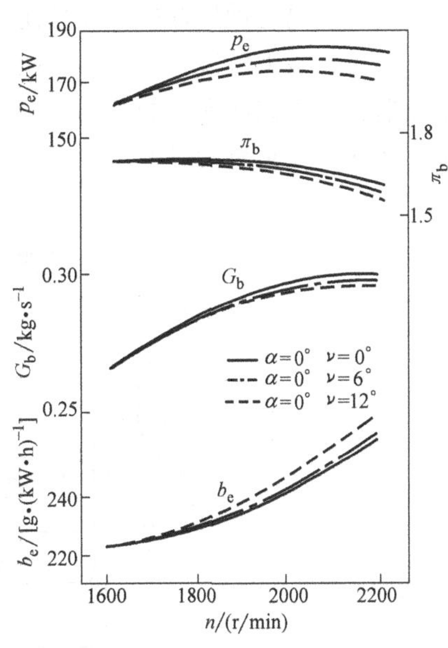

图 4-15　B 挡板不同开度外特性

采用变截面涡轮的优点是：①在不损害高转速经济性的条件下，增大低速转矩。②扩大了低油耗率的运行区。③使柴油机的加速性提高。④可以满足越来越高的排放和噪声法规要求。但要使可变截面涡轮达到实用化，必须满足：①从涡轮调节结构往外漏气应尽可能少，且当喷嘴面积改变、气流流向偏离时，不致使涡轮效率降低过多。②结构及操作系统简单，操作方便。③所有结构及操作系统具有较高的可靠性等。

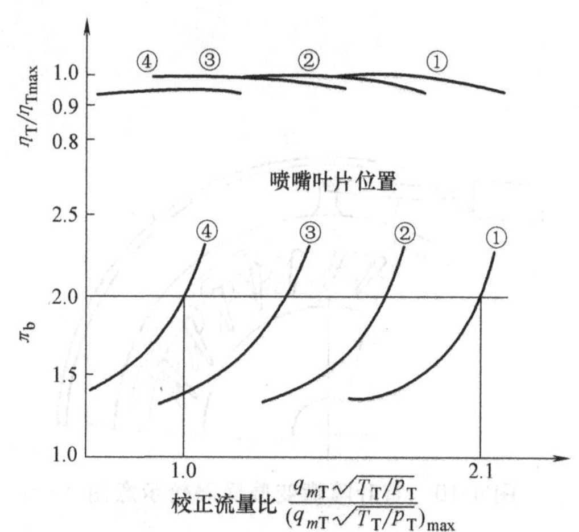

图 4-16 变截面涡轮性能曲线

可变截面增压技术开发过程中，喷嘴环截面积变化不用无级变档，主要是综合考虑了可靠性及有效性。如与 6SDI 车用柴油机相配的变截面涡轮增压器，喷嘴环截面积改变为四档，涡轮相应的效率和通流特性如图 4-16 所示。喷嘴环截面积大小及档数是由实际运转要求确定的。在最大转矩时，增压压力最高。近些年来，由于电控技术高度发展，几乎都采用电控技术调节截面，这样才能满足日益苛求的排放法规的要求。

本章第 4.1.4 节列举的 Volkswagen 公司近期推出的一款 4 缸两级涡轮增压直喷柴油机。其高压级为可变喷嘴截面增压器，其由一电动机在 300ms 时间内完成最大量程的调节，增压器最高转速为 240000r/min，最高增压压力为 0.15MPa（相对）。

4.2.3 放气系统

对车用发动机来说，为解决低工况的性能问题，较多采用的是图 4-17 所示的高工况放气系统。这时，涡轮增压器的设计是使发动机能在低于中等转速以下时获得最大转矩，即增压器与柴油机按最大转矩工况参数匹配。发动机在高转速时，为了将增压压力、最高爆发压力及增压器转速限制在允许的范围以内，把发动机的部分排气或部分增压空气通过一个放气阀排掉，而使其在高负荷时的一段运行线接近于水平线。

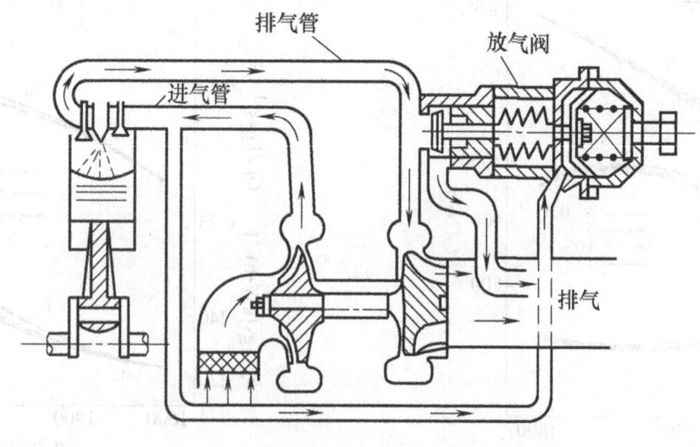

图 4-17 车用柴油机带有放气系统的简图

放气的方式目前主要有两种：①将部分排气放入大气。②将部分增压空气放入大气。图4-18所示为一带放气阀的涡轮增压器，采用的是高工况放掉部分排气的方式。为了控制部件远离高温，采用一根较长的拉杆。放气门的启闭由增压压力 p_b 自动控制。这种带放气阀的涡轮增压器，在车用发动机中用得很普遍。随着电控技术的快速发展，目前放气阀一般均由气动改为电动，提高了响应性。

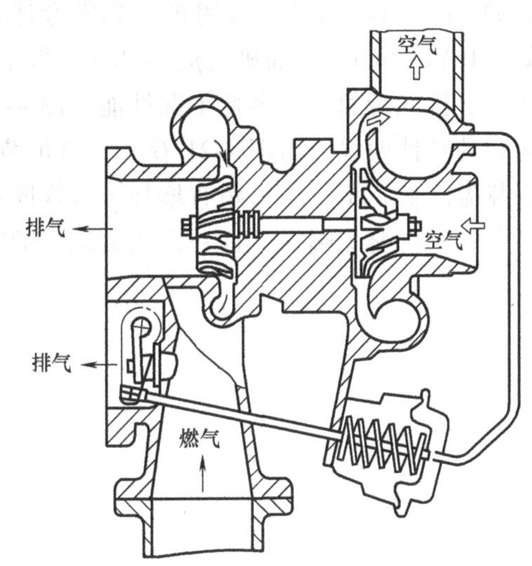

图4-18　带放气阀的涡轮增压器

高负荷时放气以改进低工况性能的措施，也可以用在中速超高增压柴油机中，如VASA46柴油机，p_{me} = 2.5MPa，按螺旋桨特性运行。当负荷超过约90%时，把在涡轮进口处特设的一个陶瓷阀门打开，放出一部分排气进入涡轮后排气管中，以限制最大爆发压力，使低工况性能得到改善。在中速柴油机中，由于放气阀相对来说比较大，在高温下容易发生问题，特别是在烧重油的情况下，阀的密封、堵塞或卡死等故障更易发生。因此，在中速柴油机中，采用放增压空气的措施较多。

从热力学观点来看，放增压空气比放排气更不理想，但实际上两者对油耗率的影响差别不大。在使用高效涡轮增压器时，泄放增压空气是解决高增压四冲程柴油机按螺旋桨特性工作时部分负荷问题的一个办法，而较少使用放排气的办法，主要原因是这样温度较低，机构可靠性好。目前一些高增压中速柴油机都采用高负荷放增压空气的措施来改进低工况性能。图4-19所示为8ZA40S柴油机采用高负荷放增压空气的措施后，低工况油耗率、排温等改进的情况。在高工况时，油耗率稍有提高；但在低工况时，在较大功率范围内油耗率及排温明显改善。

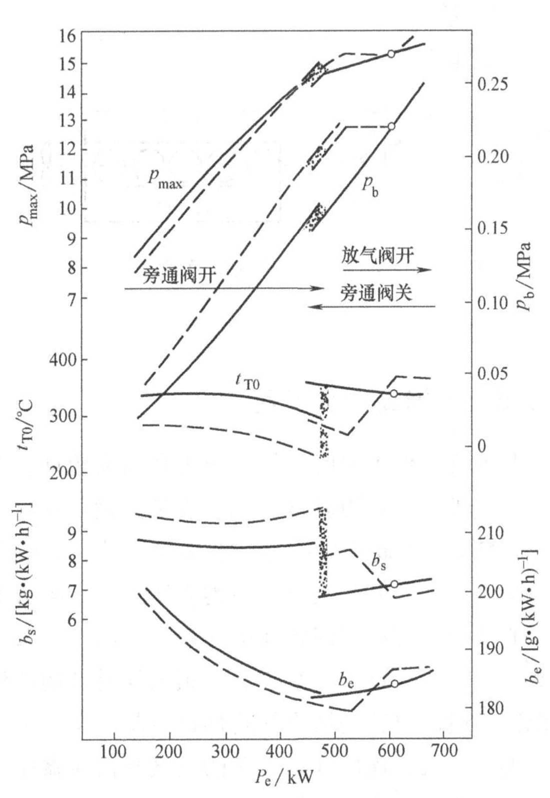

图4-19　8ZA40S柴油机性能改进比较

4.2.4　低工况进、排气旁通系统

低工况进、排气旁通系统如图4-20所示，其目的是把增压系统调整到适合于最大功率点，即增压器与柴油机按最大负荷工况参数匹配；而在部分负荷

时，如20%~60%负荷，采用进、排气旁通，使空气流量增大，借以避开压气机的喘振区。例如，16VPA6BTC柴油机（p_{me} = 2.64MPa），当要求在低速时输出较大转矩的场合，就是采用进、排气旁通来改善低工况性能。图4-21所示为8ZA40S高增压柴油机按螺旋桨推进特性运行的特性曲线。由图4-21看出，当负荷降低到80%时，旁通阀打开，这时空气流量增大，排温降低，增压压力稍有增加。这样既可改善燃烧，又可使气缸热负荷减小，油耗率稍有改善，还可避免喘振。这一措施为该机的正常措施。

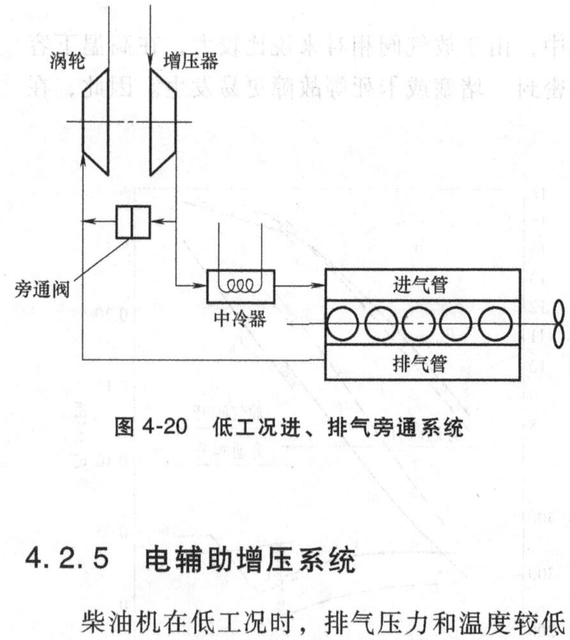

图4-20 低工况进、排气旁通系统

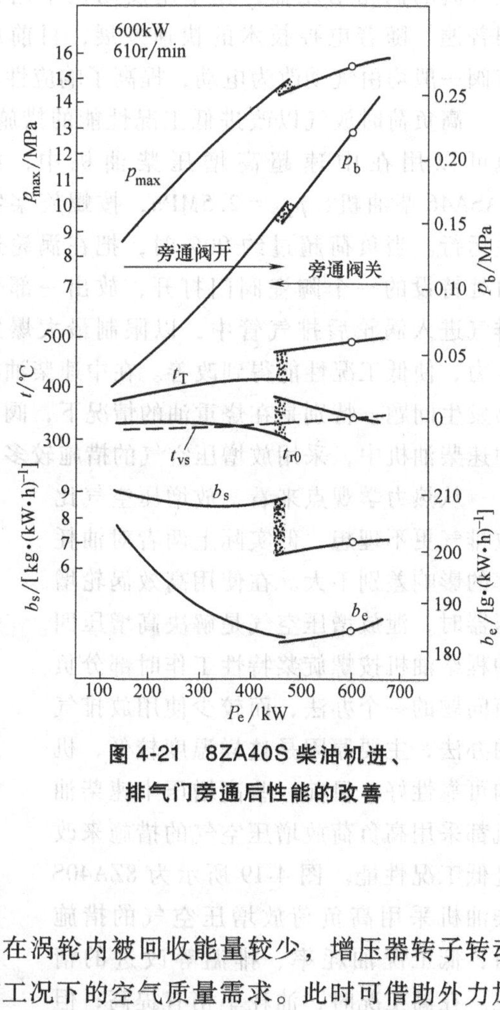

图4-21 8ZA40S柴油机进、排气门旁通后性能的改善

4.2.5 电辅助增压系统

柴油机在低工况时，排气压力和温度较低，在涡轮内被回收能量较少，增压器转子转动慢，压气机出口压力较低，无法满足柴油机在该工况下的空气质量需求。此时可借助外力加速转子转动，提高增压压力，增加空气量。采用电辅助增压系统受到了业内的重视。

电辅助增压系统大致有两类方案。第一类方案以霍尼韦尔为代表，永磁铁固定在轴上，而铁心片和线圈绕组固定在中间壳内，如图4-22和图4-23所示，其外形如图4-24所示。第一类方案的优点是结构紧凑、无须消耗另外的能源。缺点是增加了转子转动惯量，且铁心片和线圈绕组需要特别增设气路加以冷却。第二类方案是由外部电源驱动的高速电动机拖动一专设的压气机，此压气机压缩的空气与增压器压缩的空气同时进入柴油机气缸。这一类方案的优点是原增压器工作状态基本不变，增加空气量效果好。其缺点是结构复杂、成本高。

1999年，奥迪公司全球首款展示的V8 TDI轿车直喷柴油机采用了两个可变喷嘴截面增压器、一个电动压气机、两个中冷器和高压共轨喷油系统，使得排量为 3.3L 的柴油机的最大功率达到 165kW，转矩达到 480N · m。电动压气机的最高转速为 70000r/min，耗功 7kW，起动加速只需 250ms 的时间。电动压气机电能由汽车上单独功率平台输出 48V 子电网供应。该电网通过一个直流变压器与传统的 12V 电网耦合。12V 电网则由 200A 发电机供电。还设一个紧凑的 10A · h 锂离子蓄电池作为储能器确保正常运行。

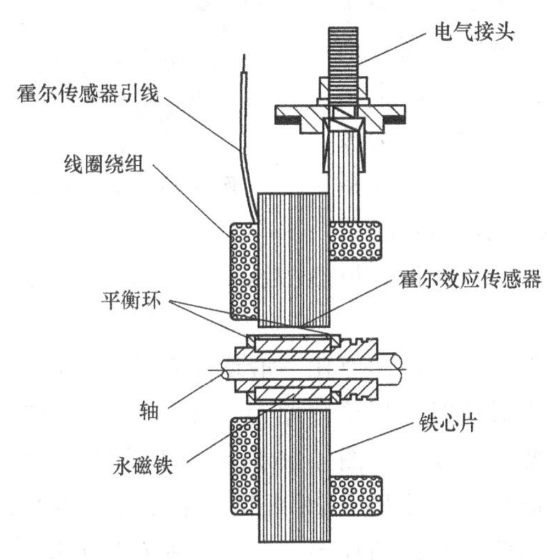

图 4-22　霍尼韦尔电辅助增压器电气部分示意图

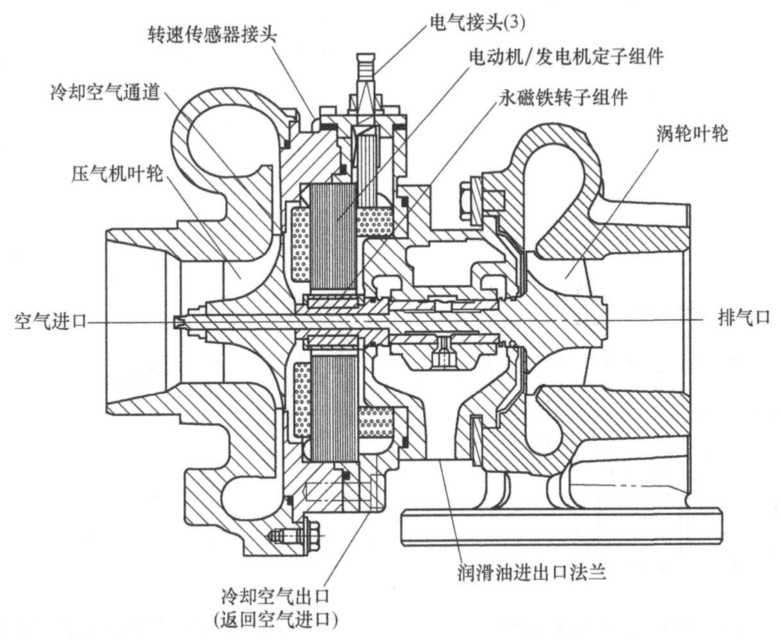

图 4-23　霍尼韦尔电辅助增压系统

4.2.6　复合谐振增压系统

图 4-24　霍尼韦尔电辅助增压系统外形图

采用复合谐振增压系统也是一个解决车用增压柴油机低工况问题的有效措施。复合谐振增压系统的组成如图 4-25 所示，采用一个谐振进气系统与涡轮增压器配合，当柴油机转速在 50%～60%标定转速时，进气系统与柴油机进气过程产生谐振，使谐振箱中压力波动大，而且压力波峰出现在进气过程后期，因此可提高充量系数；而当柴油机转速接近标定转速时，谐振系统失谐，柴油机充量系数降低，虽然增压压力较大，但气缸充气量不会过多，从而限制了最大爆发压力。

复合谐振增压系统的涡轮通流截面要比一般增压系统小一些，以保证低速时有一定的增压压力，而且有谐振，使得低速时充量系数加大，可实现较大的转矩输出，而高工况充量系数较小。这样可保证车用柴油机要求。图 4-26 所示为 B6135Z 柴油机采用复合谐振增压系统与一般涡轮增压系统的性能比较。由图 4-26 可见，采用复合谐振增压系统后，柴油机转矩储备系数明显提高，而且在低速时，油耗率、排气温度和烟度均有所下降。

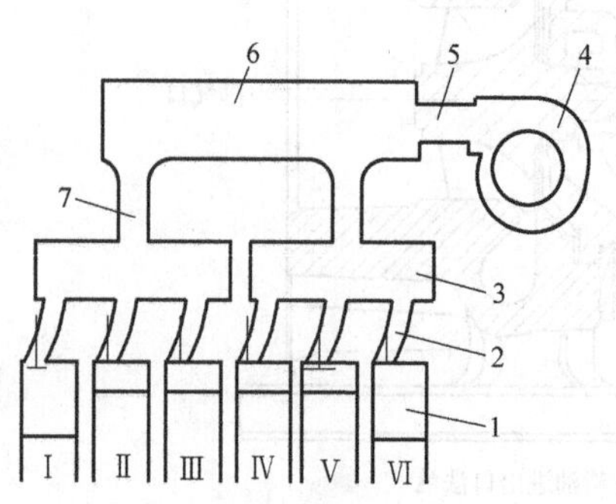

图 4-25　复合谐振增压系统的组成

1—气缸　2—进气歧管　3—谐振箱　4—涡轮增压器　5—连接管　6—进气总管　7—分支管

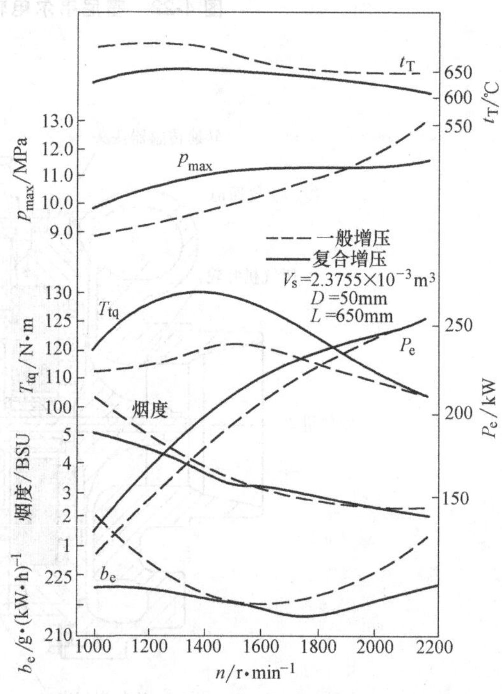

图 4-26　B6135Z 柴油机采用复合谐振增压系统与一般涡轮增压系统的性能比较

但复合谐振增压系统一般仅适用于三缸一个谐振系统的结构，对于不利于脉冲增压系统的缸数的柴油机，谐振系统的效果就要差一些，甚至达不到改善低工况性能的要求。

4.2.7 相继增压系统

1. 设计思想

当柴油机在低转速、低负荷工况下运行时，增压压力和空气流量迅速下降。为了扩大高增压发动机的运行范围，增大发动机低转速的转矩，降低部分负荷运行的油耗率和排放量，开发了一种以定压增压为基础的相继涡轮增压（Sequential Turbo Charging，STC）系统。

在相继涡轮增压系统中采用两个以上小型径流式涡轮增压器，随着增压发动机转速和负荷的增长，相继按顺序投入运行，如图 4-27 所示。而投入运行的涡轮增压器在相对较小喷嘴环出口面积下运行，从而使发动机在整个运转区域内有较高的增压比和较好的经济性。

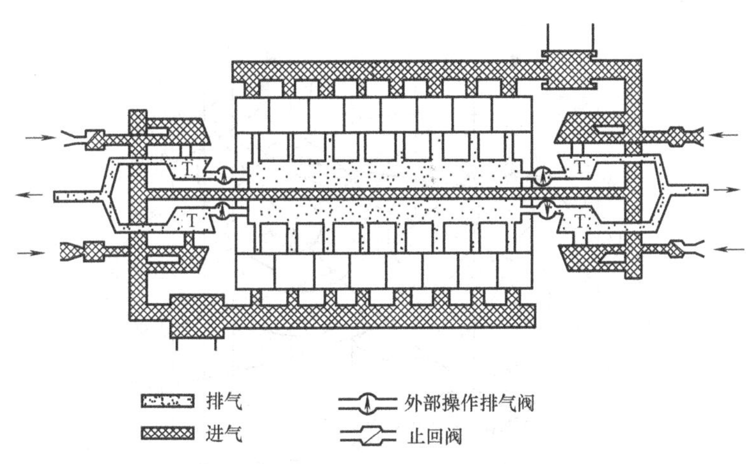

图 4-27 相继涡轮增压系统

2. 控制特点

相继涡轮增压系统有两个阀门，分别控制涡轮和压气机投入或退出运行，装在涡轮前面的称为燃气控制阀，其控制的信号由压气机出口压力或发动机转速提供。装在压气机前面的阻风阀是一个单向阀，由压力差自动控制。当柴油机转速或负荷减小、涡轮增压器需要退出运行时，燃气控制阀基本关闭，柴油机排气只有极少量进入涡轮，使涡轮增压器保持空转，并保持运转温度，以便再次投入运行时，缩短加速时间，减少热应力。这时，柴油机排气集中供应正在工作的增压器。当柴油机转速升高、负荷增大时，燃气控制阀被逐步打开，压气机由于抽气作用，将阻风阀自动打开。随着燃气控制阀开度增大，涡轮转速升高，阻风阀开度也随之加大，进风量相应增多，以满足发动机所需空气。为了避免发动机“接入”或“断开”增压器时动作错乱，一般将涡轮“接入”时发动机转速定得比“断开”时高一些。图 4-28 所示为相继涡轮增压柴油机的联合运行线，由图可见，涡轮增压器相继接入，联合运行均在压气机高增压比区，从而使柴油机有较大的过量空气系数 ϕ_a，燃油消耗率普遍较低，参见相继涡轮增压柴油机的万有特性，如图 4-29 所示。

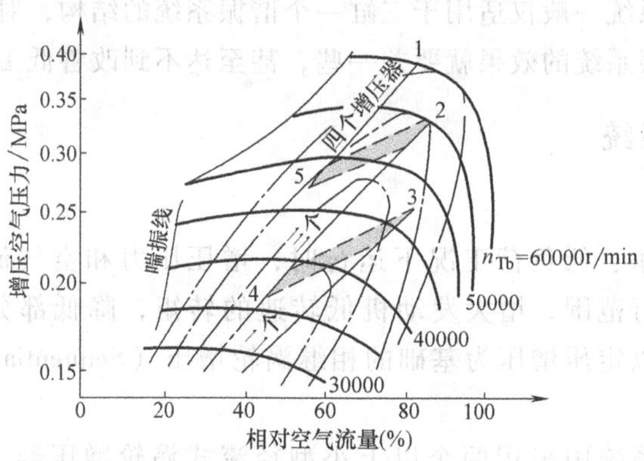

图 4-28　相继涡轮增压柴油机的联合运行线

1—发动机最大输出（3300kW，1900r/min）

2、3—加速接入点　4、5—减速断开点

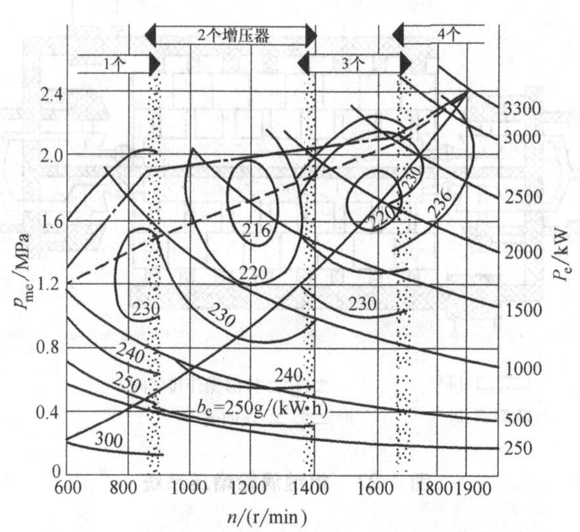

图 4-29　相继涡轮增压柴油机的万有特性

——螺旋桨特性　— — —最大持续运转出力线

—·—·—调速器限制曲线　麻点区为增压器投入或脱开运行区

3. 应用

德国 MTU 公司在 1163-03 系列 V12、V16、V20 柴油机上采用了相继涡轮增压系统。例如该系列的 V20 柴油机，缸径 $D=230\text{mm}$，$S=280\text{mm}$，$n=1300\text{r/min}$，$p_{me}=3.0\text{MPa}$，$\pi_b=5.0$，$\varepsilon=8.5$，总功率为 7400kW，比质量为 2.6kg/kW，与常规增压系统比较，油耗率 b_e 下降 3~10g/(kW·h)。

1992 年，德国 KKK 公司涡轮增压器厂在汉诺威货车上提出了一种用于车用和工业用柴油机的相继涡轮增压系统，由两台流量特性不同的 K14 和 K27.2 涡轮增压器组成，实行气动控制。K14 涡轮增压器满足柴油机 500~1000r/min 时的供气需要；1000~1500r/min 时换用 K27.2 涡轮增压器；1500r/min 至标定转速时，K14 和 K27.2 涡轮增压器同时接入。试验表明，与同一台装有单个涡轮增压器的柴油机比较，柴油机进气压力、燃油耗、排气烟度、爆发压力及平均有效压力均获得了改善。MTU595 型柴油机（缸径 $D=190\text{mm}$，行程 $S=210\text{mm}$）及法国 PA6-STC 柴油机均采用两个增压器的相继涡轮增压系统，取得了满意的效果。

4.2.8 二次进气增压系统

1. 设计思想

针对增压度提高后，发动机机械负荷及热负荷相应增大，严重影响工作可靠性和工作寿命这一弊端，上海交通大学顾宏中教授在 1979 年提出了一种新型的用于四冲程柴油机的二次进气超高增压系统，简称 SIP 系统，并申请了专利。

在二次进气系统中，进气门关闭的角度在下止点前 10°~25°(CA) 固定不变，以实现低温循环并降低 NO_x。排气门在进气冲程下止点前 50°(CA) 左右至下止点后 20°(CA) 左右再开一次，其目的是在起动和 25%负荷以下运行时，使排气管中的一小股排气利用 $p_r>p_b$ 的压差倒流入气缸，以保证起动和低工况运行。这是因为该系统适用于较低压缩比（如 $\varepsilon=11\sim12$）的柴油机，但在 50%~100%的高负荷工况下，排气阀第二次打开时，由于 $p_b>p_r$，废气不会倒灌或流动很少。SIP 系统也可以实现有效压缩比小于膨胀比的阿特金（Atkison）循环，提高了循环效率。

另外，当涡轮增压器效率提高到 65%以上，一般情况下，多余排气能量（约 10%）引入并联的动力涡轮并传给曲轴；而二次进气系统在缸内回收了这 10%多余的排气能量，既提高了经济性，又省略了动力涡轮及复杂的传动装置。

2. 效果及应用

在 6PAL6L-280 高增压柴油机上进行了二次进气增压系统与 MPC 系统的对比，取得了预期的效果。原机 $n=1000\text{r/min}$，$p_{me}=2.0\text{MPa}$，$P_e=1756\text{kW}$，$p_{max}=14\text{MPa}$，$b_e=216\text{g/(kW·h)}$，$\varepsilon=11.8$，配 VTC254 涡轮增压器，采用 MPC 增压系统。改为二次进气增压系统后，只改动配气凸轮轴，进、排气凸轮均采取余弦过渡段的复合正弦抛物线函数凸轮，进、排气定时为：

进气开：进气行程上止点前 50°(CA)。

二次排开：进气行程下止点前 55°(CA)。

进气关：进气行程下止点前 10°(CA)。

二次排关：进气行程下止点后 15°(CA)。

主排气开：排气行程下止点前 71°(CA)。

主排气关：排气行程上止点后 100°(CA)。

图 4-30 所示为原机与二次进气增压系统螺旋桨推进特性比较，可以看出，当平均有效压力 p_{me} 提高到 2.3MPa 时，相应的经济性有明显改善，而排气温度和最大爆发压力较低。当 p_{me} 提高到 2.5MPa 时，其他参数不变，只把一级增压改为二级增压和二级中冷，对二次进气二级涡轮增压的螺旋桨推进特性进行模拟计算，见表 4-6，得到了较理想的结果。

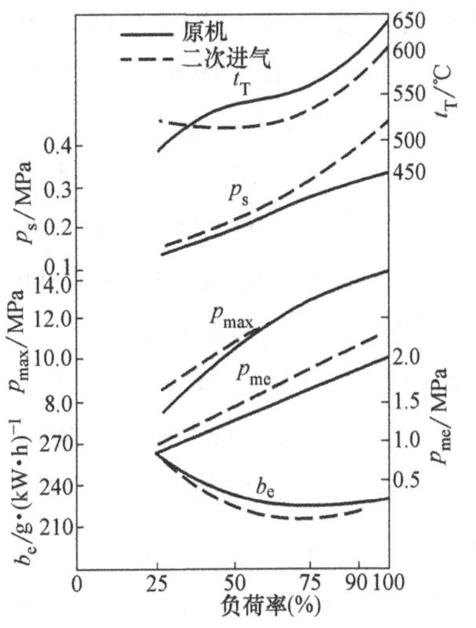

图 4-30 原机与二次进气系统螺旋桨推进特性比较

表 4-6　6PAL6L-280 高增压柴油机 p_{me}=2.5MPa 二次进气二级增压模拟计算结果

工　况	1	2	3	4	5
负荷率(%)	100	90	75	50	25
P_e/kW	2234.9	2013.5	1675.4	1117.2	558.9
n/(r/min)	1021	986	927	810	643
p_{me}/MPa	2.50	2.33	2.06	1.57	0.99
p_s/MPa	0.497	0.445	0.370	0.257	0.170
T_s/K	332	332	331	328	324
p_{k1}/MPa	0.228	0.210	0.183	0.152	0.132
T_{k1}/K	404	398	389	366	342
p_{T1}/MPa	0.358	0.322	0.269	0.198	0.149
T_{T1}/K	818	819	813	799	728
p_{T2}/MPa	0.205	0.188	0.164	0.139	0.126
T_{T2}/K	739	742	742	754	705
b_e/[g·(kW·h)$^{-1}$]	212.7	212.4	211.6	213.9	224.5
p_{max}/MPa	138.9	128.3	114.3	94.8	85.2
b_s/[kg·(kW·h)$^{-1}$]	7.02	7.12	7.36	8.11	11.1
ϕ_a	1.934	1.874	1.796	1.703	1.818

4.2.9　顾氏增压系统

1. 设计思想

进入 20 世纪 90 年代，舰船用大功率中、高速四冲程柴油机的平均有效压力 p_{me} 达 2.5~3.0MPa；机车用柴油机的 p_{me} 为 2.0~2.3MPa，随着平均有效压力的提高，低工况性能较难兼顾，而用户对全工况的热负荷、机械负荷、经济性、工作寿命、可靠性及排放等有更高的要求。1990 年，上海交通大学 231 学科组为适应上述要求，结合我国实际情况，开创了一种同轴控制进、排气及供油定时的增压系统，简称顾氏系统，可全面提高舰船、机车增压中冷四冲程柴油机的性能。

2. 顾氏系统的结构特点

顾氏系统的简图如图 4-31 所示，在涡轮轴旁边有一根偏心控制轴，可利用柴油机转速或负荷为信号使控制轴转动一个角度，以同时对进气、排气和供油定时进行优化控制。进气门的控制犹如米勒系统，在高工况时，进气门在下止点前关闭，以实现缸内膨胀的低温循环，降低热负荷、机械负荷和 NO_x 的排放；也可回收剩余排气能量或高工况放气

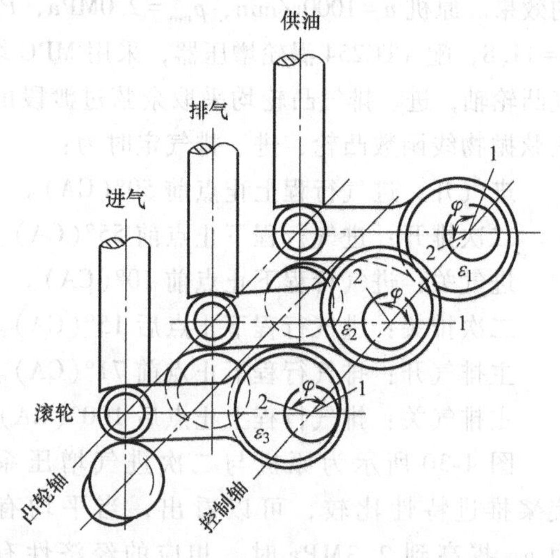

图 4-31　顾氏系统的简图

ε_1—进气的偏心距　ε_2—排气的偏心距

ε_3—供油的偏心距　φ—偏心作用角

1—零输出　2—全负荷

流失的能量。排气和供油定时的控制，是由同一根偏心控制轴上的另外两个偏心轮带动的两个中间滚轮来实现的。进气、排气和供油定时共六个参量中，对柴油机性能起关键影响作用的主要是进气关、排气开和供油始点三个定时。这三个定时的调节量是不同的，要用同一根偏心控制轴相同的转动角度来同时满足三个定时的调节要求，关键在于选择各自偏心轮的偏心距及初始角的位置。进气关、排气开及供油始点的定时随转速或负荷变化呈单调函数曲线，这是顾氏系统工作可靠、性价比高并能推广应用的关键。

3. 顾氏系统的功能

顾氏系统对整机性能有以下几方面的功能：

1）能降低最大爆发压力。高工况时，最大爆发压力可比常规系统降低 1.0MPa 左右。

2）降低热负荷。

3）降低 NO_x 排放。

4）改善低工况性能。在低工况时，进气门晚关，使充量系数及过量空气系数增大，改进了燃烧；排气和供油定时是根据性能优化的原则进行设计与控制的，可达到全工况性能最优。

5）可以代替高工况放气措施。高工况时，进气门早关，可实现缸内膨胀，使能量不损失。

6）可以取消动力涡轮，不增大柴油机的质量和尺寸。因为排气门早关就回收了能量。顾氏系统可以回收约 10%的剩余排气能量，传递效率达 67%~72%，比动力涡轮能量传递效率低 4%~7%，但省略了动力涡轮的附加投资，不增加柴油机的质量和尺寸。

7）可提高加速性及加载性。因涡轮通流截面比常规的小，有利于提高瞬态响应性。

8）在不同用途的机型中可根据具体要求进行设计，侧重点不同。舰船用超高增压柴油机，主要考虑降低 p_{max}，改善低工况性能；对 p_{me}=2.5MPa 的船用、机车用柴油机，主要是改善低工况性能，代替高工况放气；对大缸径、大功率柴油机，增压器效率达到 68%以上，可回收能量，代替动力涡轮；对大功率高增压柴油机，主要满足排放要求；对低速大转矩渔船用柴油机，可提高转矩。

4. 效果及应用

顾氏系统曾用于 6180Z_LCA 渔轮柴油机，转矩储备系数达 1.2，经装机试验，达到了预期目标。

4.2.10 Scaby 增压系统

1. 设计思想

随着增压度的提高，对低、中速柴油机一般采用上述措施可以满足低工况的要求，但对高速柴油机来说，在结构上有些难度。近年来，国际上推出一种高压缩比等压燃烧循环系统，可与二次进气系统相结合，开发一种扫气旁通系统（Scavenging bypass），简称 Scaby 系统。

Scaby 系统是利用进、排气扫气重叠角期间的扫气系数 ϕ_s 在低转速时比在高转速时更大的特点，达到低转速时扫气空气量更多的目的。同时，进气门在下止点关，可使低转速时的 ϕ_s 比高转速时大得多，以提高低转速时的 ϕ_s。由于是低温循环，因此可改善低工况性能。

2. 特点

Scaby 系统由于提前关闭进气门，解决了低工况性能，实现低温循环，最大爆发压力 p_{max} 相对较低，热负荷也较小，由于缸内温度低，NO_x 排放大为减少。Scaby 系统已被最新的四代坦克发动机作为首选的涡轮增压系统进行样机试验。在 D6114 涡轮增压中冷车用柴油机上，已把 Scaby 系统列入研究项目，正在 6 缸机上进行试验。图 4-32 示出了这台高速机采用 MPC 系统与 Scaby 系统的性能比较结果。

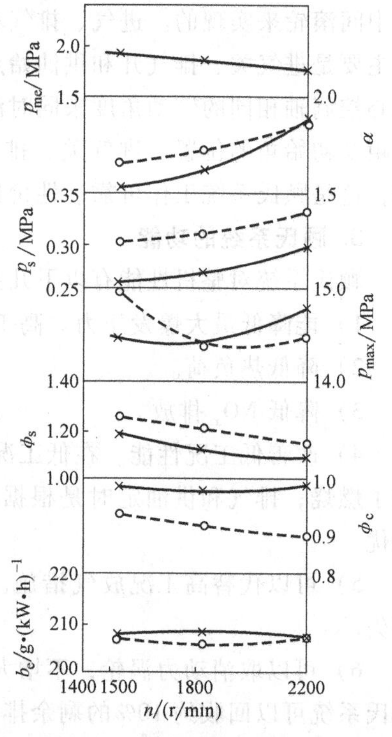

图 4-32　MPC 系统与 Scaby 系统的性能比较

×——×MPC　○----○ Scaby

3. 应用

Scaby 增压系统适用于高、中速机，能有效改善低工况性能。例如，通过对一台 6 缸高速车用增压中冷柴油机的模拟计算表明：原机采用 MPC 系统，$\varepsilon=13$，改为 Scaby 系统后，$\varepsilon=17$，最大转矩点的过量空气系数 ϕ_a由 1.53 增大到 1.65，较好地解决了低工况问题。

4.2.11　AVIEIT 增压系统

1. 设计思想

顾氏系统对一些高速柴油机带偏心控制轴的结构在布置上有困难，因而在此基础上又提出自动变进、排气供油定时（Automatic Variable Inlet，Exhaust and Injection Timing，AVIEIT）系统。

2. 特点

AVIEIT 系统有以下一些特点：

1）进气关定时在下止点前，在最大转矩的转速时，进气、排气和供油定时均比标定转速时后移 8°~12°(CA)，对不同机型有不同的延后角。其间定时与转速呈线性关系。对进气来说，由于定时延后，使充量系数 ϕ_a增加得比 Scaby 系统更多，可使达最大转矩的转速时，气缸充量较常规系统增加 15%左右。

2）由于是低温循环，可改善缸内工作过程，降低 p_{max}、T_{max}。

3）排气在低转速时延后开，可减少泵气功损失，优化了排气定时。

4）供油在最大转矩的转速时延后，可使 p_{max}减小，b_e优化。

5）定时自动改变机构可直接采用供油自动调节器中的内接斜楔式提前器的形式，直接置于传动齿轮或传动塔轮内部，其结构简单、布置空间小。

图 4-33 所示为一台 6 缸增压中冷高速车用柴油机，标定工况转速为 2200r/min，平均有效压力 $p_{me}=1.77$MPa，压缩比 ε 为 17，采用 MPC、三脉冲和 AVIEIT 三种增压系统进行对比，可以看出 AVIEIT 系统对改善低工况性能有更大的效果。

3. 应用

AVIEIT 系统主要对改善低工况性能有明显效果，特别适用于有较高平均有效压力的大功率高速车用柴油机。AVIEIT 系统在 D6114 柴油机上进行试验，可以代替原有放气系统。

在 12V150 高增压柴油机上与 MPC 做对比试验，获得了满意的结果，如图 4-34 所示。

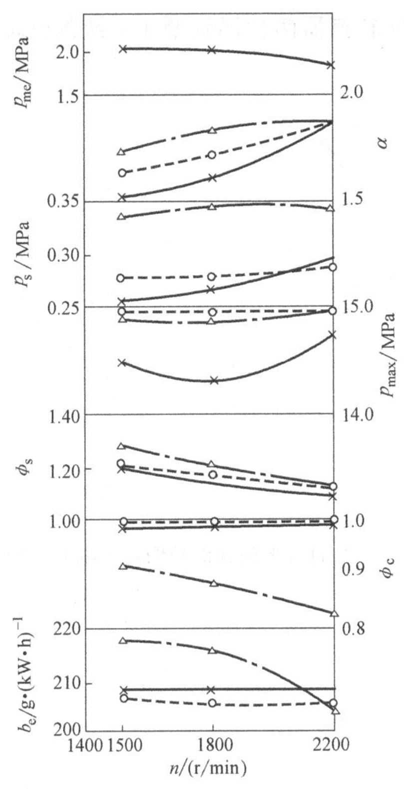

图 4-33 MPC、三脉冲与 AVIEIT 系统比较

×—×MPC ○----○三脉冲 △—·—△AVIEIT

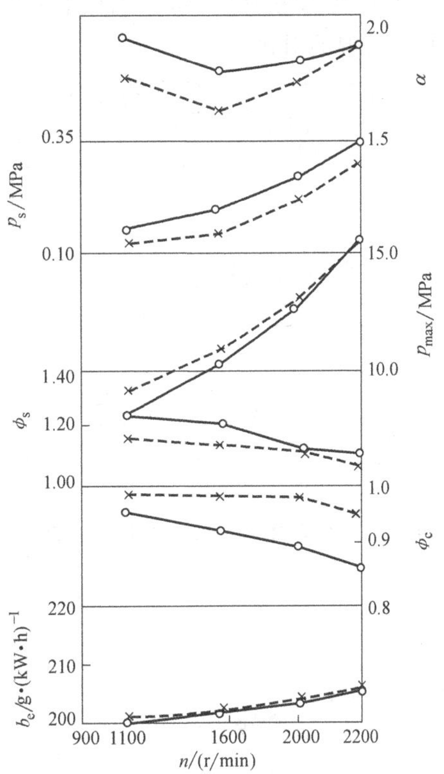

图 4-34 12V150 高增压柴油机与 AVIEIT 系统性能的对比

×----×MPC ○—○AVIEIT

4.2.12 MIXPC 增压系统

1. 设计思想

在涡轮增压系统中，定压系统的低工况性能及加速性能较差，脉冲系统的结构较复杂，而 MPC 系统中靠近排气总管封闭端的气缸中扫气受到干扰，使各缸扫气不均匀，排温差增大，导致热负荷升高，上海交通大学提出的混合式脉冲转换器（Mixed Pulse Converter, MIXPC）涡轮增压系统，可以克服上述缺点。

2. 工作原理和特点

图 4-35 示出了用于直列 8 缸柴油机三种形式的 MIXPC 涡轮增压系统，靠涡轮端的 4 个气缸的排气管系用 MPC 的结构形式，靠封闭端的 4 个气缸的排气管系用脉冲转换器的结构形式，1、2、3、4 缸的排气管分成两支，可根据发火顺序不同选用其中的一种分歧形式。由于 5、6、7、8 缸的排气管距离长，体积大，压力波反射衰减快，因而前 4 缸不必像一般脉冲转换器那样带有排气管缩口。对 5、6、7、8 缸的 MPC 形式的排气管，由于这些气缸位于下游，流速大，扫气干扰小，故也不需要缩口。MIXPC 系统中，排气歧管均无缩口而且

可用扩口，使气缸泵气功损失减少，排气管系中的能量传递损失小，整机经济性提高；排气管系比较简单；涡轮为单进口，效率高；便于用相继涡轮增压系统及变截面涡轮。图 4-36 及图 4-37 所示为 8L23/30 柴油机上采用 MIXPC 与脉冲转换器两种涡轮增压系统的性能对比及缸头排温的对比。

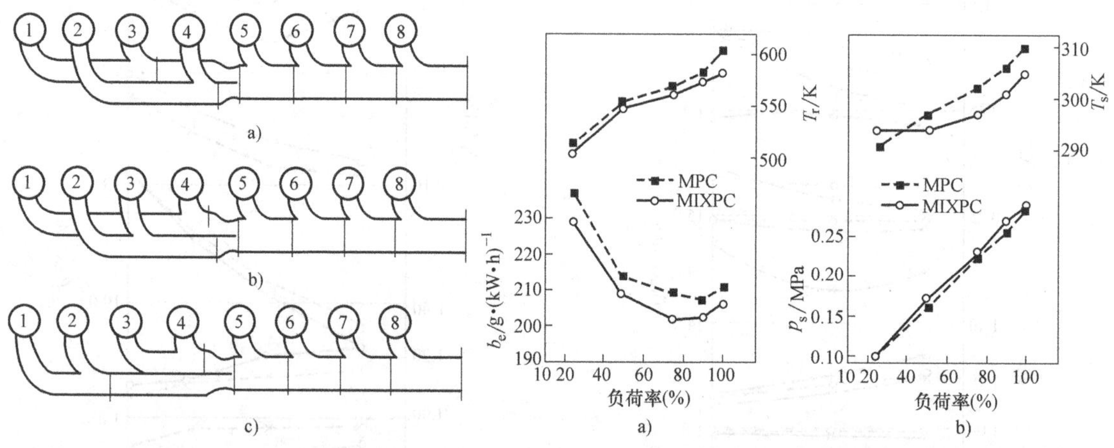

图 4-35　直列 8 缸 MIXPC 涡轮增压系统　　图 4-36　8L23/30 柴油机上两种涡轮增压系统的性能对比

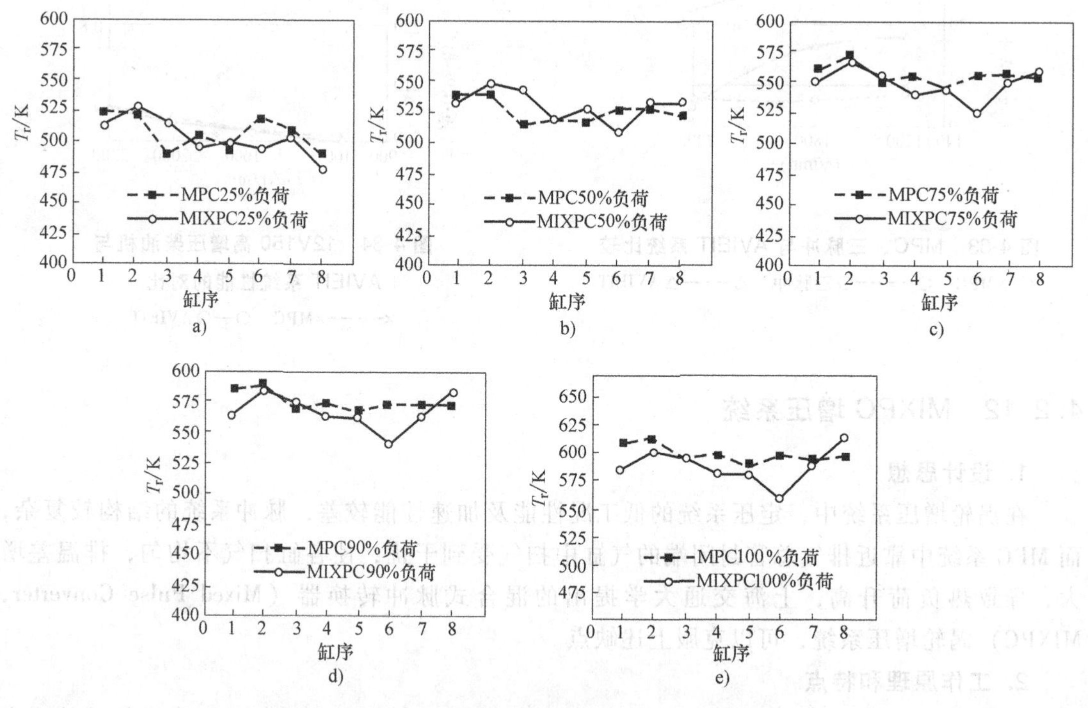

图 4-37　8L23/30 两种涡轮增压系统缸头排温的对比

表 4-7 列出了五种基本型涡轮增压系统的对比。可以看出，MIXPC 涡轮增压系统是继 MPC 系统后又一个飞跃，是当前高增压大功率柴油机的优选增压系统。

3. 应用

MIXPC 涡轮增压系统不仅可用于 L8 及 V16 缸柴油机，而且还可用于 L5、L6、L7、L9、

L10 及相应的 V 型柴油机。通过对 MAN/B&W8L23/30 及 6L250Z 中速柴油机的模拟计算和试验，取得了满意的效果。

表 4-7　五种基本型涡轮增压器系统的对比

性能参数	定压	脉冲	脉冲转换器	MPC	MIXPC
排气管能量传递效率	↓	↑	→	→	↑
涡轮平均效率	↑	↓	→	↑	↑
泵吸损失功	↑	↑	↓	↓	↑
扫气均匀性	↑	↑	↑	↓	↑
扫气系数	→	↑	↑	→	↑
低工况及瞬态性能	↓	↑	→	↑	↑
结构简单程度	↑	↓	↓	↑	→
系列化适应性	↑	↓	↓	↑	→
造价	→	↓	↑	↑	↑
相继增压机变截面涡轮适应性	↑	↓	↓	↑	↑

4.3　改善增压柴油机瞬态特性的措施

4.3.1　增压柴油机瞬态特性分析

柴油机瞬态特性是指在变速或变负荷情况下柴油机的性能。涡轮增压柴油机不像非增压柴油机那样很快响应负荷和转速的突然变化。

图 4-38 所示为一台 12V396TC32 涡轮增压柴油机，当油泵控制杆突然加到 73%满负荷喷油量时各参数的变化。可见，当油量突加时，燃烧过量空气系数 ϕ_a 小于 1，此时燃烧不完全，排烟严重。在加速、加负荷过程中，空气流量与加油量变化速率之间的差异导致了燃烧过量空气系数低于极限值，因此，涡轮增压柴油机瞬态响应特性较差的决定因素是供气量。

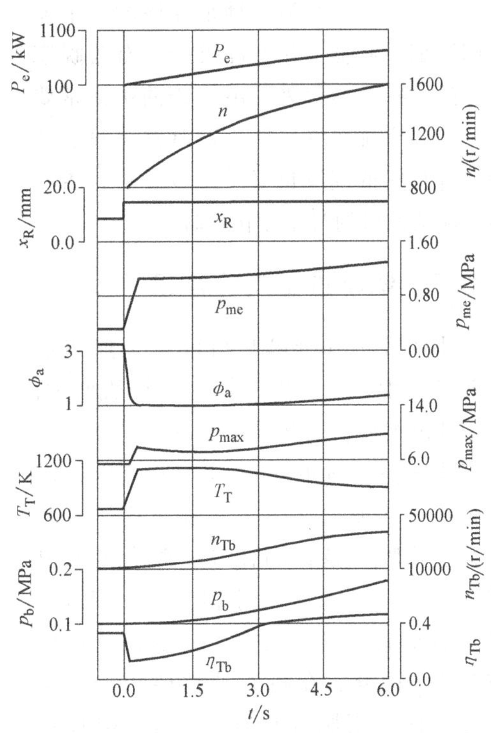

图 4-38　12V396TC32 柴油机瞬态特性

供气量比供油量的时间滞后，其原因是多方面的。燃油进入气缸燃烧后，气体能量增加，而涡轮得到的能量增加显然要滞后一些，因为在排气门开启之前气体的能量不可能影响涡轮；在排气门开启以后，由于排气管中气体的可压缩性，也得经过几个工作循环，排气管中的气体压力才能逐步上升，涡轮得到的能量才能不断增加。另外，由于涡轮的功率比压气机的功率大，而使涡轮增压器的转速增加，但涡轮增压器转子具有一定的转动惯量，要加速转子的旋转速度也需要消耗一部分能量，这也是其瞬态

响应滞后的另一个重要原因。再者，增压器的旋转速度不断上升才能使增压压力不断提高，但由于进气管具有一定的容积，这就使增压压力只能逐步提高。只有当增压压力提高后，才能增大进入气缸的供气量。这些因素都将使供气量滞后。当然，发动机响应快慢还与发动机运动件的转动惯量有关，若希望加速性能好，则希望发动机转动惯量尽可能小；若是带发电机等设备保持定转速运行，在突加负荷时，要求发动机转速变化小，则应使发动机转动惯量大一些。

增压柴油机在突加速和突加负荷时，除出现空气量不足使燃烧不完全而带来一系列问题以外，其联合运行线的位置也与稳态时不一样。突加速时，联合运行线在稳态运行线的右边；突加负荷时，联合运行线在稳态运行线的左边。其差别的大小与加负荷或加速时的速度有关。若按螺旋桨推进特性运行时，在突加速加负荷时的联合运行线会在稳态运行线的右边，这是由于转速增加是主要起作用的因素。相反，突减速或按螺旋桨特性运行时的突减速，都会引起联合运行线在稳态运行线的左边，在严重的情况下，就会进入喘振区。在四冲程柴油机及带容积式辅助压缩机的串联增压系统的二冲程柴油机中，也会出现这种现象。

对涡轮增压柴油机瞬态特性的要求，随不同用途而不同，如对坦克的瞬态特性要求较高，一般要求坦克从起动开始算起，在6s内车速要求达到32km/h。对需要快速起动及加负荷的备用柴油发电机组，如电视台、广播电台、医院或核电站的应急发电机组，一般要求在8~10s内，能使应急柴油发电机组从起动到全功率。有些特殊场合，要求2s左右就能达到这一要求，这时就需要采取特别措施。对柴油发电机组突加负荷的响应，是根据输出电压及频率波动的要求来确定的。就柴油机而言，对突加速或突加负荷响应希望越快越好，但尚有环保方面的要求，这两方面往往是矛盾的，有时为了满足环保的要求而采用冒烟限制器。除上面讲到的有关瞬态特性的一些内容以外，由于柴油机常常要突加速或突加负荷，所以对其热强度、热冲击等特殊的问题也必须加以考虑，否则会影响柴油机的可靠性和寿命。

4.3.2 缩小进排气管容积

小的进排气管容积可以在加速或加负荷过程中，使其中气体压力较快增大，响应速度加快，因此变压系统比定压系统响应速度快。图4-39所示为12V396TC32涡轮增压柴油机在变压系统与定压系统下突加速瞬态特性的比较。两者都限制燃烧过量空气系数最小值为$\phi_a=1.25$。可以明显地看出，三脉冲变压系统的响应较快。因此，在瞬态特性要求较高的场合，宜选用脉冲增压系统或MPC系统，不宜采用定压系统。

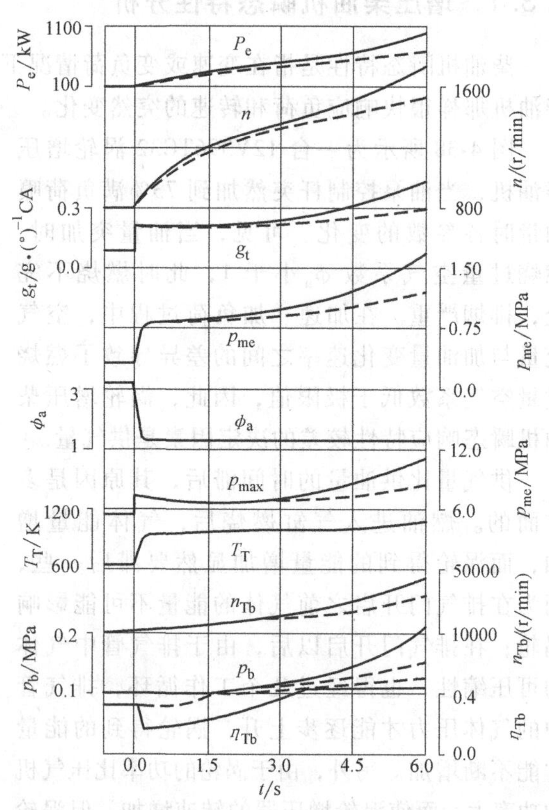

图4-39 加速时变压系统与定压系统瞬态特性的比较

——变压 ---定压（$\phi_a=1.25$定值）

4.3.3 减小涡轮通流面积

若从低工况到高工况时涡轮通流面积小，则将使排气管中的压力更快上升，涡轮功率增加较快，使增压压力上升更快，从而改善瞬态特性。属于这一方法的措施，已用得较成熟的是重新匹配涡轮增压器，使匹配点在低工况，这样可以使用小的涡轮增压器，即涡轮通流面积较小。在高转速、高负荷时，为了防止涡轮增压器超速及产生过高的增压压力，采用泄放涡轮前的排气，或泄放增压空气，即带放气阀的涡轮增压器。这同时也是一种改进增压柴油机低工况特性的有效方法。图 4-40 所示为具有泄放排气的小涡轮增压器加负荷瞬态特性的改善。涡轮有效通流截面积减小 22%，同时涡轮转动惯量减小 52%，使加负荷加速特性明显改善。

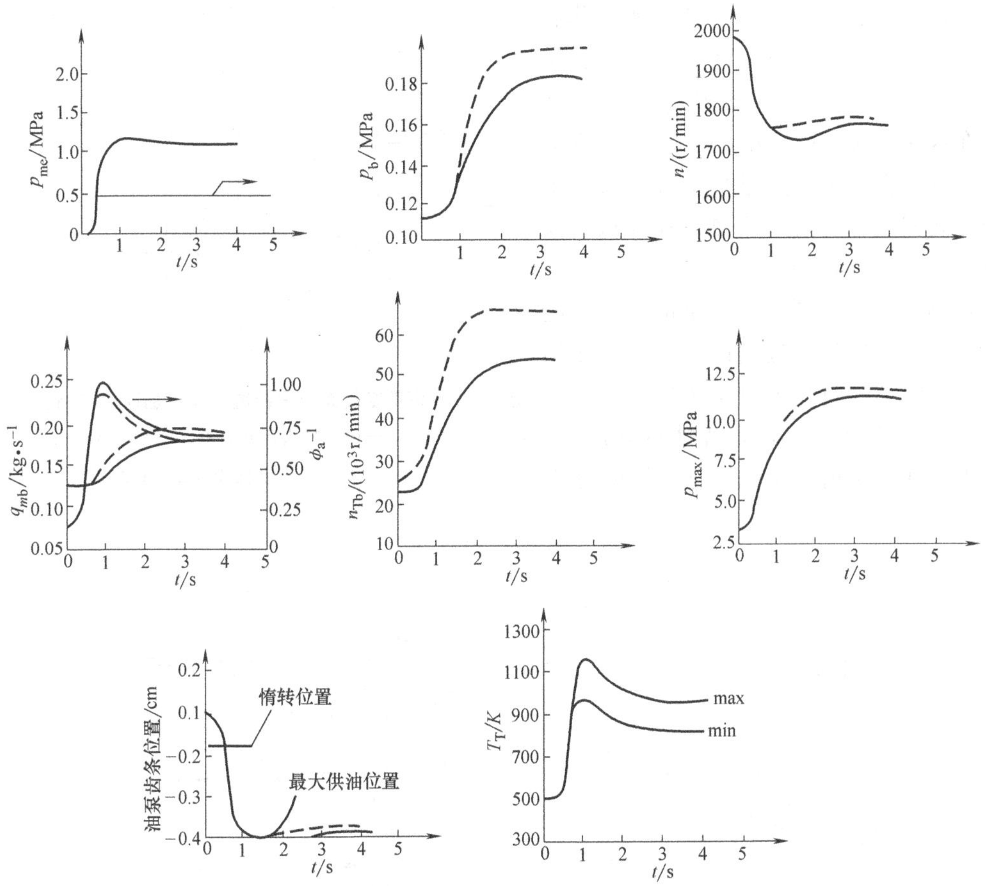

图 4-40 带放气阀小涡轮增压器加负荷瞬态特性的改善

——原机 ------带放气阀

另一种在低工况缩小涡轮通流面积的措施是改变涡轮喷嘴环截面积的结构，这在前面改善低工况性能时讲到过。这一措施是改善低工况性能很有效的方法，特别是在要求涡轮增压柴油机进行速度特性运行时，近几年来已达到实用的阶段。

图 4-41 所示为采用变截面积涡轮增压器后加速瞬态特性的改善。燃烧过量空气系数均

限制在 $\phi_a = 1.25$。可以看出，在 3s 内柴油机的转速已达到要求的转速；而采用涡轮喷嘴环截面积不变的增压器，若要达到要求的转速，则需 7~8s。

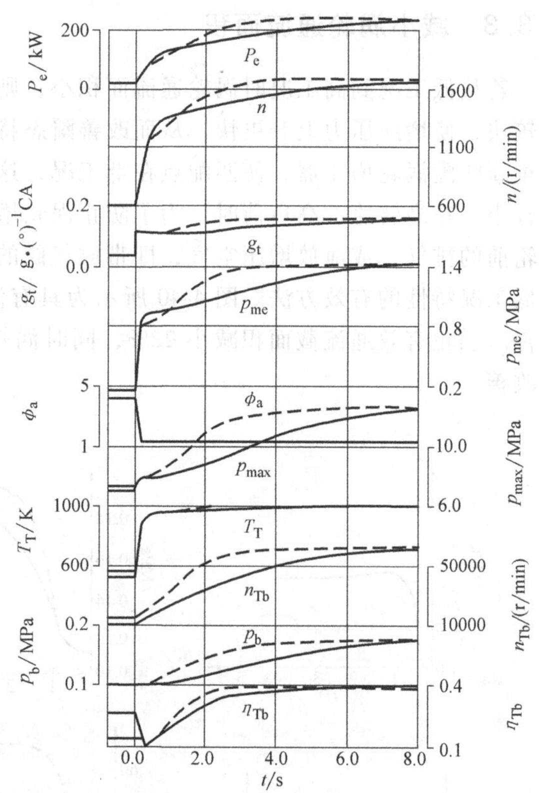

图 4-41　采用变截面积涡轮增压器后加速瞬态特性的改善

——固定喷嘴环截面积（$\phi_a = 1.25$）

-----变喷嘴环截面积（$\phi_a = 1.25$）

4.3.4　减小涡轮增压器转子的转动惯量

图 4-42 表示改变涡轮增压器转子的转动惯量对柴油机瞬态特性的影响。图 4-42 中示出了在转动惯量减小一半及增大一倍后对瞬态特性的影响，从图中可以看出，影响是很大的。图中所示的是突加负荷后的瞬态特性。当转动惯量减小一半后，瞬态速度降落较少，而且转速能较快地恢复。在这种情况下，发动机在最大喷油量，或者说在最小燃烧过量空气系数下工作的时间缩短，使发动机热负荷降低，而且使发动机排烟减少。

减小涡轮增压器转动惯量的具体措施有几种，最简单的是选用内支承式涡轮增压器，其转动惯量比外支承式要小。二级涡轮增压系统可以使瞬态特性得到改善，这是由于在二级增压系统加速或加负荷过

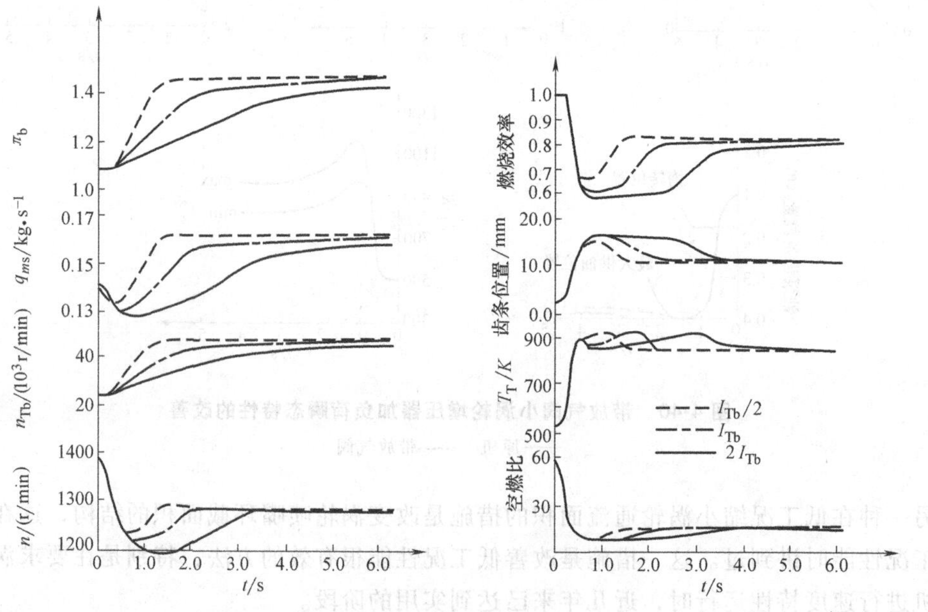

图 4-42　涡轮增压器转动惯量对瞬态特性的影响

程中，主要起作用的是高压级涡轮增压器，而高压级涡轮增压器可以比一级增压时的涡轮增压器小一些，转动惯量也小，因此对瞬态特性有利。采用陶瓷涡轮转子，可减小转动惯量，使瞬态特性改善，这是当前涡轮增压器的一个发展方向。

这里还必须提出，涡轮增压器转动惯量减小，可以使发动机在突加速或突加负荷时响应快，且不冒烟或减少冒烟，还可在突减负荷时避免使增压器喘振。图 4-43 所示为 Cummins TCE-400 四冲程柴油机在突加负荷与突减负荷时增压器转动惯量对瞬态响应特性的影响。图 4-43 右面的曲线为突加负荷时，用小转动惯量的涡轮增压器的转速上升快；图 4-43 左面部分是突减负荷时，用小转动惯量的涡轮增压器转速下降快，增压压力降低快，这样在发动机转速降低时，空气流量随之很快减少，可以更好地避开喘振。

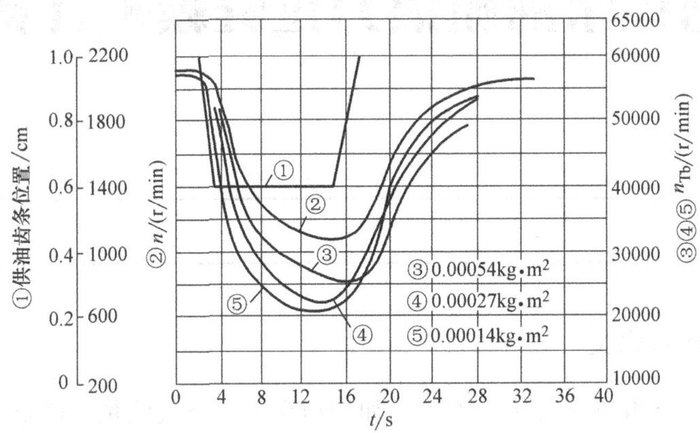

图 4-43　四冲程柴油机在突加负荷与突减负荷时增压器转动惯量对瞬态响应特性的影响

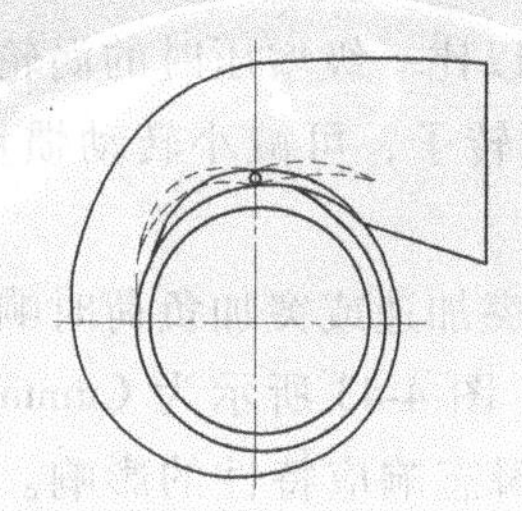

第 5 章 增压柴油机热力过程模拟计算

5.1 概述

5.1.1 模拟计算的意义

柴油机的性能指标取决于各工作参数，如增压压力、空气流量、燃烧过量空气系数、排气温度、爆发压力、油耗率、涡轮增压器的转速与效率等。这些参数是相互关联的，其中一个参数改变，其他参数也会相应变化。而这些参数又取决于柴油机的设计和结构参数，如柴油机缸径、行程、压缩比、转速、循环供油量、配气相位、燃烧过程的组织、进气和排气管的结构、涡轮增压器的结构等。往往结构参数的轻微变化会带来各工作参数的较大变化，从而使增压柴油机的性能指标发生较大的变化。

常规的热力计算是在对许多工作参数根据经验选定的基础上，对工作过程的几个特征点进行估计，然后求出柴油机的其他工作参数和性能指标。显然，这种方法的随意性较大，误差较大，已不能满足对增压柴油机越来越高的优化设计和控制的要求。但随着计算技术的发展，计算机的应用为我们提供了一个快速而准确的计算手段。增压柴油机热力过程模拟计算就是从柴油机气缸中及各系统的物理模型出发，用微分方程组对其工作过程进行模拟，然后联立求解，求得各工作参数随时间（或随曲轴转角）的变化规律，在此基础上算出综合参数及整机性能。在实际工程应用中，增压柴油机热力过程模拟计算主要有以下用途：

1）预测柴油机的性能指标。在柴油机制造之前，仅根据设计图样提供的结构参数，可以预测其性能指标。如不能满足设计要求则重新进行设计，可以缩短研制周期并提高研制的成功率。

2）对柴油机和涡轮增压器的结构进行优化。根据柴油机性能指标的设计要求，确定其主要部件的最优结构参数，如配气相位、进气和排气凸轮型线、气门的结构尺寸、压缩比、进气和排气管结构尺寸、涡轮增压器及中冷器的结构尺寸等，均可进行优化，并为柴油机选配合适的涡轮增压器。

3）为柴油机的可靠性校核计算提供依据。在柴油机的设计阶段，通过热力过程的模拟计算，求得缸内示功图、最高燃烧爆发压力、最高压力升高率等，可以作为动力计算和强度计算的依据；缸内温度变化规律、最高燃烧温度、排气温度等，可以作为热负荷计算的依据。

4）进行工作过程分析。可以对许多难以通过试验测取的参数进行分析，如滞燃期、燃烧持续期、燃烧放热率、泵气损失、排气管压力波等。

5.1.2 模拟计算方法

1. 热力系统的划分

在进行涡轮增压柴油机的热力过程计算时，先把涡轮增压柴油机的计算模型划分为几个独立的瞬时热力平衡的系统。系统内各部位的气体压力、温度和成分都是均匀的，即处于瞬时热力平衡状态；系统和系统之间通过热量与质量的传递相互联系。一般可划分为以下几个热力系统：

（1）气缸　一般假定柴油机气缸中每一瞬时气体的压力、温度和成分是均匀的，可以作为一个独立的系统，这对于四冲程柴油机能够满足计算精度要求。对于二冲程柴油机，强制扫气阶段若用“分层扫气”模型进行计算，此时应划分为两个热力系统，即扫气气流区域和废气区域，两系统压力平衡，但温度和成分不同。若用“完全混合”扫气模型进行计算，则与四冲程柴油机相同，仍为一个热力系统。本章主要介绍“完全混合”扫气模型。气缸虽作为一个热力系统，但在不同的工作阶段所采用的微分方程式不同，在计算中，按顺序分为以下几个过程分别进行计算：压缩过程、燃烧过程、膨胀过程、排气过程、扫气过程和进气过程。

（2）排气管　指从排气门到涡轮入口的排气道、排气歧管和总管。排气管的计算有两种方法，即容积法和一维不定常流动法。容积法忽略了排气管内压力波的传播，认为每一瞬时整个排气管系统内压力和温度均匀，排气管中是一个单纯的充填和排空过程，由缸内进气，由涡轮端排出，排气管内的压力波动是由于进气量和排气量的不相等造成的。一维不定常流动法则涉及排气管内压力波的传播，因此每一瞬时排气管内的压力和温度沿排气管长度方向是不均匀的，计算过程也复杂得多。本章主要介绍容积法。

（3）涡轮增压器　涡轮增压器包括涡轮和压气机两个部件，在每一循环中涡轮发出的功和压气机消耗的功平衡，流量平衡，转速相等且稳定。计算时，把涡轮作为一个做功元件，根据排气管内气体的压力、温度和涡轮的效率，计算每一微小时间间隔流过涡轮的排气量和涡轮所做的功，每循环时间间隔之和为涡轮的流量和实际做功。在压气机端，根据已知的压气机流量特性曲线和每循环的涡轮做功，可求得压气机出口气体的压力、温度、流量等参数。

（4）中冷器　假定压气机出口空气的压力、温度、流量的值就是中冷器入口的值，根据已知的中冷器的流通阻力系数和换热效率，当流通阻力系数和换热效率为未知时，可根据中冷器的结构参数，用第 3 章介绍的中冷器换热过程的计算方法（其中换热量的计算采用效能-传热单元数法），求得中冷器出口气体的压力和温度。

（5）进气管　一般假定进气管的容积足够大，其中压力和温度均匀且不随曲轴转角变化，即进气道内进气门处气体的压力和温度就是中冷器出口的值，无中冷时就是压气机出口的值。对于进气谐振系统，则应考虑进气管内的压力波动，按一维不定常流动进行计算。

2. 模拟计算的方法步骤

(1) 已知条件

1) 柴油机的各种结构参数。缸径、行程、气缸数、配气相位、气门尺寸、气门升程规律、压缩比、曲柄连杆比、排气管尺寸等。

2) 柴油机的工作参数。柴油机的转速、单缸循环供油量、供油提前角、环境状态等。

3) 涡轮增压器的有关参数。涡轮最高效率、涡轮增压器机械效率、压气机流量特性曲线、涡轮喷嘴环出口流通面积、涡轮叶轮出口流通面积等。

4) 中冷器有关参数。冷却效率、流通阻力损失系数或中冷器结构尺寸。

5) 靠经验选取的参数。进、排气门流量系数，缸壁温度，燃烧放热模型等。

(2) 计算步骤

1) 缸内压缩过程计算。暂时假定压缩初期缸内压力、温度、气体成分和质量，按每一微小时间间隔（一般取 1°~2°(CA)）计算压缩过程，直到喷油开始；然后求出滞燃期，进行滞燃期期间的压缩过程计算。

2) 燃烧过程计算。在每一微小时间间隔，利用燃烧放热模型进行计算。由于此时压力和温度变化较大，时间间隔应取得更小一些（一般取 0.5°~1°(CA)）。

3) 膨胀过程计算。在每一微小时间间隔，从燃烧终点至排气开始计算缸内的膨胀过程。

4) 排气过程计算。暂时假定排气初期排气管内气体的压力、温度、成分和质量，在每一微小时间间隔同时进行三个方面的计算：缸内过程、排气管状态和涡轮做功。

5) 扫气过程计算。暂时假定进气管内的压力和温度，并保持为常数。按每一微小时间间隔进行四个方面的计算：进气、缸内、排气和涡轮做功。由于此时气缸余隙容积较小，且缸内气体的成分变化较大，为了计算稳定，间隔应取得更小一些（一般取 0.25°~0.5°(CA)）。

6) 进气过程计算。进行进气计算和缸内计算，直到进气门关，回到压缩始点。

7) 压缩始点缸内参数校核。用第 6)步算出的压缩始点状态与第 1)步的暂时假定值比较（一般只比较压力），如不一致，以第 6)步算出的压力、温度、成分和质量代入第 1)步重新进行计算，直到结果一致。在迭代过程中，对于排气始点暂时假定的排气管内状态，以前一次算出的计算结果代入，即认为排气管内始点状态为同一歧管前一发火缸造成的排气管内状态随曲柄转角的变化规律在本次排气始点之值，可仅作迭代，不作校核。

8) 涡轮增压器的计算。累加每循环全部气缸的涡轮做功，计算压气机出口的压力和温度。

9) 中冷器计算。计算中冷器出口亦即进气管内的压力和温度。

10) 进气管内压力的校核。用计算得到的进气管压力与第 5)步暂时假定值进行比较，如不一致，代入新算得的压力和温度值，从第 1)步开始重新进行迭代计算。温度可仅作迭代，不作校核。

可见，在计算过程中有两层迭代循环，内层循环是 1)~7)步，外层循环是 1)~10)步，每次外层循环要进行多次内层循环。

3. 计算结果

通过上述热力过程模拟计算，最后可得到以下计算结果：

1) 缸内压力、温度随曲轴转角的关系，即缸内 p-φ 图和 T-φ 图。

2）排气管内压力、温度随曲轴转角的关系。

3）燃烧放热率、累积燃烧放热率、缸内压力升高率。

4）增压压力、空气流量、涡轮增压器转速、压气机效率等涡轮增压器的工作参数。

5）柴油机的综合性能参数，如功率、油耗率、转矩、热效率、机械效率、充量系数、过量空气系数、扫气系数、残余排气系数、排气压力和温度等。

5.2　工质成分、比热容、等熵指数、相对分子质量及气体常数

在工作过程计算中，都要涉及混合气体平均摩尔定容热容 μc_{Vm}、等熵指数 κ、相对分子量 M_r及气体常数 R，而这些参数又与混合气体的组成成分有关。通常的方法是把混合气体分成两部分来计算：一部分是纯燃烧产物，即燃烧过量空气系数 $\phi_a=1$ 时完全燃烧后的燃烧产物，对于一般柴油机燃料，其成分按 $w_C=0.87$，$w_H=0.126$，$w_O=0.004$ 计算，则纯燃烧产物的相对分子质量 $M_{re}=29.133$；另一部分是纯空气，相对分子质量 $M_{ra}=28.96$。为表示含有两种气体成分的组成，通常有两种方法：

一种是用瞬时排气系数 ϕ_{rz}这一物理量来表示气体成分。ϕ_{rz}定义为某一瞬时气缸内气体中纯燃烧产物的质量与其中纯空气的质量之比。

$$\phi_{rz}=\frac{m_z-m_N}{m_N}$$

式中，m_z为该瞬时气缸内气体的总质量；m_N为该瞬时气缸内纯空气的质量。

另一种表示气体成分组成的方法，是用广义的过量空气系数 ϕ_{az}来表示。ϕ_{az}的定义是：某一瞬时气缸内存在的空气量（相当于燃烧以前的）与气缸内气体所含有的燃烧产物所相当的燃油量理论上燃烧所需空气量的比值，即

$$\phi_{az}=\frac{m_z-g_f x_k}{l_0 g_f x_k} \tag{5-1}$$

$$\frac{d\phi_{az}}{d\varphi}=\frac{1}{l_0 g_f x_k}\frac{dm_z}{d\varphi}-\frac{m_z}{l_0 g_f x_k^2}\frac{dx_k}{d\varphi} \tag{5-2}$$

式中，g_f为单缸循环供油量（kg）；l_0为化学计量比，即 1kg 燃油理论上完全燃烧所需的空气量，$l_0=14.3$kg/kg；x_k为某瞬时气缸内已燃的燃油量占循环供油量 g_f的份数。

在燃烧过程中

$$\frac{dx_k}{d\varphi}=\frac{dx}{d\varphi} \tag{5-3}$$

在排气过程中

$$\frac{dx_k}{d\varphi}=-\frac{x_k}{m_z}\frac{dm_e}{d\varphi} \tag{5-4}$$

式中，x 为燃烧到某一瞬时已燃烧掉的循环喷油量的份数；m_e为从排气门排出的排气量。

以下介绍采用后一种表示混合气体组成成分的方法对混合气体进行计算。

计算混合气体的摩尔定容热容，主要是为了计算混合气体的内能 U[kJ/(kg·mol)]。而内能的大小与压力 p、温度 T 及气体成分 ϕ_{az}有关，且其关系比较复杂。有时为了计算精

确，在计算中直接输入 $U=f(p, T, \phi_{az})$ 表中的数据，计算时由内插法求得。这种方法比较繁复，由于 U 与 p 的关系较小，略去 p 的影响，带来的误差不大，取 $U=f(T, \phi_{az})$，据计算分析，在温度从 0~2000℃范围内最大误差在 0.3%以内。这里推荐根据 Justi（尤斯蒂）比热容数据，将内能整理成与温度 T 和广义过量空气系数 ϕ_{az} 有关的解析式，即

$$
\begin{aligned}
U=-&\left(0.00975+\frac{0.0485}{\phi_{az}^{0.75}}\right)(T-273)^3\times4.187\times10^{-6}+\\
&\left(7.768+\frac{3.36}{\phi_{az}^{0.8}}\right)(T-273)^2\times4.187\times10^{-4}+\\
&\left(489.6+\frac{46.4}{\phi_{az}^{0.98}}\right)(T-273)\times4.187\times10^{-2}+5680.92
\end{aligned}
\tag{5-5}
$$

从式(5-5)可求得平均摩尔定容热容 $\mu c_{V\mathrm{m}}$

$$\mu c_{V\mathrm{m}}=\frac{U}{T} \tag{5-6}$$

瞬时摩尔定容热容 μc_V

$$\mu c_V=\left(\frac{\partial U}{\partial T}\right)_{\phi_{az}} \tag{5-7}$$

等熵指数 κ

$$\kappa=1+\frac{1.986}{\mu c_V} \tag{5-8}$$

相对分子质量 M_r 和气体常数 R 可用以燃烧 A 型重柴油（$w_H/w_C=0.1577$）为例，由 Keenan & Kaye 气体表，用最小二乘法求出的分别与 ϕ_{az} 有关的关系式来计算：

$$M_r=28.9705+0.0403/\phi_{az} \tag{5-9}$$

$$R=29.2647-0.0402/\phi_{az} \tag{5-10}$$

若 w_H/w_C 在 0.15~0.16 范围内，则 R 值的计算误差在 0.1%以内，一般柴油的 w_H/w_C 与此范围接近，故采用式（5-9）和式（5-10）计算 M_r 和 R 不致带来太大误差。

5.3 缸内热力过程计算

缸内热力过程分为压缩、燃烧、膨胀、排气、扫气、进气几个阶段。为了计算方便，通常假定缸内工质在任一瞬时都是混合均匀的，即缸内各处的工质成分、压力和温度都是相同的。可用三个基本参量（m, p, T）表示缸内气体的状态，并用能量守恒方程、质量守恒方程和状态方程这三个基本方程联立求解上述三个基本参量：

$$
\begin{cases}
\dfrac{\mathrm{d}(m_z U_z)}{\mathrm{d}\varphi}=\dfrac{\mathrm{d}Q_f}{\mathrm{d}\varphi}+\dfrac{\mathrm{d}m_d}{\mathrm{d}\varphi}h_d-\dfrac{\mathrm{d}m_e}{\mathrm{d}\varphi}h_e-\dfrac{\mathrm{d}Q_w}{\mathrm{d}\varphi}-p_z\dfrac{\mathrm{d}V_z}{\mathrm{d}\varphi} & (5\text{-}11)\\
\dfrac{\mathrm{d}m_z}{\mathrm{d}\varphi}=\dfrac{\mathrm{d}m_d}{\mathrm{d}\varphi}-\dfrac{\mathrm{d}m_e}{\mathrm{d}\varphi}+g_f\dfrac{\mathrm{d}x}{\mathrm{d}\varphi} & (5\text{-}12)\\
p_z V_z=m_z R_z T_z & (5\text{-}13)
\end{cases}
$$

式中，h_d 和 h_e 分别为从进气门和排气门流过气体的比焓；Q_f 为燃料燃烧的热量；Q_w 为冷却

介质带走的热量；V_z 为此瞬时的气缸容积；m_d为进气门流入质量；m_e为排气门排出质量。

式中的物理含义是很清楚的，能量守恒方程式（5-11）等号左边是每一微小曲柄转角间隔缸内工质内能变化量，它是由该间隔内喷入燃油的燃烧热量（等号右边第一项）、进入气缸的新鲜空气带入的热量（等号右边第二项）、排气排出气缸带走的热量（等号右边第三项）、工质向气缸盖、缸套和活塞散出的热量（等号右边第四项）以及传给活塞的机械功所相当的热量（等号右边第五项）所组成；质量守恒方程式（5-12）表示每一微小曲柄转角间隔缸内工质的变化量（等号左边），是由该间隔内进入气缸的新鲜空气量（等号右边第一项）、排出气缸的排气量（等号右边第二项）和燃烧的燃料量（等号右边第三项）所组成。

联立求解式（5-11）~式（5-13）有两种算法顺序：一种是先算出缸内的压力增量及下一步长的缸内压力，再由状态方程式算出缸内温度；另一种则先算出缸内温度的增量及下一步长的温度，再由状态方程式算出缸内压力。后一种算法由于计算式较简单，因此常被推广应用。把能量守恒方程左边部分展开得

$$\frac{\mathrm{d}(m_z U_z)}{\mathrm{d}\varphi}=U_z\frac{\mathrm{d}m_z}{\mathrm{d}\varphi}+m_z\frac{\partial U_z}{\partial T_z}\frac{\mathrm{d}T_z}{\mathrm{d}\varphi}+m_z\frac{\partial U_z}{\partial \phi_{az}}\frac{\mathrm{d}\phi_{az}}{\mathrm{d}\varphi}$$

代入能量方程，略去 ϕ_{az}对 U_z（或$\mu c_{V\mathrm{z}}$）的影响，并考虑到$\frac{U_z}{T_z}=\mu c_{V\mathrm{z}}$及$\frac{\partial U_z}{\partial T_z}=\mu c_{V\mathrm{z}}$，则得到

$$\frac{\mathrm{d}T_e}{\mathrm{d}\varphi}=\left(\frac{\mathrm{d}Q_f}{\mathrm{d}\varphi}+\frac{\mathrm{d}m_d}{\mathrm{d}\varphi}h_d-\frac{\mathrm{d}m_e}{\mathrm{d}\varphi}h_e-\frac{\mathrm{d}Q_w}{\mathrm{d}\varphi}-p_z\frac{\mathrm{d}V_z}{\mathrm{d}\varphi}-c_{V\mathrm{mz}}T_z\frac{\mathrm{d}m_z}{\mathrm{d}\varphi}\right)\frac{1}{m_z c_{V\mathrm{z}}} \tag{5-14}$$

通常用式（5-14）表示的能量守恒方程和方程式（5-12）及方程式（5-13）联立，用第二种算法顺序进行求解。在具体求解时，尚需对方程组中的$\frac{\mathrm{d}V_z}{\mathrm{d}\varphi}$、$\frac{\mathrm{d}m_d}{\mathrm{d}\varphi}$、$\frac{\mathrm{d}m_e}{\mathrm{d}\varphi}$、$\frac{\mathrm{d}Q_f}{\mathrm{d}\varphi}$、$\frac{\mathrm{d}x}{\mathrm{d}\varphi}$及$\frac{\mathrm{d}Q_w}{\mathrm{d}\varphi}$各项分别建立计算模型，下面将逐项进行讨论。在缸内不同的工作阶段，上述各项中可能会有一项或多项为零，这将使方程和计算有所简化。

压缩始点至燃烧始点，即压缩过程

$$\frac{\mathrm{d}Q_f}{\mathrm{d}\varphi},\frac{\mathrm{d}m_d}{\mathrm{d}\varphi},\frac{\mathrm{d}m_e}{\mathrm{d}\varphi},\frac{\mathrm{d}m_z}{\mathrm{d}\varphi},\frac{\mathrm{d}\phi_{az}}{\mathrm{d}\varphi},\frac{\mathrm{d}x_k}{\mathrm{d}\varphi}=0$$

燃烧始点至燃烧终点，即燃烧过程

$$\frac{\mathrm{d}m_d}{\mathrm{d}\varphi},\frac{\mathrm{d}m_e}{\mathrm{d}\varphi}=0$$

燃烧终点至排气门开，即膨胀过程

$$\frac{\mathrm{d}Q_f}{\mathrm{d}\varphi},\frac{\mathrm{d}m_d}{\mathrm{d}\varphi},\frac{\mathrm{d}m_e}{\mathrm{d}\varphi},\frac{\mathrm{d}m_z}{\mathrm{d}\varphi},\frac{\mathrm{d}\phi_{az}}{\mathrm{d}\varphi},\frac{\mathrm{d}x_k}{\mathrm{d}\varphi}=0$$

排气门开至进气门开，即纯排气过程

$$\frac{\mathrm{d}Q_f}{\mathrm{d}\varphi},\frac{\mathrm{d}m_d}{\mathrm{d}\varphi},\frac{\mathrm{d}\phi_{az}}{\mathrm{d}\varphi},\frac{\mathrm{d}x_k}{\mathrm{d}\varphi}=0$$

进气门开至排气门关，即扫气过程

$$\frac{\mathrm{d}Q_f}{\mathrm{d}\varphi}=0$$

排气门关至进气门关，即纯进气过程

$$\frac{dQ_f}{d\varphi}, \frac{dm_e}{d\varphi}=0$$

5.3.1 气缸工作容积

在柴油机的缸径 D、行程 S、曲柄连杆比 λ 和压缩比 ε 决定以后，气缸容积的变化规律就是活塞行程的变化规律

$$V_z=\frac{\pi D^2}{4}\left\{\frac{S}{\varepsilon-1}+\frac{S}{2}\left[\left(1+\frac{1}{\lambda}\right)-\left(\cos\left(\frac{\pi}{180}\varphi\right)+\frac{1}{\lambda}\sqrt{1-\lambda^2\sin^2\left(\frac{\pi}{180}\varphi\right)}\right)\right]\right\} \tag{5-15}$$

式中，φ 为曲轴转角，从曲柄在上止点时 $\varphi=0°$(CA) 算起。

气缸容积变化率：

$$\frac{dV_z}{d\varphi}=\frac{\pi^2D^2S}{8\times180}\left[\sin\left(\frac{\pi}{180}\varphi\right)+\frac{\lambda}{2}\frac{\sin\left(\frac{\pi}{180}2\varphi\right)}{\sqrt{1-\lambda^2\sin^2\left(\frac{\pi}{180}\varphi\right)}}\right] \tag{5-16}$$

5.3.2 燃油燃烧放热规律

根据燃烧放热率的定义

$$\frac{dQ_f}{d\varphi}=Hug_f\frac{dx}{d\varphi} \tag{5-17}$$

式中，g_f为单缸循环供油量；x 为在某一曲轴转角时，已烧掉的燃油质量与 g_f之比，即累积燃烧放热率；$\frac{dx}{d\varphi}$为瞬时燃烧速率；Hu 为所用燃料的低热值，对于柴油，$Hu=41868\text{kJ/kg}$。

x 和$\frac{dx}{d\varphi}$表示燃油的燃烧规律，$x=f(\varphi)$及$\frac{dx}{d\varphi}=f(\varphi)$的曲线形态与柴油机的转速、结构参数（$\varepsilon$、$D$、$S$ 及 λ 等）、喷油规律、喷射压力、燃烧室形式、空气扰动、压缩终点气体的压力和温度以及过量空气系数等有关，关系比较复杂。在有单缸试验机的情况下，可用试验得到的示功图进行放热规律分析计算，求出放热规律的实际关系曲线，直接输入计算机进行计算，但通常无此条件，只能通过建立数学模型进行模拟。近年来，对此曾进行过不少研究，试图直接从喷油规律算出燃烧规律，即所谓“多维燃烧模型”，虽取得了一些成果，但离定量分析尚有一定距离。因此，在目前进行工作过程和配合模拟计算时，一般还是采用一些半经验公式并选取适当的经验系数的方法，主要有以下几种：

1. 用单 Vibe（韦博）曲线模拟

该方法适用于平均有效压力不很高、转速不高的中、低速柴油机。其计算公式为

$$x=1-e^{-6.908\left(\frac{\varphi-\theta_z}{\varphi_z}\right)^{m+1}} \tag{5-18}$$

$$\frac{dx}{d\varphi}=6.908\frac{m+1}{\varphi_z}\left(\frac{\varphi-\theta_z}{\varphi_z}\right)^m e^{-6.908\left(\frac{\varphi-\theta_z}{\varphi_z}\right)^{m+1}} \tag{5-19}$$

式中，m 为燃烧品质指数；θ_z为燃烧始角；φ_z为燃烧持续角。

m 为燃烧品质指数，是表征放热率分布的一个参数，如图 5-1 所示。燃烧越柔和，压力升高比越小，则 m 越大；柴油机转速越低，m 越大，平均有效压力越高，一般 m 越大；对于中、低速柴油机，在标定工况下，m 一般在 0.5~1.0 之间选取。θ_z 为燃烧始角，各种机型不一样，一般中速机比低速机提早些，当其他参数不变时，θ_z 越早，最高爆发压力越高；θ_z 值应与净值同时算起，一般 φ 从进气上止点为 0°(CA) 算起，当燃烧始点在上止点前 5°(CA) 时，θ_z 应为 355°(CA)。φ_z 为燃烧持续角，一般分隔式燃烧室柴油机与直喷式柴油机相比，φ_z 较长，燃烧组织得不好时，则 φ_z 长，在标定工况、正常燃烧的情况下，φ_z 一般在 55°~80°(CA) 之间。

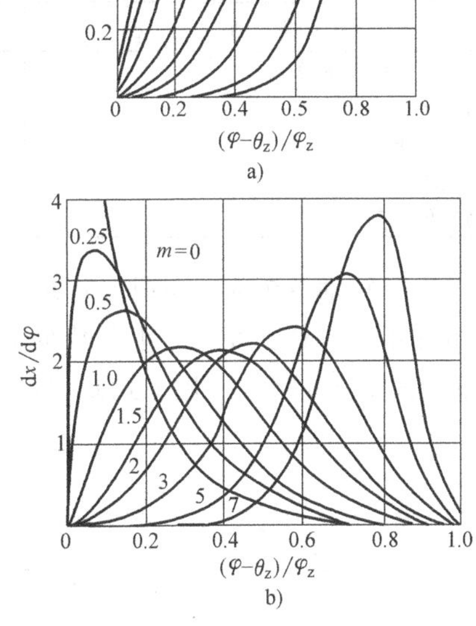

图 5-1　m 对燃烧百分比和燃烧速率的影响

在非标定工况时，燃烧持续角 φ_z 和燃烧品质指数 m 可用下式予以修正：

$$\varphi_z = \varphi_{z0}\left(\frac{\phi_{a0}}{\phi_a}\right)^{0.6}\left(\frac{n}{n_0}\right)^{0.5} \tag{5-20}$$

$$m = m_0\left(\frac{\varphi_{i0}}{\varphi_i}\right)^{0.5}\left(\frac{n_0}{n}\right)^{0.8}\frac{p_a}{p_{a0}}\frac{T_{a0}}{T_a} \tag{5-21}$$

式中，ϕ_a 为燃烧过量空气系数；n 为柴油机转速；φ_i 为用曲轴转角表示的滞燃期；p_a、T_a 分别为压缩始点的压力和温度；有、无下标 0 分别代表标定工况和计算工况的参数。

2. 用双 Vibe 曲线模拟

用两条 Vibe 曲线叠加来模拟放热规律，如图 5-2 所示。

两条 Vibe 曲线的始点和形状不同，分别代表预混合燃烧部分和扩散燃烧部分，曲线下所围的面积代表各部分燃烧的燃料量占总燃料量的比例。这种方法可用于各种类型的柴油机。其计算公式为

$$x = x_1 + x_2 \tag{5-22}$$

$$\frac{dx}{d\varphi} = \frac{dx_1}{d\varphi} + \frac{dx_2}{d\varphi} \tag{5-23}$$

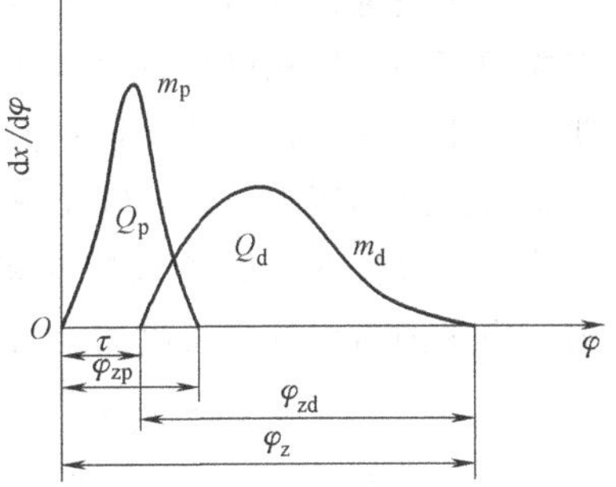

图 5-2　双 Vibe 曲线叠加模拟放热规律

其中

$$x_1 = \left[1 - e^{-6.908\left(\frac{1}{\varphi_{zp}}\right)^{m_p+1}(\varphi-\theta_z)^{m_p+1}}\right](1 - Q_d) \tag{5-24}$$

$$x_2 = \left[1 - e^{-6.908\left(\frac{1}{\varphi_{zd}}\right)^{m_d+1}(\varphi-\varphi_z-\tau)^{m_d+1}}\right]Q_d \tag{5-25}$$

$$\frac{dx_1}{d\varphi} = \left[6.908(m_p+1)\left(\frac{1}{\varphi_{zp}}\right)^{m_p+1}(\varphi-\theta_z)^{m_p}\times e^{-6.908\left(\frac{1}{\varphi_{zp}}\right)^{m_p+1}(\varphi-\theta_z)^{m_p+1}}\right](1-Q_d) \tag{5-26}$$

$$\frac{dx_2}{d\varphi} = \left[6.908(m_d+1)\left(\frac{1}{\varphi_{zd}}\right)^{m_d+1}(\varphi-\theta_z-\tau)^{m_d}\times e^{-6.908\left(\frac{1}{\varphi_{zd}}\right)^{m_d+1}(\varphi-\theta_z-\tau)^{m_d+1}}\right]Q_d \tag{5-27}$$

式中，m_p、m_d分别为预混合燃烧和扩散燃烧的品质指数，通常取$m_p=2$，$m_d=0.8$；θ_z为燃烧始角；τ为扩散燃烧的滞后角；φ_{zp}、φ_{zd}分别为预混合燃烧和扩散燃烧的持续角，通常取$\varphi_{zp}=2\tau$；Q_d为扩散燃烧的燃料量占总燃料量的比例。

表 5-1 列出了推荐 Q_d、φ_{zp}和 φ_{zd}标定工况的取值范围。

表 5-1　推荐 Q_d、φ_{zp}和φ_{zd}标定工况的取值范围

类　别	Q_d	φ_{zp}	φ_{zd}
高速开式燃烧室增压	0.6~0.8	14~18	65~80
高速半开式燃烧室	0.6~0.8	16~20	65~80
中速增压	0.7~0.8	12~14	60~75
低速增压	0.3~0.4	30~40	50~70
高速预燃室	0.7~0.8	14~18	80~95

在计算部分负荷工况时，可取τ、φ_{zp}、m_p、m_d与标定工况相同，此时预混合燃烧的热量也几乎没有什么变化，主要减少了扩散燃烧的热量。扩散燃烧的热量 Q_d（$Q_d=1-Q_p$）和扩散燃烧的持续角 φ_{zd}用下式修正：

$$Q_p=Q_{p0}\frac{g_{f0}}{g_f}\left(\frac{\Delta\varphi_{FB0}}{\Delta\varphi_{FB}}\right)^{0.4} \tag{5-28}$$

$$\varphi_{zd}=\varphi_{zd0}\left(\frac{\phi_{a0}}{\phi_a}\right)^{0.6}\left(\frac{n}{n_0}\right)^{0.5} \tag{5-29}$$

式中，$\Delta\varphi_{FB}$为着火时距离上止点的曲柄转角；有、无下标 0 分别代表标定工况和计算工况的参数。

3. 用三段斜线模拟

对于中、低速平均有效压力较高的大缸径柴油机，其实际的燃烧放热规律近于等腰三角形，若用单、双 Vibe 曲线模拟，在许多情况下不能满足计算的精度要求。因此，提出了一种用三段斜线构成的型线来进行模拟的方法，更加接近实际放热规律，较好地解决了这一问题。即由两段斜线构成一等腰三角形，在燃烧后期拐为一斜率较缓的斜线，如图 5-3 所示。

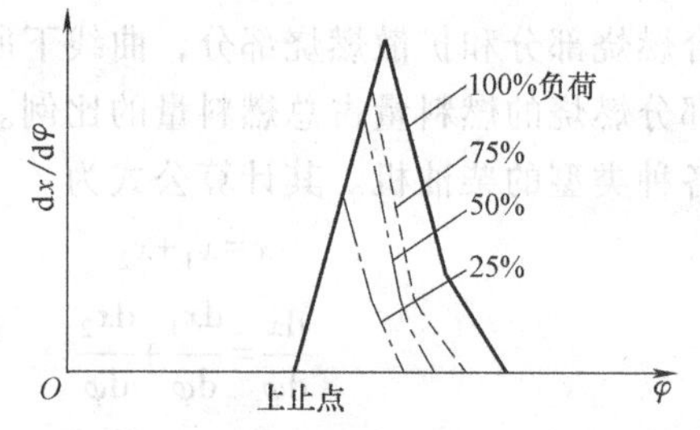

图 5-3　用三段斜线模拟放热规律

在增压柴油机热力过程模拟计算中，燃烧始点的确定亦即压缩阶段和燃烧阶段的界定，是通过计算滞燃期 τ_i来求取的。计算滞燃期有几种方法，一种是以喷油始角的缸内压力 p 与温度 T 来计算，在这种情况下，建议用根据 6 台直喷式柴油机上 60 多个 τ_i实测数据，用多因素优选法得出的上海交大 230 公式

$$\tau_i=0.1+2.627e^{\frac{1967}{T}}p^{-0.87} \tag{5-30}$$

式中，τ_i为滞燃期（ms）；T 为缸内气体温度（K）；p 为缸内压力（kPa）。

另一种计算方法是考虑到在滞燃期中缸内瞬时压力和温度对滞燃期的影响，从喷油开始，依次地取一极小的时间步长 dφ 内的缸内平均气体状态算出该瞬时的滞燃期，当缸内开始着火时，必然满足下列方程：

$$\int_0^{\tau_i}\frac{dt}{\tau_{i\varphi}(p,T)}=1 \tag{5-31}$$

式中，$\tau_{i\varphi}$为某一瞬时的滞燃期，此时的$\tau_{i\varphi}$应取用稳态下的滞燃期经验公式，可用 Wolfer 在燃烧弹中得到的滞燃期公式

$$\tau_{i\varphi}=0.44e^{\frac{4650}{T}}p^{-1.19} \tag{5-32}$$

式中，$\tau_{i\varphi}$为实际的滞燃期（ms）；T为瞬时温度（K）；p为瞬时压力（kPa）。

若用曲轴转角表示，则为

$$\int_{\varphi_{ib}}^{\varphi_{cb}}\frac{d\varphi}{d\varphi_i}=1 \tag{5-33}$$

式中，φ_i为以曲轴转角表示的滞燃期；φ_{ib}为喷油开始时的曲轴转角；φ_{cb}为着火开始时的曲轴转角。

在实际计算时，用差分代替微分。为了提高计算精度及确定φ_i的精度，一般在滞燃期内的计算步长可取$\Delta\varphi=0.1°(CA)$。将微分式改写为差分式

$$\sum_{\varphi_{ib}}^{\varphi_{cb}}\frac{\Delta\varphi}{\varphi_i}=1 \tag{5-34}$$

从喷油开始逐个步长叠加到满足式（5-34）时，即为燃烧开始，滞燃期也就确定了。

一般在喷油提前角较小时，由于滞燃期较短，用前一种方法计算较为方便。但在喷油提前角较大，而且滞燃期较长时，用后一种计算方法较精确。

4. 用 Vibe 双区（Vibe Two Zone）曲线模拟

Vibe 曲线假设缸内充量的组分均匀分布、热物性参数相同，而 Vibe 双区曲线中已燃区和未燃区充量的温度压强等参数由热力学第一定律确定，计算公式为

$$\frac{dm_b u_b}{d\alpha}=-p_c\frac{dV_b}{d\alpha}+\frac{dQ_F}{d\alpha}-\sum\frac{dQ_{wb}}{d\alpha}+h_u\frac{dm_b}{d\alpha}-h_{BB,b}\frac{dm_{BB,b}}{d\alpha} \tag{5-35}$$

$$\frac{dm_u u_u}{d\alpha}=-p_c\frac{dV_u}{d\alpha}+\frac{dQ_F}{d\alpha}-\sum\frac{dQ_{wb}}{d\alpha}-h_u\frac{dm_B}{d\alpha}-h_{BB,u}\frac{dm_{BB,u}}{d\alpha} \tag{5-36}$$

式中，下标 b 表示已燃区；下标 u 表示未燃区；$h_u\frac{dm_B}{d\alpha}$表示新鲜充量向燃烧产物转化而产生的、由未燃区向已燃区的焓流，两区域间的热流忽略不计。两区域的总体积和总体积变化必须与气缸容积以及体积变化相同，即满足下式

$$\frac{dV_b}{d\alpha}+\frac{dV_u}{d\alpha}=\frac{dV}{d\alpha} \tag{5-37}$$

$$V_b+V_u=V \tag{5-38}$$

5. 用 MCC（Mixing Controlled Combustion）准维模型模拟

MCC 准维模型将缸内燃烧过程抽象为喷雾、燃烧、传热等子过程，并分别建立模型，通过对各个子过程的约束和计算来描述完整的燃烧过程。MCC 准维模型用于预测直喷压燃式发动机的燃烧特点，该模型考虑了预混燃烧与扩散燃烧的燃料占比，燃料喷射引起的缸内充量动能增加、滞燃期以及燃料的受热及蒸发的影响。预混燃烧与扩散燃烧的燃料质量占比满足以下公式：

$$\frac{dQ_{total}}{d\alpha}=\frac{dQ_{MCC}}{d\alpha}+\frac{dQ_{PMC}}{d\alpha} \tag{5-39}$$

在该模型中，缸内的放热过程函数由可利用的燃料质量和湍动能密度决定，见下式：

$$\frac{dQ_{MCC}}{d\alpha}=C_{Comb}f_1(m_f,Q_{MCC})f_2(k,V) \tag{5-40}$$

式中

$$f_1(m_f,Q_{MCC})=\left(m_F-\frac{Q_{MCC}}{LCV}\right)\cdot(w_{O_2})^{C_{EGR}} \tag{5-41}$$

$$f_2(k,V)=C_{Rate}\frac{\sqrt{k}}{\sqrt[3]{V}} \tag{5-42}$$

式中，Q_{MCC}为扩散燃烧过程累计放热量（kJ）；C_{Comb}为燃烧系数［kJ·(kg·°)$^{-1}$］；C_{Rate}为混合速率常数（s）；k为缸内湍动能密度（m^2/s^2）；m_F为实际喷射的燃料质量（kg）；LCV为燃料低热值（kJ/kg）；w_{O_2}为考虑EGR效果情况下，开始喷射时缸内氧气的质量分数；C_{EGR}为EGR影响系数。

与燃料喷射相比，缸内余隙容积和涡流对缸内充量动能的改变较小，因此只考虑燃料喷射的影响，缸内充量的动能改变由喷油规律决定，见下式：

$$\frac{dE_{kin}}{dt}=0.5C_{turb}m_Fv_F^2-C_{Diss}E_{kin}^{1.5} \tag{5-43}$$

$$k=\frac{E_{kin}}{m_{F,I}(1+\lambda_{Diff}m_{stoich})} \tag{5-44}$$

式中，E_{kin}为喷射动能（J）；C_{turb}为湍动能生成系数；C_{Diss}为扩散系数（$J^{0.5}/s$）；$m_{F,I}$为实际喷射的燃料质量（kg）；v_F为喷射速度（m/s），$v_F=\frac{m_F}{\rho_F\mu A}$，$\mu A$为有效喷孔面积（$m^2$）；$\rho_F$为燃料密度（$kg/m^3$）；$m_{stoich}$为新鲜充量的化学计量质量（kg/kg）；$\lambda_{Diff}$为扩散燃烧部分的过量空气系数。

MCC模型中着火滞燃期可由Andree和Pachernegg的计算模型确定，满足下式：

$$\frac{dI_{id}}{d\alpha}=\frac{T_{UB}-T_{ref}}{f_{id}Q_{ref}} \tag{5-45}$$

式中，I_{id}为滞燃期的积分结果，当积分结果为1时，滞燃期τ_{id}（s）可由$\tau_{id}=\alpha_{id}-\alpha_{SOI}$计算得出；$T_{ref}=505.0K$，为参考温度；$T_{UB}$为未燃区温度（K）；$Q_{ref}$为参考反应活化能（K），是燃油液滴直径、氧浓度等的函数；α_{SOI}为喷射时刻（°）CA；α_{id}为燃烧开始时刻（°）CA；f_{id}为滞燃系数。

预混燃烧的实际放热规律由Vibe函数描述，满足下式：

$$\frac{d\left(\frac{dQ_{PMC}}{Q_{PMC}}\right)}{d\alpha}=\frac{a}{\Delta\alpha_c}(m+1)y^m e^{-ay^{(m+1)}} \tag{5-46}$$

$$y=\frac{\alpha-\alpha_{id}}{\Delta\alpha_c} \tag{5-47}$$

式中，$Q_{PMC}=m_{fuel,id}C_{PMC}$，为预混燃烧总放热量；$m_{fuel,id}$为滞燃期内的燃料喷射量；$C_{PMC}$为预混燃烧参数；$\Delta\alpha_c=\tau_{id}C_{PMC\text{-}Dur}$为预混燃烧持续期；$m=2.0$，为燃烧品质系数；$\alpha=6.9$，为

Vibe 系数。

液滴受热蒸发在平衡状态的温度可由 Sitkei 的公式计算，公式如下：

$$\lambda_c(T_c-T_d)=\frac{30.93\times10^4\frac{T_d}{p_c}}{e^{\left(\frac{4150.0}{T_d}\right)}}[20.0+0.26(T_d-273.15)+0.3(T_c-273.15)] \tag{5-48}$$

此时的液滴蒸发速度满足下式：

$$v_e=0.70353\frac{T_d}{p_c e^{\left(\frac{4159.0}{T_d}\right)}} \tag{5-49}$$

式中的 0.70353 可根据实际情况调整。

根据式（5-49）可得液滴直径随时间变化的规律，并可得到对应时刻液滴质量的变化规律。液滴直径满足

$$d_d=\sqrt{d_{d,0}^2-v_e t} \tag{5-50}$$

式中，λ_c 为气缸的导热系数（W/ms）；T_c 为缸内温度（K）；T_d 为平衡状态下液滴蒸发的热力学温度（K）；p_c 为缸内压强（Pa）；v_e 为蒸发速度（m^2/s）；d_d 为液滴实际直径（m）；$d_{d,0}$为液滴初始直径（m）。

6. 用 WOSCHNI/ANISITS 模型模拟瞬态工况

对于瞬态工况，可以通过 WOSCHNI 和 ANISITS 模型，将某一工况点作为参考点，以此工况点的 Vibe 函数和特征参数估计瞬态工况的放热规律。在此模型下，Vibe 函数的改变满足下式：

$$\Delta\alpha_c=\Delta\alpha_{c,ref}\left(\frac{AF_{ref}}{AF}\right)^{0.6}\left(\frac{n}{n_{ref}}\right)^{0.5} \tag{5-51}$$

$$m=m_{ref}\left(\frac{id_{ref}}{id}\right)^{0.6}\left(\frac{p_{IVC}}{p_{IVC,ref}}\right)\left(\frac{T_{IVC,ref}}{T_{IVC}}\right)\left(\frac{n}{n_{ref}}\right)^{0.3} \tag{5-52}$$

式中，$\Delta\alpha_c$ 为燃烧持续期；AF 为空燃比；n 为发动机转速；id 为滞燃期；T_{IVC}、p_{IVC}为进气门关闭时刻的缸内温度、压力；下标 ref 表示参考工况点的参数。

5.3.3 气缸周壁的热传导

柴油机气缸周壁，包括气缸盖燃烧室表面、活塞顶及气缸套表面，都通过冷却介质（水或油）进行冷却，缸内气体和冷却介质之间不断地进行热量的传递。气体对气缸周壁散热率的一般表达式为

$$\frac{dQ_w}{d\varphi}=K_w\left[F_1(T_z-T_w)+\frac{\pi}{4}D^2(2T_z-T_{w1}-T_{w2})\right]\frac{1}{6n} \tag{5-53}$$

式中，K_w 为传热系数；F_1为与缸内气体接触的缸套周壁表面积，$F_1=4V_z/D$；T_w 为气缸套内壁平均温度；T_{w_1}为气缸盖内表面平均温度；T_{w_2}为活塞顶内表面平均温度；T_z为缸内气体瞬时温度。

式（5-53）的值为正时，表示气体向缸壁散热；值为负时，表示缸壁对气体加热。计算时，除合理选择 T_w、T_{w_1}、T_{w_2}外，还要确定 K_w。而对 K_w 的影响因素很多，主要是该瞬时的

缸内气体压力 p_z 与温度 T_z，以及缸内气体扰动速度（一般用活塞平均速度 V_m 代表）。近几十年，不少学者结合不同类型大小的柴油机，在理论与试验相结合的基础上，提出了近20种计算传热系数 K_w 的经验公式，由于情况不同，数值差别很大。对于缸径稍大的高、中速柴油机来说，推荐用G. Woschni提出的经验公式，此式比较简单，也接近实际，即

$$K_w = 0.303D^{-0.214}(v_m p_z)^{0.786}T_z^{-0.525} \tag{5-54}$$

式中，K_w 为传热系数 [W/(m² · K)]；D 为缸径（m）；v_m 为活塞平均速度（m/s）；p_z 为缸内气体的瞬时压力（MPa）；T_z 为缸内气体的瞬时温度（K）。

在计算高增压柴油机时，式（5-54）的系数0.303显得太小，一般用0.344或更大一些。但总的来说，K_w 的误差对整机影响较小，因缸壁散热量占总发热量的10%左右，在 K_w 值误差10%的情况下，对整机热量误差只1%左右，而对循环热效率的影响更小。

目前，在计算一些经济性较好的中、低速高增压柴油机时，要求有高的计算精度。这时要计算缸套散热量，最好考虑缸套上部壁温较高，下部壁温较低的情况。另外，最好考虑在一个循环中缸壁表面瞬态温度的变化，一般在进气开始时壁温最高，压缩到某一位置时壁温最低，在计算时可简化呈线性关系。这样的过程更接近实际，计算也不复杂。

5.3.4　进、排气门的流量计算

1. 气门的几何流通截面积

进、排气门的流通截面积是随着气门的升程 $h_v(\varphi)$ 而变化的，气门升程 $h_v(\varphi)$ 可通过凸轮升程 $h_c(\varphi)$ 曲线用插值法，再乘以摇臂比计算得到。在任一气门开度下，气门-气门座的部分结构如图5-4所示。

气门处的流通截面积按截锥台的侧面积计算：

$$F_{de} = \pi h_v(\varphi)\cos\theta[d_v + h_v(\varphi)\sin\theta\cos\theta] \tag{5-55}$$

气门座喉口处的流通面积为

$$F'_{de} = \frac{\pi}{4}(d^2 - d_0^2) \tag{5-56}$$

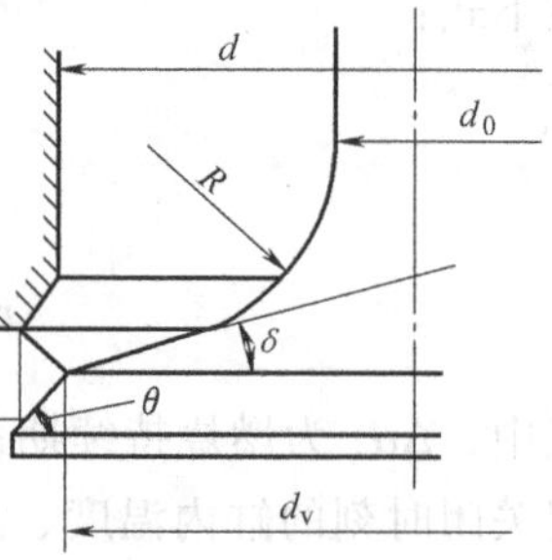

式中，θ 为气门阀盘锥角；d_v 为气门阀盘内径，当 $d_v<d$ 时，用 d 代替 d_v；d 为气门座喉口直径；d_0 为气门杆直径；下标d表示进气门的流通面积；下标e表示排气门的流通面积。

图5-4　气门-气门座的部分结构简图

在气门升程过大时，可能会出现 $F_{de}>F'_{de}$ 的情况，计算时应取流通截面积较小者。

2. 气门的流量系数

进、排气门的流量系数 μ_d、μ_e，主要与气门升程有关。不同气道评价方法的气门流量系数公式不同，Ricardo和AVL的气道评价方法满足下式：

$$\mu = \frac{Q}{\rho A v_0} \tag{5-57}$$

式中，Q 为气体质量流量；ρ 为气缸内空气密度；A 为气门截面积，满足 $A=\frac{\pi}{4}D^2 i$，i 为每缸进气门或排气门个数，D 按照Ricardo方法为气门座圈内径，按照AVL方法为气门座密封带最小内径；v_0 为气门出口处气流速度，可通过伯努利方程求得

$$v_0 = \sqrt{2\frac{\Delta p}{\rho_m}} \tag{5-58}$$

式中，Δp 为气道压降；ρ_m 为气道出口和进口间空气的平均密度。

FEV 气道评价方法的流量系数满足下式：

$$\mu = \frac{A_s}{A_k} \tag{5-59}$$

式中，A_k 为活塞顶面面积；A_s 为气门座处的有效流通截面积。A_s 满足下式：

$$A_s = \frac{Q}{\rho v_0} \tag{5-60}$$

气门前后的增压比对流量系数也有影响，但不太显著，所以在模拟计算时，只涉及流量系数与气门升程的关系。对于不同的柴油机，由于缸头流道、气门形状及加工质量等因素的不同，其流量系数的差别是相当大的。在工作过程和配合计算中，最好用实物静吹风试验得到的 $\mu_{de}=f[h_v(\varphi)]$ 曲线来进行计算，无此条件可用如下的经验公式来计算：

$$\mu_{de} = a - b\left[\frac{h_v(\varphi)}{d_v}\right]^c \tag{5-61}$$

式中，常数 $a=0.8\sim1$，$b=1\sim4$，$c=1\sim2$，视具体柴油机而定，进气门和排气门的取值也不一定相等。

可以看出，流量系数值的差别达 10%～20%，必须仔细选择。一般在计算中速四冲程柴油机时，μ_{de}的选择不当，对充量系数 ϕ_c、扫气系数 ϕ_s及涡轮当量喷嘴面积 F_T估计值的影响还不太敏感，但在高速四冲程柴油机模拟计算时，将会对上述参数有较大影响，因此必须更加注意。

如果有气道的三维模型，可用计算流体力学软件模拟气道的静吹风试验，计算 $\mu_{de}=f[h_v(\varphi)]$ 曲线。图 5-5 和图 5-6 所示为某两款柴油机进气道模型，使用 FIRE 模拟计算得到的流量系数分别见表 5-2 和表 5-3。

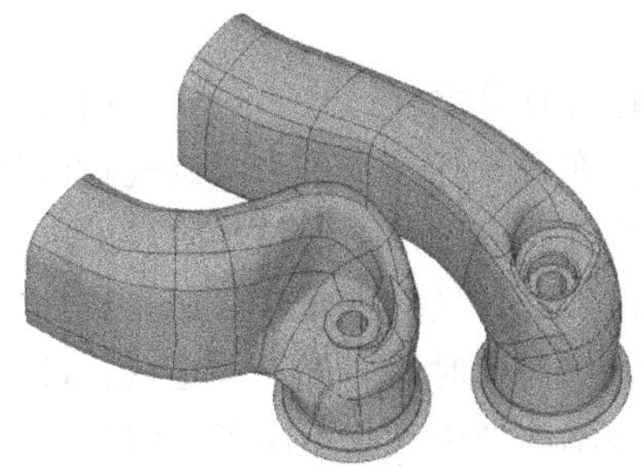

图 5-5　某柴油机进气道模型（1）

图 5-6　某柴油机进气道模型（2）

表 5-2　某柴油机进气道流量系数（1）

气门升程/mm	0	2	4	6	8	10	11	12.61
流量系数	0	0.18	0.26	0.36	0.44	0.49	0.51	0.53

表 5-3　某柴油机进气道流量系数（2）

气门升程/mm	0	2	4	6	8	10	11	13
流量系数	0	0.12	0.2	0.3	0.36	0.4	0.43	0.47

3. 进、排气门的流量计算

通过进、排气门处的气体流动是在不定常情况下进行的，一般是以准稳定流动理论近似地按一维定熵过程来处理。通过进气门处的流动是亚音速流动，其流量为

$$\frac{\mathrm{d}m_{\mathrm{d}}}{\mathrm{d}\varphi}=\frac{\mu_{\mathrm{d}}F_{\mathrm{d}}}{6n}\sqrt{\frac{2\kappa_{\mathrm{d}}}{\kappa_{\mathrm{d}}-1}}\frac{p_{\mathrm{d}}}{\sqrt{R_{\mathrm{d}}T_{\mathrm{d}}}}\sqrt{\left(\frac{p_{\mathrm{z}}}{p_{\mathrm{d}}}\right)^{2/\kappa_{\mathrm{a}}}-\left(\frac{p_{\mathrm{z}}}{p_{\mathrm{d}}}\right)^{(\kappa_{\mathrm{d}}+1)/\kappa_{\mathrm{d}}}}\tag{5-62}$$

通过排气门的流动，在初期排气阶段为超临界流动，后期为亚临界流动，因此通过排气门的流量为

亚临界排气阶段$\left[\frac{p_{\mathrm{r}}}{p_{\mathrm{z}}}>\left(\frac{2}{\kappa_{\mathrm{z}}+1}\right)^{\kappa_{\mathrm{z}}/(\kappa_{\mathrm{z}}-1)}\right]$为

$$\frac{\mathrm{d}m_{\mathrm{e}}}{\mathrm{d}\varphi}=\frac{\mu_{\mathrm{e}}F_{\mathrm{e}}}{6n}\sqrt{\frac{2\kappa_{\mathrm{z}}}{\kappa_{\mathrm{z}}-1}}\frac{p_{\mathrm{z}}}{\sqrt{R_{\mathrm{z}}T_{\mathrm{z}}}}\sqrt{\left(\frac{p_{\mathrm{r}}}{p_{\mathrm{z}}}\right)^{2/\kappa_{\mathrm{z}}}-\left(\frac{p_{\mathrm{r}}}{p_{\mathrm{z}}}\right)^{(\kappa_{\mathrm{z}}+1)/\kappa_{\mathrm{z}}}}\tag{5-63}$$

超临界排气阶段$\left[\frac{p_{\mathrm{r}}}{p_{\mathrm{z}}}\leqslant\left(\frac{2}{\kappa_{\mathrm{z}}-1}\right)^{\kappa_{\mathrm{r}}/(\kappa_{\mathrm{r}}-1)}\right]$为

$$\frac{\mathrm{d}m_{\mathrm{e}}}{\mathrm{d}\varphi}=\frac{\mu_{\mathrm{e}}F_{\mathrm{e}}}{6n}\sqrt{\frac{2\kappa_{\mathrm{z}}}{\kappa_{\mathrm{z}}+1}}\frac{p_{\mathrm{z}}}{\sqrt{R_{\mathrm{z}}T_{\mathrm{z}}}}\left(\frac{2}{\kappa_{\mathrm{z}}+1}\right)^{1/(\kappa_{\mathrm{z}}-1)}\tag{5-64}$$

式中，n 为柴油机转速（r/min）；下标 d、z、e 分别代表进气管、缸内和排气管中的气体状态。

当气体在进、排气门处出现倒流时，也可用以上公式计算，但要把上下游的参数互换，并将流量置为负值。如在进气门处出现倒流，则应将进气门流量公式中的 κ_{d}、p_{d}、R_{d} 和 T_{d} 全部改为 κ_{z}、p_{z}、R_{z} 和 T_{z}，并使$\frac{\mathrm{d}m_{\mathrm{d}}}{\mathrm{d}\varphi}$为负值。

进气空气的比焓 $h_{\mathrm{d}}=(c_{V\mathrm{md}}+R_{\mathrm{d}})T_{\mathrm{d}}$，排气气体的比焓 $h_{\mathrm{e}}=(c_{V\mathrm{mz}}+R_{\mathrm{z}})T_{\mathrm{z}}$。

4. 扫气阶段的缸内气体成分

进行进、排气过程的流量计算，除对进、排气量进行计算之外，还要对气缸内每一瞬时的气体成分进行计算。在进气门或排气门单独开启时，在每一计算步长中假定气缸内的气体成分是均匀的，这是很接近于实际的。在进、排气门重叠开启阶段，即扫气阶段，缸内气体如何计算是一个比较复杂的问题。对四冲程增压柴油机来说，气门重叠开启期，从排气门流出的气体成分中含有的废气量肯定比缸内平均成分要浓。但此时活塞近于上止点，进、排气门开启面积较小，扫气量也不多，而且扫气结束时，差不多把废气扫干净了。因此，一般都假定气缸内气体每一瞬时是混合均匀的，即采用“完全混合”模型来处理，这样的计算结果与实际差别不大。需要说明的是，对于二冲程柴油机，由于扫气期间缸内各处废气浓度差别较大，不能用“完全混合”模型来处理，可采用“浓排气”扫气模型。

在按“完全混合”扫气模型进行计算时，扫气期间的每一微小步长，都应按第 5.2 节中介绍的方法，对缸内的工质成分、比热容、等熵指数、相对分子质量和气体常数重新进行计算。以前一步长的各参数值为基础，求出本步长的各参数值，进而求本步长的缸内质量、气体状态和进、排气量。依次进行每个步长的计算。由于扫气期间缸内的工质成分变化较大，步长间隔应取得小一些，一般曲轴转角取 0.5°或 0.25°。

所谓“浓排气”扫气模型，是指从排气门排出的气体，其成分不是“完全混合”的气体成分，而是含废气成分较多。从扫气阶段开始，排出的是不掺有扫气空气的燃烧产物，这与实际是符合的。因在单流扫气时，特别是 S/D 值在 2 以上时，带有一定水平方向的倾角，扫气空气进入后沿水平方向旋转，使扫气空气进入气缸后与废气掺混较少。计算时只要在式(5-4) 中乘以系数 ξ 即可

$$\frac{\mathrm{d}x_k}{\mathrm{d}\varphi}=-\xi\frac{x_k}{m_z}\frac{\mathrm{d}m_e}{\mathrm{d}\varphi}$$

式中，$\xi>1$。若 $\xi=1$，即为“完全混合”扫气。

具体计算方法见参考文献［4］。

5.4　排气管内的热力过程计算

柴油机排气系统的具体情况随增压系统的不同而不同，如一般的变压系统的排气管是由 2 个和 3 个气缸的排气进入一根排气管，然后进入涡轮；定压系统则有更多的气缸排气进入同一排气管。柴油机排气管内的热力过程也是很复杂的。在定压系统中，排气管容积较大，而且很多个气缸排气进入一个排气管中，排气管中的压力虽然有波动，但幅度较小。在变压系统中，排气管中的压力波动较大。从实际情况来说，压力波从排气口到涡轮进口有一个传播过程，并且来回反射，即管内压力不仅随时间变化，而且沿着排气管长度方向在同一瞬时也是不同的。这一过程可通过求解一维非定常流动的偏微分方程组来计算。在中、高速及高速脉冲增压大功率柴油机中，排气管相对来说比较长，又是以优化排气管结构为目的，排气管内的热力过程应按非定常流动计算。对于中速及低速柴油机，或排气管相对来说较短的情况下，或者是为了求得整机的综合热力参数，或以与涡轮增压器的配合计算为目的，可以略去排气管中的压力传播，即整个排气管中的压力只是时间的函数，也即简化成一个容积的排空与充填的过程，因此可用常微分方程组来表示。这就是所谓的“容积法”，这种方法简化了计算过程。

5.4.1　容积法计算模型

根据容积法的定义，常微分方程的形式与计算气缸内热力过程时相似，不同之处有以下几个方面：

1）排气管的容积 V_r 是不变的，即 V_r=常数。

2）由于气体的成分变化很小，特别是很多缸的排气排入同一排气管时更是如此，因此假定气体的成分不随时间而变，即$\frac{\mathrm{d}\phi_{az}}{\mathrm{d}\varphi}=0$。

3）因排气管中的气体稳定性和成分变化比气缸中的气体稳定性和成分变化要小得多，气体常数变化很小，故可取 R_r=常数。

4）气体从排气门流入排气管，总有几个气缸依次流入同一根排气管；而排气有时从几

个涡轮或放气阀流出。

5）不对外做功。

与缸内热力过程基本方程组一样，也可列出排气管中的能量守恒方程、质量守恒方程和状态方程

$$
\begin{cases}
\dfrac{\mathrm{d}(m_{\mathrm{r}}U_{\mathrm{r}})}{\mathrm{d}\varphi}=\sum_{i}^{n}\left(\dfrac{\mathrm{d}m_{\mathrm{e}}}{\mathrm{d}\varphi}h_{\mathrm{e}}\right)_{i}-\sum_{j}^{m}\left(\dfrac{\mathrm{d}m_{\mathrm{T}}}{\mathrm{d}\varphi}h_{\mathrm{T}}\right)_{j}-\dfrac{\mathrm{d}Q_{\mathrm{wr}}}{\mathrm{d}\varphi} & (5\text{-}65)\\
\dfrac{\mathrm{d}m_{\mathrm{r}}}{\mathrm{d}\varphi}=\sum_{i}^{n}\left(\dfrac{\mathrm{d}m_{\mathrm{e}}}{\mathrm{d}\varphi}\right)_{i}-\sum_{j}^{m}\left(\dfrac{\mathrm{d}m_{\mathrm{T}}}{\mathrm{d}\varphi}\right)_{j} & (5\text{-}66)\\
p_{\mathrm{r}}V_{\mathrm{r}}=m_{\mathrm{r}}R_{\mathrm{r}}T_{\mathrm{r}} & (5\text{-}67)
\end{cases}
$$

式中，$\sum_{i}^{n}\left(\frac{\mathrm{d}m_{\mathrm{e}}}{\mathrm{d}\varphi}h_{\mathrm{e}}\right)_{i}$、$\sum_{i}^{n}\left(\frac{\mathrm{d}m_{\mathrm{e}}}{\mathrm{d}\varphi}\right)_{i}$ 分别为 n 个气缸排入同一根排气管的能量和质量。由于各缸之间的排气相位不一样，所以几个气缸的排气叠加是按照一定的排气相位进行的，具体做法是用前一循环算出的$\frac{\mathrm{d}m_{\mathrm{e}}}{\mathrm{d}\varphi}=f(\varphi)$ 的规律，移动一个发火间隔的曲轴转角作为第二个气缸的排气变化规律，再移动一个发火相位角作为第三个气缸的排气变化规律，以此类推，对于变压系统及定压系统均可如此处理；$\sum_{j}^{m}\left(\frac{\mathrm{d}m_{\mathrm{T}}}{\mathrm{d}\varphi}h_{\mathrm{T}}\right)_{j}$、$\sum_{j}^{m}\left(\frac{\mathrm{d}m_{\mathrm{T}}}{\mathrm{d}\varphi}\right)_{j}$ 分别为通过 m 个涡轮的能量和质量。有时在定压增压系统中，几个涡轮接在同一根排气管上，h_{T} 为涡轮前气体的比焓：$h_{\mathrm{T}}=(c_{V\mathrm{mr}}+R_{\mathrm{r}})T_{\mathrm{r}}$；$\frac{\mathrm{d}Q_{\mathrm{wr}}}{\mathrm{d}\varphi}$为通过气缸盖上的排气道和排气管的散热率；$V_{\mathrm{r}}$ 为排气管容积，应包括缸盖排气门后的排气道、排气歧管及排气总管等容积；R_{r} 为排气管中的气体常数，可近似取 $R_{\mathrm{r}}=29.2$。

与缸内热力过程的推导一样，也可把排气管中的能量守恒方程式（5-65）改写成表示温度变化率的形式

$$\frac{\mathrm{d}T_{\mathrm{r}}}{\mathrm{d}\varphi}=\frac{1}{c_{V\mathrm{r}}m_{\mathrm{r}}}\left[\sum_{i}^{n}\left(\frac{\mathrm{d}m_{\mathrm{e}}}{\mathrm{d}\varphi}h_{\mathrm{e}}\right)_{i}-\sum_{j}^{m}\left(\frac{\mathrm{d}m_{\mathrm{T}}}{\mathrm{d}\varphi}h_{\mathrm{T}}\right)_{j}-\frac{\mathrm{d}Q_{\mathrm{wr}}}{\mathrm{d}\varphi}-c_{V\mathrm{mr}}T_{\mathrm{r}}\frac{\mathrm{d}m_{\mathrm{r}}}{\mathrm{d}\varphi}\right] \tag{5-68}$$

式中，$\frac{\mathrm{d}m_{\mathrm{e}}}{\mathrm{d}\varphi}$、$h_{\mathrm{e}}$ 的值就是同时在气缸内热力过程计算中的值，因此很明显，排气管中的热力过程必须与气缸中的热力过程联立求解。$\frac{\mathrm{d}Q_{\mathrm{wr}}}{\mathrm{d}\varphi}$计算时，在非水冷排气管的情况下，可不考虑管壁的散热量，但需考虑缸盖排气道的散热量。根据 G. Woschni 的研究，缸盖排气道的散热量约为传给气缸周壁总散热量的10%，约占燃油发热量的1%；而涡轮进口蜗壳在水冷的情况下，也要散走相当于燃油发热量1%左右的热量。水冷蜗壳带走的热量，可以不在排气管计算中考虑，而在涡轮热力过程计算时，以冷却效率的形式与漏气损失一起在涡轮效率中一并计入。

对于排气道中的散热率可用下式计算：

$$\frac{\mathrm{d}Q_{\mathrm{ec}}}{\mathrm{d}\varphi}=\frac{\mathrm{d}m_{\mathrm{e}}}{\mathrm{d}\varphi}c_{p\mathrm{mz}}(T_{\mathrm{z}}-T_{\mathrm{A}}) \tag{5-69}$$

式中，c_{pmz}为缸内气体的平均比定压热容，$c_{pmz}=c_{Vmz}\kappa_z$；T_A为排气道末端排气的温度，可由下式计算：

$$T_A=(T_z-T_{wec})\,e^{-\frac{A_{ec}h_{ec}}{c_{pmz}dm_e/dt}}+T_{wec} \tag{5-70}$$

式中，A_{ec}为排气道的散热面积；T_{wec}为排气道的壁温；h_{ec}为排气向排气道壁面的表面传热系数［kW/(m^2·K)］，可用下式计算：

$$h_{ec}=2.083\left[1-0.797\frac{h_v(\varphi)}{d_v}\right]\left(\frac{dm_e}{dt}\right)^{0.5}\frac{T_z^{0.41}}{D_{mec}^{1.5}} \tag{5-71}$$

式中，$h_v(\varphi)$ 为排气门升程（mm）；d_v为排气门阀盘内径（mm）；D_{mec}为排气通道的平均直径（mm）。

5.4.2 脉冲转换器和MPC系统的容积法计算简介

1. 脉冲转换器计算模型

4L、8L、8V或16V涡轮增压中速或高速四冲程柴油机中，有一些采用带有简单脉冲转换器的涡轮增压系统。这样的增压系统通常每4缸共用一个简单的脉冲转换器，两个排气歧管和混合管之间由喉口相连。对8缸柴油机，有两个这样的系统并列进入一个双进口涡轮。对于这样的排气系统，若把两个排气歧管及一个混合管统一作为一个容积来处理，很明显算得的排气压力变化过程及热力参数与实际差别较大。为了计入压力传播的基本特点，可把这样的排气系统，即两个排气歧管和一个混合管作为三个容积，其间用喉口通道相连，建立一个联立三个容积分别用容积法求解的计算模型。

2. MPC系统的修正容积法

一般容积法只考虑压力、温度和质量三个变量，而认为速度等于零，但在MPC系统中，排气歧管内的压力脉冲通过脉冲转换器喉口变成速度传给排气管。由于动量交换的结果，总管内的气体不断加速，具有一定的速度，此时气体的动能已不能忽略不计。“修正容积法”把气缸、排气歧管和排气总管分别作为三个容积系统，在能量守恒方程、质量守恒方程和状态方程的基础上，加入动量方程，用压力、温度、质量和速度四个基本参数描述容积内的气体状态；相应地，对相邻容积间发生的热力过程，用质量传递、能量传递和动量传递等过程来描述，其间的排气门边界、脉冲转换器边界和涡轮边界，均简化为简单喷嘴。

上述两种计算模型的具体计算方法，详见参考文献［4］。

5.4.3 进、排气管的一维非定常流动计算

当增压柴油机的进、排气管内压力沿管长变化较大时，如管道较长或脉冲增压的排气系统以及谐振增压的进气系统，必须考虑其管内压力波的传播，而进行一维非定常流动计算。在建立管道内的流动方程时，一维非定常流动计算基于如下一些假设：

1）流动是一维的，对于每一个流动参量，均认为是该参量在管道截面上的平均值。

2）流动是非定常的，每一个流动参量都是管道长度坐标x和时间t的函数。

3）管道截面积变化平缓，管壁是刚性的。

4）可以考虑管壁对气体的摩擦和热交换，而且也可以考虑支流向管道中加入质量，但仍认为气流的状态是一维的。

5）不计气体的重力。

在以上假设的基础上，根据质量守恒、动量守恒和能量守恒定理，推导可得相应的三个基本方程

$$\frac{\partial u}{\partial t}+\rho\frac{\partial u}{\partial x}+u\frac{\partial \rho}{\partial x}=\varepsilon_1$$

$$\rho\frac{\partial u}{\partial t}+\rho u\frac{\partial u}{\partial x}+\frac{\partial p}{\partial x}=\varepsilon_2$$

$$\frac{\partial p}{\partial t}+u\frac{\partial p}{\partial x}-c^2\left(\frac{\partial p}{\partial t}+u\frac{\partial p}{\partial x}\right)=\varepsilon_3$$

式中，ε_1为考虑到流通截面的改变和分支添加质量的连续性方程的修正项；ε_2为考虑到管壁的摩擦和分支添加质量的动量方程的修正项；ε_3为考虑到管壁的传热和摩擦及分支添加质量的能量方程的修正项。

ε_1、ε_2、ε_3的具体表达式详见参考文献［4］。

上述方程中的未知参量主要是密度ρ、速度u和压力p及其偏导数$\frac{\partial}{\partial x}$和$\frac{\partial}{\partial t}$，而声速$c$不是独立的未知量，可由$\rho$和$p$通过状态方程计算温度进而求得。对方程的求解有多种方法，可采用特征线法、有限差分法、有限元法或有限容积法。目前用得较多的是特征线法，其详细的计算方法见参考文献［4］。

5.5　涡轮增压器与中冷器的计算

5.5.1　涡轮

目前在涡轮增压器中所用的涡轮，一般在大流量时用轴流式涡轮，在小流量时用径流式涡轮。对于轴流式涡轮和径流式涡轮，都可以根据涡轮流通部分的结构，较细致地算出通过涡轮的流量、所做功及效率，详见参考文献［4］。但在用容积法计算排气管中的各参数时，一般采用简化的方法。用简化方法计算时，必须作如下两点假设：

1）把整个涡轮作为一个节流喷嘴，其当量流通面积为

$$F_{\mathrm{T}}=\sqrt{\frac{F_{\mathrm{N}}^2F_{\mathrm{B}}^2}{F_{\mathrm{N}}^2+F_{\mathrm{B}}^2}} \tag{5-72}$$

式中，F_{N}、F_{B}分别为喷嘴环出口和工作叶轮出口气流的实际流通面积。

2）在排气管压力p_{r}波动的情况下，认为微小时间内的燃气流是稳定的，即所谓准稳定流动。

1. 通过涡轮的流量和涡轮所做的功

在以上假设的前提下，可进行如下通过涡轮的流量和涡轮所做功的计算。

在微小时间间隔$\Delta t\left(=\frac{\Delta\varphi}{6n}\right)$内，通过涡轮的质量为

$$\Delta m_{\mathrm{T}}=\mu_{\mathrm{T}}F_{\mathrm{T}}\sqrt{\frac{2\kappa_{\mathrm{T}}}{\kappa_{\mathrm{T}}-1}}\frac{p_{\mathrm{T}}}{\sqrt{R_{\mathrm{T}}T_{\mathrm{T}}}}\sqrt{\left(\frac{1}{\pi_{\mathrm{T}}}\right)^{2/\kappa_{\mathrm{T}}}-\left(\frac{1}{\pi_{\mathrm{T}}}\right)^{(\kappa_{\mathrm{T}}+1)/\kappa_{\mathrm{T}}}}\frac{\Delta\varphi}{6n} \tag{5-73}$$

式中，μ_T为当量流通面积F_T下的流量系数；π_T为涡轮的膨胀比，即涡轮入口压力p_T和涡轮出口背压p_0'之比，p_0'根据实际情况选取，一般$p_0'=(1.02\sim1.05)\times10^5$Pa；下标T表示涡轮入口状态，用容积法计算时即为排气管中的状态（下标r）。

通过涡轮的流量计算，可以求得排气管内热力过程基本方程组中的$\dfrac{\mathrm{d}m_T}{\mathrm{d}\varphi}=\dfrac{\Delta m_T}{\Delta\varphi}=\Delta q_{m_T}$。

一个循环内流过涡轮的质量为

$$m_T=\sum_{0}^{720}\Delta m_T \tag{5-74}$$

在微小时间Δt内涡轮所做功为

$$\Delta W_T=\eta_T\Delta m_T\frac{\kappa_T}{\kappa_T-1}R_T T_T\left[1-\left(\frac{1}{\pi_T}\right)^{(\kappa_T-1)/\kappa_T}\right] \tag{5-75}$$

式中，η_T为涡轮效率，$\eta_T=\eta_{adT}\eta_V\eta_L$，其中，$\eta_{adT}$是涡轮的定熵效率；$\eta_L$是考虑漏气和来流不均匀对效率的影响；$\eta_V$是考虑水冷蜗壳散热的影响。瑞士ABB公司推荐$\eta_L=0.92\sim0.98$，$\eta_V=0.96\sim0.98$。

一个循环涡轮所做功为

$$W_T=\sum_{0}^{720}\Delta W_T \tag{5-76}$$

2. 涡轮当量流通截面下的流量系数

从式（5-73）和式（5-75）中可以看出，要确定涡轮流量和所做功，需要确定的参数还有μ_T和η_T。μ_T和η_T的变化特性如本书第1章图1-38和图1-39所示。

从图1-39可以看出，轴流式涡轮的流量系数μ_T随u/c_0的变化较小，主要与涡轮的膨胀比π_T有关，即$\mu_T=f(\pi_T)$，一般由涡轮增压器生产厂家提供的试验曲线直接进行计算，也可由根据试验曲线整理的高次方经验公式计算。

根据日本石川岛播磨重工（现称IHI株式会社）由VTR1系列涡轮增压器得到的$\mu_T=f(\pi_T)$曲线整理

$$\mu_T=0.49+0.46\pi_T-0.08\pi_T^2 \tag{5-77}$$

由图1-38可见，径流式涡轮的流量系数除μ_T随π_T变化外，随u/c_0的变化也较大，这一特点主要是由于受叶轮旋转速度头的影响，可采用引入修正膨胀比π_{Teq}的方法计入旋转速度头的影响进行计算。修正膨胀比为

$$\pi_{Teq}=\pi_T\left[1-\frac{\mu_T^2(\kappa_T-1)}{\kappa_T R_T T_T}\right] \tag{5-78}$$

式中，μ_T为涡轮叶轮轮周线速度。

引入修正膨胀比后，在利用式（5-73）计算涡轮流量Δq_{mT}时，式中的π_T应以π_{Teq}来代替，而μ_T也不受u/c_0的影响，即$\mu_T=f(\pi_{Teq})$，也可以用一条高次方曲线来代表。上海交大整理的公式为

$$\mu_T=1.1787-1.6074/(20\pi_{Teq}-16)+4.608\mathrm{e}^{-18(\pi_{Teq}-1.01)}\times(\pi_{Teq}-1.05) \tag{5-79}$$

若利用式（5-77）和式（5-79）计算，当π_T较高时，可能会有$\mu_T>1$。这是由于在用式（5-73）计算流量时，式中的当量流通面积是按式（5-72）计算的，而实际上简化的当量流

通面积应为

$$F_{\mathrm{T}}=\sqrt{\frac{F_{\mathrm{N}}^{2}F_{\mathrm{B}}^{2}}{F_{\mathrm{N}}^{2}+\left(F_{\mathrm{B}}\frac{\rho_{\mathrm{B}}}{\rho_{\mathrm{N}}}\right)^{2}}} \tag{5-80}$$

式中，ρ_{N}为涡轮喷嘴环出口气体密度；ρ_{B}为涡轮工作叶轮出口气体密度。$(\rho_{\mathrm{B}}/\rho_{\mathrm{N}})<1$。

由于在简化计算时，这两个密度值难以求取，故用式（5-72）这一更加简化的公式计算当量流通面积。因此，求得的 F_{T}较小，必须用较大的 μ_{T}值来补偿。这就导致当 π_{T}较大时，$\mu_{\mathrm{T}}>1$，而且 π_{T}越大，μ_{T}越大。

3. 涡轮效率

无论是轴流式涡轮，还是径流式涡轮，从图 1-38 和图 1-39 都可以看出，涡轮效率 η_{T}受膨胀比 π_{T}的影响较小，主要受 u/c_0的影响，所以可用 $\eta_{\mathrm{T}}=f(u/c_0)$ 来表示。具体近似式可以写成$\dfrac{\eta_{\mathrm{T}}}{\eta_{\mathrm{Tmax}}}=f(u/c_0)$ 的形式，即可以用（u/c_0）的高次方曲线来表示。η_{Tmax}是涡轮效率的最大值，用 $\eta_{\mathrm{T}}/\eta_{\mathrm{Tmax}}$的原因是各种涡轮的效率随 u/c_0变化的趋势是相近的，但 η_{T}高低的差别较大。在计算中，若有 η_{T}的试验曲线，则可把数据直接输入计算机，计算时用插值法求出。若无试验曲线，至少应已知 η_{Tmax}，然后用经验公式计算。需要注意的是，对于不同系列的涡轮增压器，其经验公式不尽相同。

石川岛播磨重工根据 VTR1 系列轴流式涡轮增压器的试验结果整理得到

$$\frac{\eta_{\mathrm{T}}}{\eta_{\mathrm{Tmax}}}=-0.2124+4.5601(u/c_0)-4.9414(u/c_0)^2+1.1779(u/c_0)^3 \tag{5-81}$$

上海交大根据几台国产轴流式涡轮的试验数据整理得到

$$\frac{\eta_{\mathrm{T}}}{\eta_{\mathrm{Tmax}}}=-0.01172+3.3698(u/c_0)-2.806(u/c_0)^2 \tag{5-82}$$

对于径流式涡轮，上海交大根据几台涡轮的试验曲线总结出的经验公式为

$$\frac{\eta_{\mathrm{T}}}{\eta_{\mathrm{Tmax}}}=-0.105+2.685(u/c_0)-0.76(u/c_0)^2+1.17(u/c_0)^3 \tag{5-83}$$

5.5.2　压气机

在涡轮增压柴油机工作过程计算与配合计算时，必须将图 5-7 所示的压气机的性能曲线事先输入计算机，因为到目前为止，该性能曲线还不能精确地用计算方法求出，一般只能由试验得到。输入时，把性能曲线中的四个参数中的 π_{b}和 $q_{m\mathrm{b}}$划分为 $i\times j$ 个间隔，把 η_{b}和 n_{b}分别用如下两个二维数组输入

$$\eta_{\mathrm{b}}=f\left(\frac{q_{m\mathrm{b}}\sqrt{T_{\mathrm{a}}}}{p_{\mathrm{a}}},\ \pi_{\mathrm{b}}\right)$$

$$n_{\mathrm{b}}=f\left(\frac{q_{m\mathrm{b}}\sqrt{T_{\mathrm{b}}}}{p_{\mathrm{b}}},\ \pi_{\mathrm{b}}\right)$$

计算时，根据现有的 π_{b}和 $q_{m\mathrm{b}}$利用二维线性插值求取 η_{b}和 n_{b}。

通过压气机的流量 q_{mb}，在进行了一个循环的柴油机缸内工作过程计算之后，由进气和扫气过程进入气缸的空气量可以求得。增压比 π_b与一个循环的计算后得到的涡轮所做功 W_T及 q_{mb}根据下式计算：

$$\pi_b=\left(\frac{W_T\eta_{Tbm}\eta_b(\kappa_a-1)}{q_{mb}\kappa_a R_a T_a}+1\right)^{\kappa_a/(\kappa_a-1)} \tag{5-84}$$

式中，R_a、κ_a分别为环境空气的气体常数和等熵指数；T_a 为环境温度；η_{Tbm}为增压器机械效率。

需要说明的是，式中的 η_b是一个暂时假定值，由上式计算暂时得到一个 π_b，由图 5-7 查取 η_b后再代入式（5-84）计算 π_b，反复迭代，直到前后算得的 π_b一致，才能确定 π_b和 η_b的值。

压气机转速等于涡轮转速 $n_b=n_T$，统称涡轮增压器转速 n_{Tb}，与 η_b一样，也是暂时先假定一个值，在计算过程中通过查图 5-7 并结合迭代计算确定。其迭代过程还要涉及涡轮端的全部计算，将在 5.5.4 节中详细介绍。

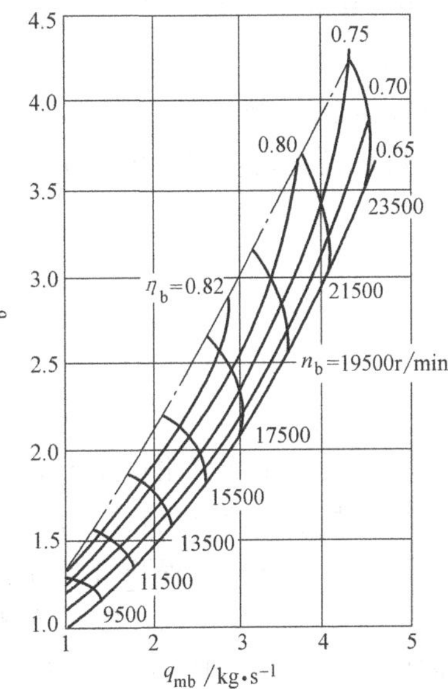

图 5-7　压气机性能曲线

5.5.3　中冷器

在中增压或高增压的柴油机中，都进行增压空气的中间冷却。在两级增压的超高增压柴油机中，一般进行两级中冷，以提高增压系统的效率及增加气缸充量。无中冷器时，压气机出口状态（p_b、T_b）可认为就是柴油机的进气管状态（p_d、T_d）；有中冷器时，中冷器的出口状态才可认为是柴油机的进气管状态。

进行中冷器换热过程计算时，中冷器的结构参数应为已知。根据求得的压气机出口状态，亦即中冷器入口的压力 p_b、温度 T_b、流量 q_{mb}等参数，利用本书第 3 章第 3.4 节中介绍的方法计算。在进行中冷器出口参数计算时，用效能（ε)-传热单元数（NTU）法，可以求得中冷器出口压力 p_d和温度 T_d，此处不再赘述。

有时为了简化处理，引入中冷器冷却效率 η_l和阻力系数 η_r进行简化计算

$$T_d=T_b-\eta_l(T_b-T_{w1}) \tag{5-85}$$

$$p_d=p_b-\eta_r\frac{m_b^2}{\rho_b} \tag{5-86}$$

式中，T_{w1}为冷却介质入口温度；ρ_b为中冷器入口亦即压气机出口的空气密度；一般 $\eta_l=0.7\sim0.9$，视中冷度选取；在标定工况时，一般 $p_b-p_d=0.003\sim0.005$MPa，视中冷度及气流速度选取，从标定工况时的压降算出 η_r作变工况计算用。显然，这种简化计算的误差较大，也不能对中冷器的结构进行优化，但由于计算简单，在已掌握中冷器冷却和阻力性能的基础上，仍被较多采用。

5.5.4　涡轮增压器及中冷器的计算步骤

1）靠经验暂时假定增压器转速 n_{Tb}、中冷器出口压力 p_d、温度 T_d和压气机效率 η_b。

2）计算涡轮轮周线速度：$u=\pi D_T n_{Tb}/60$。

3）计算涡轮瞬时膨胀比：$\pi_T=p_T/p'_0$，径流式涡轮须用式（5-78）计算修正膨胀比 π_{Teq}。

4）计算涡轮当量喷嘴流量系数 μ_T。

5）计算废气流出涡轮时的理论速度 c_0，并求出速比 u/c_0。

$$c_0=\sqrt{\frac{2\kappa_T R_T}{\kappa_T-1}T_T\left[1-\frac{1}{\pi_T}\right]^{(\kappa_T-1)/\kappa_T}}$$

6）计算涡轮效率 η_T。

7）用式（5-73）和式（5-75）计算流过涡轮的流量 Δq_{mT} 和涡轮所做功 ΔW_T。

8）一个工作循环完成后，累加流过涡轮的质量 m_T、所做功 W_T 及柴油机的进气量 m_b，并求出涡轮和压气机的流量 q_{mT} 和 q_{mb}。

9）用式（5-84）计算压气机增压比 π_b。

10）根据 π_b、q_{mb} 查压气机性能曲线插值求得 n_{Tb}、η_b，用此 η_b 返回第 9）步重算 π_b，直到前后 π_b 一致为止。

11）计算增压空气压力 p_b、温度 T_b、密度 ρ_b

$$p_b=p_a\pi_b$$

$$T_b=T_a+(\pi_b^{\frac{\kappa_a-1}{\kappa_a}}-1)\frac{T_a}{\eta_b}$$

$$\rho_b=\frac{p_b}{R_b T_b}$$

12）计算中冷器出口压力 p_d、温度 T_d。

13）校核中冷器出口压力 p_d 与开始计算时假定的 p_d 是否一致，如不一致，以新值代入，从柴油机缸内进气过程开始，对缸内、涡轮、压气机、中冷器各个系统重新进行计算，反复迭代，直到满足规定的计算精度要求，一般规定前后误差<1%。迭代计算时，T_d、n_{Tb}、η_d 均应以新值代入，但可不作校核。

5.5.5 涡轮增压器简化模型与全模型介绍

商业软件 BOOST 对涡轮增压器的计算采用了两种模型，即简化模型和全模型。与涡轮机相比，压气机的 MAP 图更容易通过试验和数值计算手段获得。若无涡轮机 MAP 图，可采用简化模型对稳态工况下涡轮增压器的性能进行估计；若有压气机和涡轮机 MAP 图，则可采用全模型计算瞬态和稳态工况下涡轮增压器的性能。简化模型和全模型具体介绍如下：在简化模型中，涡轮机作为动力源向压气机输出动力，而在全模型中，涡轮机与压气机的性能根据涡轮机和压气机的 MAP、当前转速和随转速变化的机械效率计算得出。由于不需要压气机和涡轮机的 MAP，在简化模型中需指定压气机效率、涡轮机效率和机械效率。根据适用条件不同，简化模型分为三种计算模型：

1）涡轮机规划计算模型。此模型将压气机的增压比作为设计目标，根据给定的增压比和压气机效率、涡轮机效率和机械效率等参数，通过平衡压气机端和涡轮机端的功率计算涡轮机的通流能力。

2）增压压力计算模型。此模型根据给定的涡轮实际尺寸和三个效率等参数，通过求解涡轮增压器的能量平衡关系计算压气机的增压比。

3）放气阀计算模型。此模型适用于有放气阀的涡轮增压器，根据给定的涡轮实际尺寸和压气机增压比的期望值，通过调整流经放气阀的废气占总流的比例，求解涡轮增压器的能量平衡关系。

涡轮机的通流能力可由基于参考状态的修正流量描述，也可由膨胀系数描述，最后通过涡轮机尺寸系数决定通流能力。由膨胀系数描述涡轮机通流能力时，通过指定当量膨胀系数和涡轮机参考面积计算涡轮机有效流通面积，而涡轮机有效流通面积可通过涡轮机出口管道截面积和管道面积尺度系数计算或直接指定。涡轮机有效流通面积满足以下关系式：

$$A_{\text{eff}}=\left(\frac{\dot{m}\sqrt{T_0}}{p_0}\right)\cdot\sqrt{\frac{R}{2}}\psi^{-1} \tag{5-87}$$

式中，A_{eff}为涡轮机有效流通面积；$\frac{\dot{m}\sqrt{T_0}}{p_0}$为涡轮机通流能力；$R$ 为气体常数；ψ 为压强函数。

全模型需要压气机 MAP、涡轮机 MAP 和压气机喘振线，其中涡轮机 MAP 中涡轮机效率可由涡轮机膨胀比或速比确定。在全模型中，瞬态工况引起涡轮增压器转速的变化会影响增压器的性能，涡轮增压器的转速变化满足动量守恒方程，可由下式得到

$$\frac{\mathrm{d}\omega_{\text{TC}}}{\mathrm{d}t}=\frac{1}{I_{\text{TC}}}\frac{P_{\text{T}}-P_{\text{C}}}{\omega_{\text{TC}}} \tag{5-88}$$

式中，ω_{TC}为涡轮增压器的转速；I_{TC}为涡轮增压器转子的转动惯量。

基于增压器转子的瞬时转速和压气机的质量流量，压气机的绝热效率和增压比可以在压气机 MAP 上插值得到，而涡轮机的效率和通流能力则可根据增压器转速和涡轮机膨胀比在涡轮机 MAP 上插值得到，若对于可变截面涡轮（VGT），计算涡轮增压器性能还需要叶片位置等信息。

无论简化模型还是全模型，涡轮机提供的功都由涡轮机的质量流量和涡轮机进出口焓的差值决定，即满足

$$P_{\text{T}}=\overline{\dot{m}_{\text{T}}\eta_{\text{m}}(h_3-h_4)} \tag{5-89}$$

$$h_3-h_4=\eta_{\text{s,T}}c_pT_3\left[1-\left(\frac{p_4}{p_3}\right)^{\frac{\kappa-1}{\kappa}}\right] \tag{5-90}$$

式中，P_{T}为涡轮机输出的功；$\dot{m}_{\text{T}}$为涡轮机的质量流量；h_3、h_4分别为涡轮机进、出口焓；η_{m}为涡轮增压器的机械效率；$\eta_{\text{s,T}}$为涡轮机的绝热效率；c_p为涡轮机进出口之间的平均比定压热容；p_4/p_3为涡轮机膨胀比。

压气机的耗功由压气机的质量流量和涡轮机进出口焓的差值决定，即满足

$$P_{\text{C}}=\overline{\dot{m}_{\text{C}}(h_2-h_1)} \tag{5-91}$$

$$h_2-h_1=\frac{1}{\eta_{\text{s,C}}}c_pT_1\left[\left(\frac{p_2}{p_1}\right)^{\frac{\kappa-1}{\kappa}}-1\right] \tag{5-92}$$

式中，$\eta_{\text{s,C}}$为压气机的绝热效率；c_p为压气机进出口之间的平均比定压热容；T_1为压气机进

口温度，p_2/p_1为增压比。

对于稳态工况，压气机消耗功的平均值等于涡轮机提供功的平均值，涡轮增压器的总效率等于机械效率、压气机绝热效率和涡轮机绝热效率的乘积。

5.6 常微分方程的数值解法

在涡轮增压柴油机工作过程计算中，所用到的方程都是一阶常微分方程组，一般由十几个常微分方程联立求解，通常是无法用求准确解的方法来求解的。因此，只能用数值解。目前国内外用得最普遍的方法有两种：龙格-库塔法和预报校正法，其截断误差前者为5阶，后者为3阶。两者相比，用龙格-库塔法计算精度较高，在计算步长变化时，对精度影响较小，这一点对计算扫气过程时用变步长计算特别有利，其缺点是计算时间较长。下面简要介绍龙格-库塔法的计算过程，其理论依据可参阅有关计算数学的参考书。

已知微分方程为

$$dy/dx=f(x,y)$$

假定函数y是连续而有限的。步长始点为x_1，则y_1应该是已知的，欲求步长终点x_4的函数值y，首先求x_1，y_1处的斜率，如图5-8所示，$dy_1/dx_1=f(x_1,y_1)$。

以此斜率画一根直线，直到步长中点，其坐标为

$$x_2=x_1+\frac{\Delta x}{2}$$

$$y_2=y_1+\frac{dy_1}{dx_1}\frac{\Delta x}{2}$$

用这一对数值求解这一点的斜率：$dy_2/dx_2=f(x_2,y_2)$。

以这一斜率自起点（x_1，y_1）画一根直线到步长中点，此点的坐标为

$$x_3=x_2=x_1+\frac{\Delta x}{2}$$

$$y_3=y_1+\frac{dy_2}{dx_2}\frac{\Delta x}{2}$$

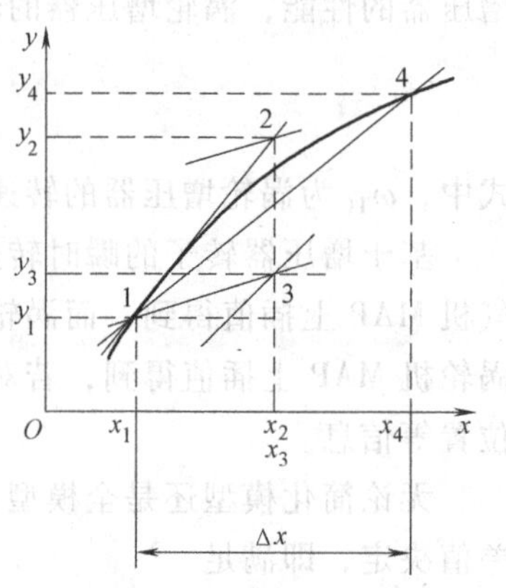

图5-8　龙格-库塔法

再在上述点上求斜率，得$dy_3/dx_3=f(x_3,y_3)$。

以这个斜率dy_3/dx_3自始点作直线，交步长的末尾处，其坐标为（注意此处的y_4并非步长终点函数值y）

$$x_4=x_1+\Delta x$$

$$y_4=y_1+\frac{dy_3}{dx_3}\Delta x$$

在这一点上第四次求斜率：$dy_4/dx_4=f(x_4,y_4)$。

从前面求得的斜率值即dy_1/dx_1、dy_2/dx_2、dy_3/dx_3、dy_4/dx_4可求得函数增量

$$\Delta y=\frac{1}{6}\Delta x\left(\frac{dy_1}{dx_1}+2\frac{dy_2}{dx_2}+2\frac{dy_3}{dx_3}+\frac{dy_4}{dx_4}\right)$$

从而求得解为：$y=y_1+\Delta y$，此值也就是下一个步长的初始函数值。

对于一阶常微分方程组，其中每一常微分方程都以如上方法计算。

5.7　增压柴油机综合参数计算

以第 5.1.2 节中（模拟计算的方法步骤）的方法对柴油机热力过程进行迭代计算，达到收敛后，再算出整个涡轮增压柴油机的综合性能参数。综合性能参数主要有：

（1）每缸每循环的指示功 W_i

$$W_i=\int_0^{720} p_z \frac{dV_z}{d\varphi}d\varphi$$

（2）平均指示压力 p_{mi}

$$p_{mi}=\frac{4W_i}{\pi D^2 S}$$

式中，D 为缸径；S 为行程。

（3）机械效率 η_m

$$\eta_m=\frac{p_{mi}-p_{mm}}{p_{mi}}$$

式中，p_{mm}为机械损失压力（Pa），对于四冲程增压柴油机可用下式计算：

$$p_{mm}=D^{-0.1778}(0.0838v_m+0.0789p_{me}-0.21)\times10^5$$

式中，D 为缸径（mm）；v_m为活塞平均速度（m/s）；p_{me}为平均有效压力（Pa）。

（4）平均有效压力 p_{me}

$$p_{me}=p_{mi}\eta_m$$

η_m、p_{mm}、p_{me}三者应联立求解。

（5）指示功率 P_i（kW）

$$P_i=\frac{p_{mi}\pi D^2 Sni}{120\tau}\times10^{-3}$$

式中，i 为气缸数；τ 为冲程数，对四冲程 $\tau=4$，二冲程 $\tau=2$；n 为柴油机转速（r/min）；p_{mi}为平均指示压力（Pa）。

（6）有效功率 P_e

$$P_e=P_i\eta_m$$

（7）指示油耗率 b_i［g/(kW·h)］

$$b_i=\frac{120g_f ni}{P_i\tau}\times10^3$$

式中，g_f为单缸循环供油量［kg/(循环·缸)］；P_i为指示功率。

（8）有效油耗率 b_e

$$b_e=b_i/\eta_m$$

（9）涡轮进口排气的平均温度 T_{Tm}

1）瞬时排气温度的时间平均值

$$T_{Tm(T)}=\frac{1}{720}\int_0^{720} T_T d\varphi$$

2）以平均能量算得的平均值

$$T_{\mathrm{Tm(I)}}=\frac{\int_0^{720} h_{\mathrm{T}}\frac{\mathrm{d}m_{\mathrm{T}}}{\mathrm{d}\varphi}\mathrm{d}\varphi}{\int_0^{720} c_{p\mathrm{T}}\frac{\mathrm{d}m_{\mathrm{T}}}{\mathrm{d}\varphi}\mathrm{d}\varphi}$$

3）模拟热电偶测量的温度值

$$T_{\mathrm{Tm(th)}}=\frac{\int_0^{720}\left(\frac{\mathrm{d}m_{\mathrm{T}}}{\mathrm{d}\varphi}\right)^{0.6}T_{\mathrm{T}}\mathrm{d}\varphi}{\int_0^{720}\left(\frac{\mathrm{d}m_{\mathrm{T}}}{\mathrm{d}\varphi}\right)^{0.6}\mathrm{d}\varphi}$$

其中，$T_{\mathrm{Tm(T)}}<T_{\mathrm{Tm(th)}}<T_{\mathrm{Tm(I)}}$，而 $T_{\mathrm{Tm(th)}}$ 与实测值最为接近。

（10）排气管排气压力的时间平均值 p_{rm}

$$p_{\mathrm{rm}}=\frac{1}{720}\int_0^{720}p_{\mathrm{r}}\mathrm{d}\varphi$$

（11）每循环每缸流过的空气量 m_{s}

$$m_{\mathrm{s}}=\int_0^{720}\frac{\mathrm{d}m_{\mathrm{d}}}{\mathrm{d}\varphi}\mathrm{d}\varphi$$

（12）整机空气流量 $q_{m\mathrm{b}}$

$$q_{m\mathrm{b}}=m_{\mathrm{d}}in\frac{2}{60\tau}$$

（13）残余排气系数 ϕ_{r} 由残余排气系数的定义可知，残余排气系数是指进气终了留在气缸内的上循环残余排气量与新鲜空气量之比。柴油机在稳定工况下，该比值应等于进气终了时残余排气所相当的燃油量与本循环将要喷入的燃料量之比。因此，在计算过程中，可储存进气终了时的 x_{k} 值作为残余排气系数值。

（14）每循环每缸进气终了留在气缸内的新鲜空气量 m_{N}

$$m_{\mathrm{N}}=\frac{m_{\mathrm{z}}}{1+\phi_{\mathrm{r}}}$$

式中，m_{z} 为进气终了时的缸内工质量。

（15）总过量空气系数 ϕ_{as}

$$\phi_{\mathrm{as}}=\frac{m_{\mathrm{d}}}{g_{\mathrm{f}}l_0}$$

（16）燃烧过量空气系数 ϕ_{a}

$$\phi_{\mathrm{a}}=\frac{m_{\mathrm{N}}}{g_{\mathrm{f}}l_0}$$

（17）充量系数 ϕ_{c}

$$\phi_{\mathrm{c}}=\frac{4m_{\mathrm{N}}}{\rho_{\mathrm{d}}\pi D^2S}$$

式中，ρ_{d} 为进气管内的空气密度。

（18）扫气系数 ϕ_s

$$\phi_s = \frac{m_d}{m_N}$$

（19）涡轮平均效率 η_{Tm}

$$\eta_{Tm} = \frac{W_T}{\int_0^{720}\left[\frac{dm_T}{d\varphi}\frac{\kappa_T R_T}{\kappa_T - 1}T_T\left(1 - \pi_T\frac{\kappa_T - 1}{\kappa_T}\right)\right]d\varphi}$$

（20）涡轮增压器总效率 η_{Tb}

$$\eta_{Tb} = \eta_{Tm}\eta_b\eta_{bcm}$$

如上文所述，微分方程广泛存在于柴油机一维热力过程的求解计算中，因此很适合采用计算机编程手段进行计算，而且经过长期的改进，柴油机一维热力过程模拟计算的商业软件已经发展得比较成熟，例如 BOOST、GT-POWER 等。这类商业软件在预测柴油机性能、对结构进行优化、提供计算结果等方面具有计算速度快、结果直观等特点，由于采用模块化方法，不同部件可分别进行设置，也便于针对不同情况选择适合的计算模型。

与三维流动模拟计算相比，柴油机一维热力过程计算速度更快且易于收敛，但无法考虑复杂的空间流动，并且计算精度有限，因此可以将一维热力过程计算结果作为边界条件提供给三维流动模拟计算软件或三维有限元计算软件。为结合一维计算与三维计算的优点，一维热力过程计算的商业软件具有一定的一维三维耦合能力，可以通过内置的接口与 FLUENT、STAR-CD 和 FIRE 等三维流动计算软件进行数据交换，实现一维三维耦合计算。根据需求和实际情况，合理结合一维热力过程软件与三维流动和有限元计算软件可大幅缩短研发周期，降低研发成本。

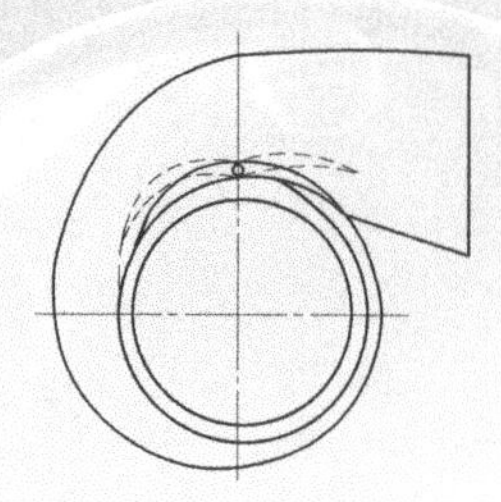

第 6 章 提高增压器流动效率及工作可靠性的措施

6.1 提高增压器流动效率的措施

6.1.1 合理选择叶片形式

1. 直立叶片

压气机叶轮是压气机中由机械能转变为压力能、热能和动能的唯一的重要零件（参阅第 1 章图 1-19）。涡轮叶轮是涡轮中由压力能、热能和动能转变为机械能的唯一的重要零件。叶轮中工质流动状况极其复杂，其流动效率高低对整机效率有举足轻重的影响。叶轮中的流动损失主要有：二次流动损失、潜流损失、冲击损失、轮背鼓风损失、贴近金属壁面的工质的附面层流动损失和附面层脱离损失等。常见的叶片有直立叶片、后弯叶片和后掠叶片三种型。图 6-1 所示为直立叶片。

图 6-1 直立叶片

压气机叶轮由导向叶片、工作叶片和轮盘三部分组成。内燃机增压器因工质流量相对燃气轮机较小，通常这三部分做成一个整体。为了满足气流三维流动的需要，导向叶片做成三维曲面，而直立叶片的工作叶片部分与轮盘垂直。对汽油机增压器来说，涡轮进口温度比柴油机高出 200~300℃，即涡轮进口能量较多，而热强度问题比较突出，因而往往顾全可靠性，不苛求流动效率而采用径流式直立叶片形式。

2. 后弯叶片

工质进入叶轮时，其压力和速度沿周向分布是均匀的。在流道中由于工质的惯性引起了与叶轮旋转方向相反的流动，损失了部分动能，即所谓二次流动损失，又称环流损失。环流改变了流道中工质流线的均态布局，产生了速度梯度，如图 6-2 所示。当叶轮出口边速度梯度超过临界值时，靠近叶片压力面侧产生倒流，严重时会引起强烈振荡，伴随着更大的流动损失。流道中每条工质流线总能量是相等的，产生速度梯度的同时也产生压力梯度。若将流道设计成后弯式，如图 6-3 所示，工质流经弯曲形流道，产生附加离心力，缓解了压力梯度，也就缓解了速度梯度，即减轻了二次流动损失。这种后弯式叶型如图 6-4 所示，在压比要求不高，而流动效率要求很高的涡轮增压器上得到广泛应用。

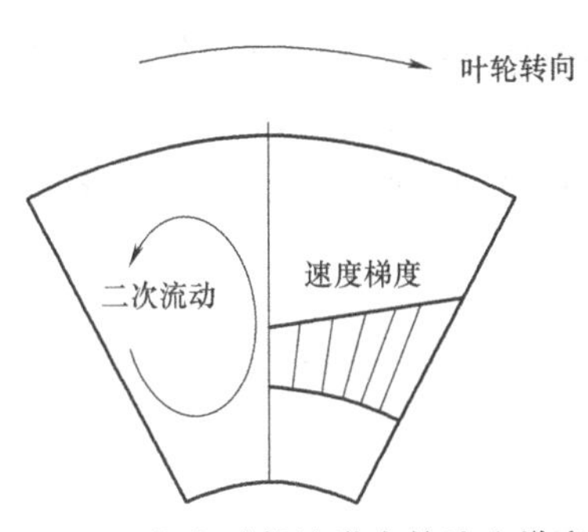

图 6-2　径向叶轮流道中的速度梯度

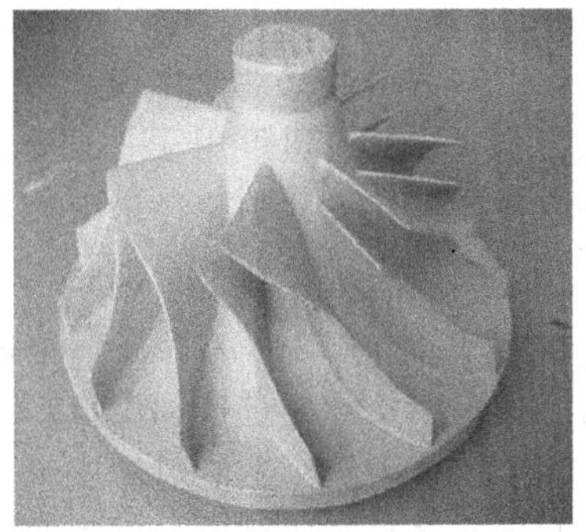

图 6-3　后弯叶片

3. 后掠叶片

高速旋转的叶轮和壳体之间存在一定的间隙，对离心式增压器，这个子午面间隙一般为 0.3～0.4mm；对径流式涡轮，由于工作温度较高，子午面间隙一般为 0.7～0.8mm。叶轮转动时叶片迎风面压力较高，背面压力较低，这就使得叶片前后产生压力差，导致叶片前的部分工质从子午间隙流向叶片后。这股流量不仅不能做功，反而会产生扰动而带来压力损失，通常称其为潜流损失，如图 6-5 所示。如果工作叶片朝旋转前方倾斜一个角度，压力面工质产生一个向轮盘方向的分力，从而减少了子午面的潜流量和相应的潜流损失。这种朝旋转前方倾斜一个角度的叶片叫作前倾叶片。这种既后弯又前倾的叶片一般称为后掠叶片，如图 6-6 所示。它比后弯叶片具有更高的流动效率，在涡轮增压器上得到了更广泛的应用。

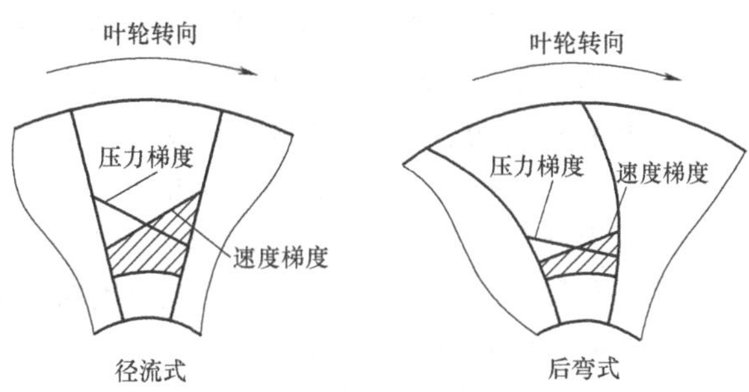

图 6-4　不同叶型的速度和压力梯度

后弯叶片和后掠叶片在离心力的作用下，相对直立叶片在叶根部分增加了一个附加的弯

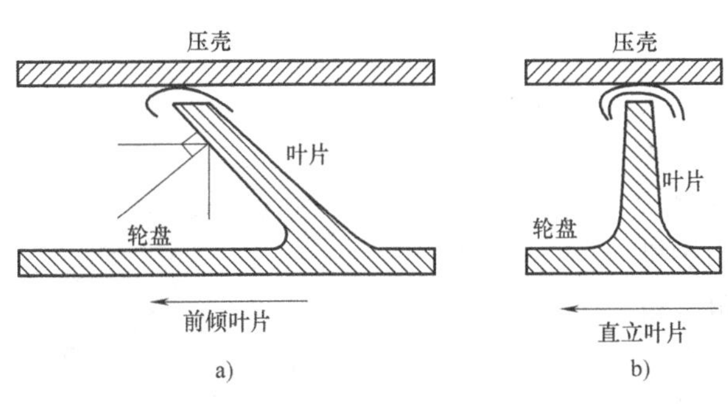

图 6-5　不同叶片潜流损失示意图

a）前倾叶片　b）直立叶片

图 6-6　后掠叶片

矩，因而要考虑足够的强度以适应这一机械应力的挑战。

在涡轮增压器压气机壳的子午面上加一层涂料，形成一个可刮密封层，既可以缩小间隙，又防擦壳。但涂料一旦脱落进入气缸，会影响缸内工作环境，甚至造成故障。

6.1.2 合理设计子午面流道

叶轮内的流道是三维变化的，与气流流线相垂直的截面形状及大小随流线是变化的。对径流式直立叶片的流道可用子午面上的内外子午线构成的流道来表示，通常称为子午面流道。该流道的周向尺寸随轮径增大而增长，因与流线相垂直的截面积沿流线是变化的，其可用无数个折合圆表示，与折合圆相切可引成两条包络线，如图 6-7 所示。若该两条包络线互相平行，则表明从叶轮进口到出口，工质的相对速度不变，输入的机械能只转变为压力能和热能。若该两条包络线扩散，则表明从叶轮进口到出口，工质的相对速度减小，叶轮中部分动能转变为压力能和热能。若该两条包络线收敛，则表明从叶轮进口到出口，工质的相对速度增大，叶轮中部分压力能和热能转变为动能。这三种情况都是正常的，是设计师根据动力装置需要而配置的热力参数所确定的。问题在于该两条包络线不直，或成马鞍形、腰鼓形，甚至麻花形，如图 6-8 所示。这种现象表明叶轮流道截面积忽大忽小，相对速度忽慢忽快。工质在流道内胀缩流动会造成流动损失，这种流动损失不可忽视。针对某型涡轮增压器的压气机叶轮做对比试验，改进后的压气机绝热效率提高了 2%~3%。造成这种现象的原因主要是：设计外子午线时忽略了内子午线。

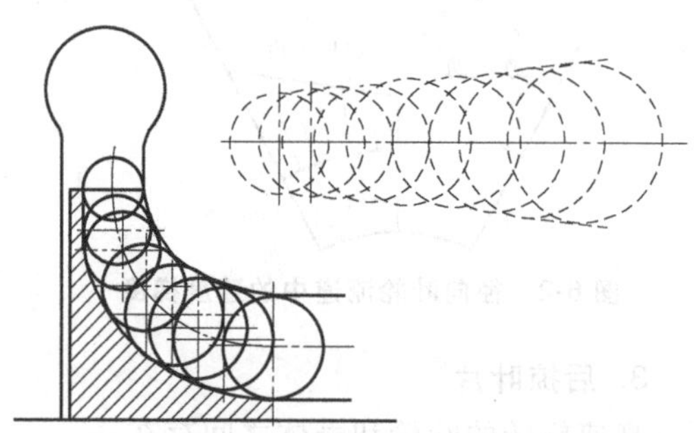

图 6-7　子午面折合流道

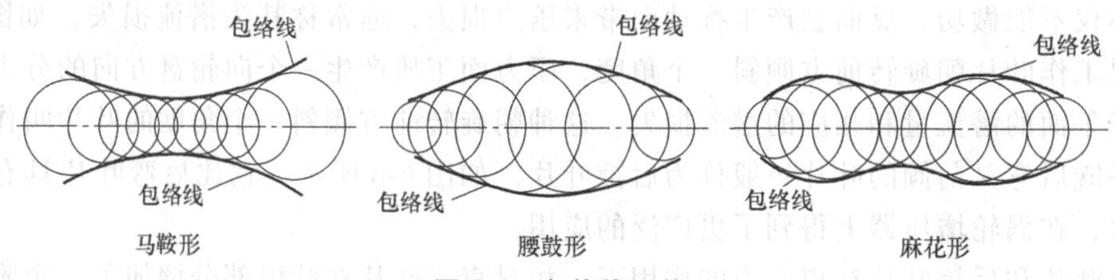

图 6-8　包络线形状

6.1.3 避免撞击损失

叶轮进口段设计时，为避免气流撞击，叶片都设计有一个迎风角，称其为叶片几何角，如图 6-9 所示（参阅第 1 章图 1-22）。对内燃机用增压器，这个压气机叶轮叶片的几何角是由内燃机常用工况气体流量决定的，该工况下气流入口角等于叶片几何角，冲角等于零，没有撞击损失，流动效率相对最高（参阅第 1 章图

图 6-9　压缩机叶轮剖面图

1-24）。当内燃机处于大工况时，流量增大，在叶轮进口处产生负冲角，在叶片凹面出现附面层脱离现象，造成撞击损失。反之，当内燃机处于小工况时，流量减小，在叶轮进口处产生正冲角，在叶片凸面出现附面层脱离现象，造成撞击损失。这两种工况下流动效率都有所降低。

在实际增压匹配时，有的图省略了理论计算，既不了解入口气流角，也不清楚压气机叶片几何角。对比试验表明，该项撞击损失会带来1%～3%的效率损失。这里还必须指出，叶片式扩压器入口处也存在撞击损失，必须认真对待。

6.1.4 减少叶轮中气流急剧转弯的流动损失

在离心式压气机及径流式涡轮中，气流流经叶轮时几乎都有90°的急转弯，损失了较多能量。为减轻叶轮重量，减小转动惯量，设计师往往把叶轮轴向尺寸尽量减小，但这种急转弯的设计使叶轮中的流动损失更加突出。计算与试验表明，混流式涡轮比径流式涡轮具有更高的流动效率，两者相差8%～10%，如图6-10所示。

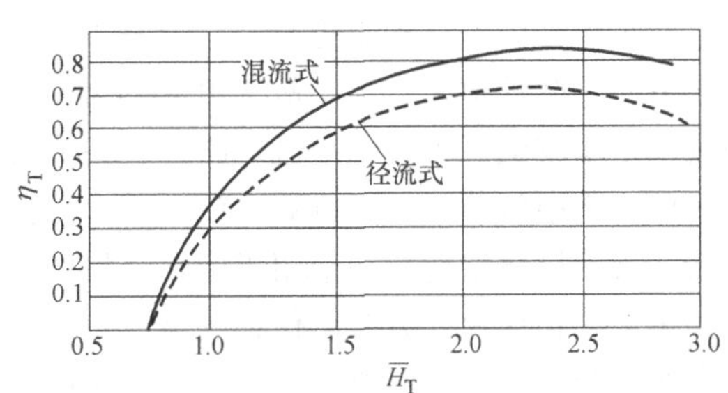

图6-10 径流式和混流式绝热效率对比

6.1.5 减少轮背摩擦鼓风损失

为了减轻叶轮重量，减少转子转动惯量，设计压气机叶轮时，往往在轮背上挖一个“凹坑”，如图6-11所示。但与之对应的扩压板为了简化结构往往设置为平面。在这两者之间就形成了一个不可忽视的空间。其间的气流一面与高速旋转的轮背接触，另一面与静止不动的扩压板接触，叶轮转动时，在气体黏性作用下，引成环流，产生了摩擦鼓风损失。为了减少这种摩擦鼓风损失，可将扩压板对应叶背凹坑处设计为凸台，减小这一环流运动的空间，从而提高流动效率。这一措施同样适用于涡轮端。

6.1.6 消除叶轮进出口涡流损失

在增压匹配中，压气机进口段由于管径大小不一经常出现图6-11所示的几何形状，其产生的流动损失一般有以下几种形式：进口锥面段气流撞击损失，叶轮进口涡流损失，锁紧螺母外径和叶轮进口内径不一致引起的撞击损失等。为了减少这些流动损失，不同管径过渡段应当圆滑过渡。从进口管的轴向剖面看，其内壁剖面线设计成对数螺旋线，则可进一步减少流动损失。

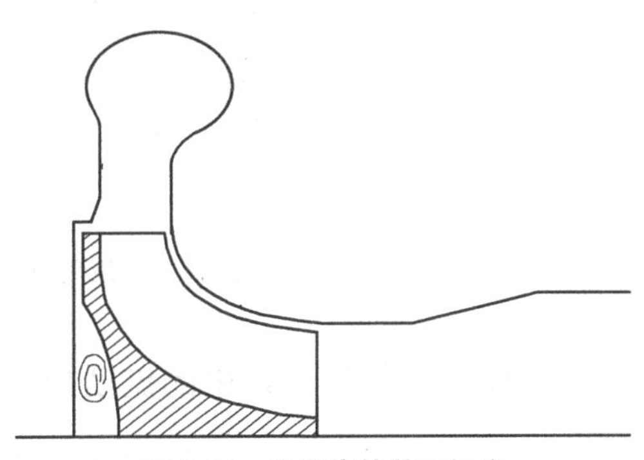

图6-11 轮背摩擦鼓风损失

在压气机叶轮出口处，气流以高速流入扩压器，在叶轮与扩压器交接处（见图6-12），气流突然扩张，靠近扩压板气流其部分冲击扩压板，还有少量气流进入轮背，进行摩擦鼓风运动。因此，在压气机叶轮出口处，出现撞击

和摩擦鼓风等损失。为了减少这些流动损失，叶轮出口处，除了留出必要的径向间隙外，气流应尽量平顺进入扩压器，以减少叶轮进出口附加流动损失。

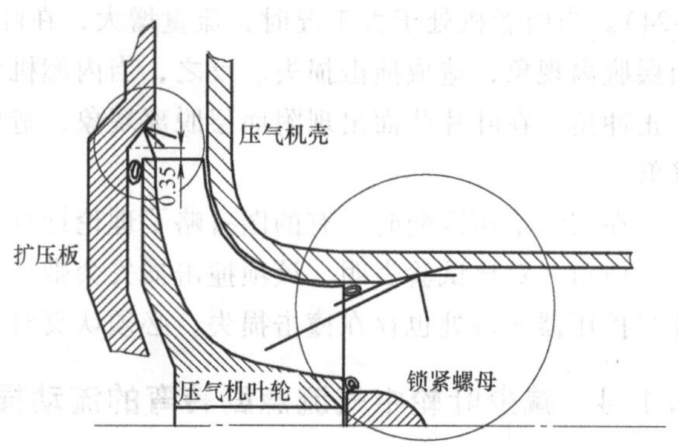

图 6-12 压气机叶轮进出口流动损失

6.1.7 减少扩压器及集气壳中的流动损失

气体进入扩压器后遵循对数螺旋线轨迹流动，气流方向与当地切线的夹角 α 较小，在扩压器内的流动轨迹较长，气体与金属壁面的摩擦损失较大，故无叶扩压器的流动效率较低。为了缩短流动轨迹，在流量较大的扩压器中设置了扩压片，气流在扩压片之间的流道中流动，轨迹较短，流动效率较高。但通常车用发动机及其他小流量发动机用增压器，为了简化结构往往采用无叶扩压器。扩压片的断面形状以机翼形为宜，它具有较小的流动损失。扩压片安装时要保证气流入口时无撞击损失，即冲角为零。车用增压器中这一要求很难达到，因为发动机工作状态是在不断变化的。扩压片安装角做成可调式是解决撞击损失的最佳方案，当然，这是以复杂结构为代价的。

气体进入集气壳，若不需要进一步提高气流压力，则流道截面积无须相对扩大，截面积沿流动方向增长规律与气流汇集增长规律同步，如图 6-13 上面一组线型所示。若气流压力仍需进一步提高，则流道截面积尚需相对扩大，气流速度相对减小，使部分动能转变为压力能，如图 6-13 中间组线型所示。图 6-13 下面一组线型所示的流动规律，表示沿压壳流道截面积相对减小，气流速度相对增大，压力相对减小，这对克服附面层脱离有利，也就是说对提高流动效率有利，但在废气能量有限的增压器中较少采用。

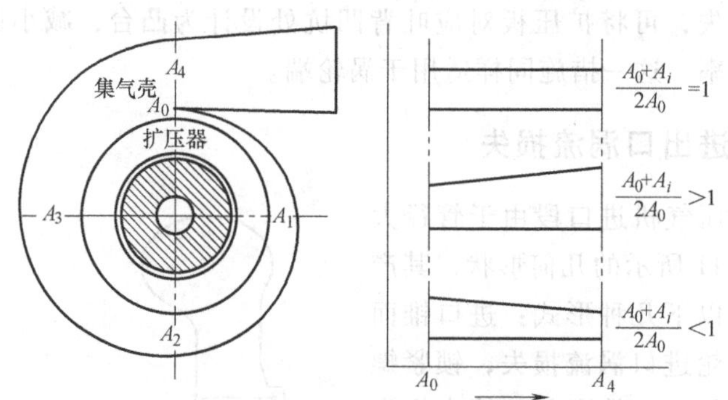

图 6-13 压气机壳流道截面积变化示意图

6.1.8 减少进排气歧管中的流动损失

压气机或中冷器出口气流是连续的，其压力也是相对稳定的。然而发动机进气是间断的，这种续流机械与断流机械联合运行时，必定会出现脉动现象，即进气歧管中的气流是脉动的，会影响进气质量。工程上处理这个问题通常采用两个措施：一是增大进气歧管容积，缓解气流波动，提高进气压力；二是通过谐振计算确定进气系统尺寸，使进气门打开瞬间正值高压波到达之时，增加进气量。前者适于变工况发动机，后者适于稳定工况发动机。

在增压匹配中，对进排气门叠开期内两管的压力波十分关注。叠开期内，若进气管压力大于排气管压力，有利于缸内扫气，提高换气质量，并降低排气温度。反之，引起废气倒灌，不仅影响发动机性能，严重时还会引起着火。废气在排气管内流动更要注意减少流动损失，因为涡轮前的排气能量已经有限，尤其压力能。为了充分利用排气压力波，在中、低增压度匹配中，一般设计为一缸一管的排气歧管，确保排气压力波进入喷嘴环。一台两缸机对比试验证明，将两根排气歧管由“丁”字形布置，改为“人”字形布置，功率增加了12%。

6.2 提高增压器工作可靠性的措施

6.2.1 减轻增压器早期磨损现象

1. 早期磨损现象

所谓增压器早期磨损现象是指增压器出厂后不到规定的维修期，运动件已经磨损，甚至不能正常工作的现象。在内燃机增压技术兴起的阶段，这种情况时有出现。作为例子列出了一张调查表，见表6-1，出现故障的汽车平均使用寿命不到8000km。

表6-1 主机厂反馈意见表

故障形式	数量/台	占故障总台数比例(%)
早期磨损	21	33.33
严重漏油	28	44.44
断轴	8	12.7
叶片飞裂	4	6.35
其他	2	3.18

图6-14所示的压气机叶轮是由于转子严重失衡，当转速升高时发生偏转而擦壳引起的。这种现象一般在投入运行不久就会出现，称为早期磨损现象。在压气机叶轮被磨损同时，压壳的子午面上同样受损，如图6-15所示。

图6-14 磨损的压气机叶轮

图6-15 磨损的压壳子午面

浮动轴承转速与内外油膜厚度及油的黏性、温度等因素有关，在正常情况下浮动轴承转速大致为轴转速的三分之一。在压气机叶轮擦壳的同时，轴处于摇摆旋转状态，浮动轴承内外油膜被破坏，浮动轴承内壁与轴表面直接接触，外壁与中间壳孔的内表面直接接触，这两者有17~26m/s的相对线速度，一触就失效，如图6-16所示。在不正常运行中，浮动轴承难免发生轴向窜动，造成推力轴承异常磨损，如图6-17所示。

图6-16　磨损的浮动轴承

2. 早期磨损原因分析

增压器早期磨损原因很多，大体分为制造工艺及使用不当两个方面。

（1）制造工艺方面的原因

1）动平衡精度未达标。随着增压器小型化，其转速越来越高，动平衡的要求也越来越严格，动平衡设备也越来越先进。目前，五坐标铣床和空气轴承动平衡机已广泛应用，分别如图6-18和图6-19所示，因动平衡精度差而引起的早期磨损现象已基本得到控制。

图6-17　磨损的推力轴承

图6-18　五坐标铣床

图6-19　空气轴承动平衡机

2）轴表面硬度未达标。轴表面硬度达标并不困难，但机械加工及热处理工艺如果不当，往往会出现淬硬层深度不够或淬硬层磨削太多，因而工作表面硬度未能达标，导致早期磨损。下面从早期磨损的批产中，作了一次轴表面硬度调查，抽查结果列于表 6-2。由表6-2可见：所列 4 种轴，其表面硬度实测值只有设计值的 68%~93%，且轴颈越小，相对硬度实测值越小。这例说明轴表面硬度不达标是导致早期磨损的一个重要因素。表 6-3 列出了同一批产轴的硬度抽检结果。由表 6-3 可见：同一轴上所选三个位置的表面硬度误差在±3%左右，说明该批轴表面硬度控制得较好，硬度也比较均匀。跟踪调查结果证明，该批轴未出现早期磨损现象。

表 6-2　不同轴颈的轴硬度抽查表

轴颈/mm	设计硬度 HRC	实测硬度 HRC	实测硬度/设计硬度(%)
5	26	17.8	68.46
10	28	25	89.29
15	30	27	90
20	32	30	93.75

表 6-3　同一批产轴的硬度统计表

受检部位洛氏硬度			平均硬度值		受检部位洛氏硬度相对值		
A	B	C	实测值 M	相对值	A/M	B/M	C/M
HRC	HRC	HRC	HRC	%	%	%	%
23.5	24	24	23.83	100	98.6	100.7	100.7
39.5	39.5	40	39.67	166.43	99.58	99.58	100.84
40.5	40	39.5	40	167.83	101.25	100	98.75
36.5	36	36	36.17	151.75	100.92	99.54	99.54
38.5	36.5	37	37.33	156.64	103.13	97.77	99.11

3）清洁度未达标。涡轮增压器结构十分复杂，尤其中间壳，给清洗工序带来不便，生产部门对此已引起很大重视，按有关国家标准制定了清洗工艺规范。但在实际清洗过程中有些环节没有把握好，影响清洁度达标。例如，转子整体动平衡，这道工序是在清洗工序之后进行的。动平衡机的润滑油往往认为干净的，其实动平衡试验中还会有些清洗不彻底遗留下来的铁屑等杂物通过润滑油又进入试件的润滑系统，使得本来清洁度达标的试件变为未达标。

产品出厂试验合格后包装入库，但试验台的润滑油若不及时清洗或更换也会污染出厂试验合格的产品。图 6-20 所示为从正在试验的增压器回油管中取出的润滑油沉淀 30min 后的照片，铁屑清晰可见。由此说明，动平衡机的润滑油及出厂试验台的润滑油必须随机过滤，定期更换。产品入库前应喷涂防锈油，这样简单的工序如果检验人员不重视也会影响清洁度达标。图 6-21 所示为被抽检曝光的防锈油槽的照片，显然涂了防锈油后，前面清洗工序将前功尽弃。

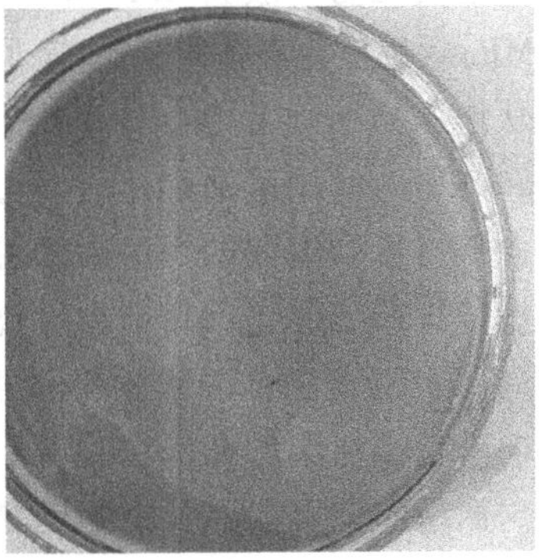

图 6-20　取样沉淀 30min 后的试验台润滑油

4）毛刺未净。涡轮增压器中间壳孔内设有油道，油道与孔交叉处呈月牙形，如图 6-22 所示。机械加工时留下的金属切屑俗称毛刺，清洗方法多为超声波及镗削。若清理不净，将会刮伤浮动轴承表面，这也是产生早期磨损的一个原因。

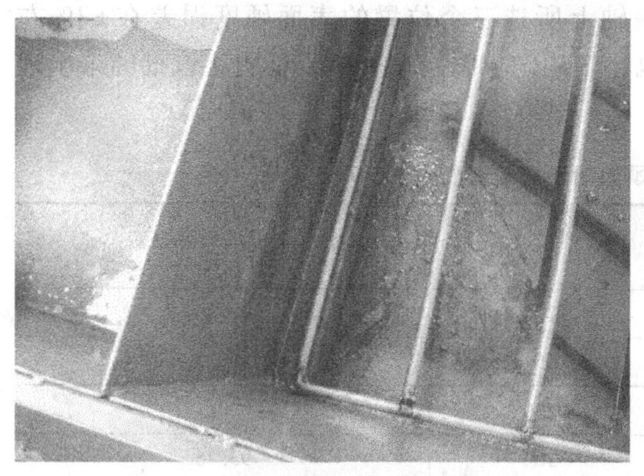

图 6-21　防锈油涂淋槽内的铁屑

图 6-22　中间壳内油道剖面

（2）使用不当方面的原因

1）起动升速过快。发动机起动后，未等润滑油进入各个摩擦面就立即升速，尤其冬天或北方寒冷地区，如果润滑油温度不到预期值时就升速很容易出现早磨现象。

2）润滑油压力过低。浮动轴承内外油膜及推力轴承表面油膜的建立全靠足够高的油压来实现。由于油路中某种原因油压低于 0.15MPa，油膜过薄，而柴油机又处于大负荷高转速状态，增压器极易磨损。

3）润滑油温度过高。例如超载运行时，润滑油冷却失衡，当润滑油温度过高时，其黏性显著下降，油膜过薄，也会出早磨现象。

4）润滑油与水混合。由于发动机其他方面的原因，如吹缸垫、油路被脏物堵塞、油压异常升高、油冷器脱焊，使油路与水路相通，润滑油失常，失去黏性，导致早磨。

6.2.2 减轻增压器的漏油现象

1. 增压器的漏油现象

对中、低增压度的柴油机来说，其涡轮轮背的排气压力为 0.1~0.15MPa，压气机叶轮轮背的空气压力一般为 0.1~0.2MPa，而正常运行的柴油机其润滑油的压力一般为 0.15~0.45MPa，甚至更高一些。这就是说，正常运行的增压器，润滑油压力大于两端的气体压力。从增压器结构考虑，高速旋转的转子与静止不动的三个壳之间有一定的间隙。由此可见，较高压力的润滑油必定会通过间隙向两端泄漏。

向压气机端泄漏的润滑油随着压缩空气进入柴油机气缸，与燃料一起燃烧，由于破坏了正常燃烧规律，不仅严重影响燃烧质量，而且会导致泄漏润滑油经过部位出现密封环烧结、轴颈局部表面发蓝、浮动轴承偏磨等现象，甚至出现叶轮擦壳、停转等事故，如图 6-23 所示。向涡轮端泄漏的润滑油随着涡轮排气排出机外，或进入后处理装置。以上分析说明，润滑油向两端泄漏是必然的，问题是如何控制润滑油泄漏量，使废气中的有害成分减少到排放法规所允许的范围内。

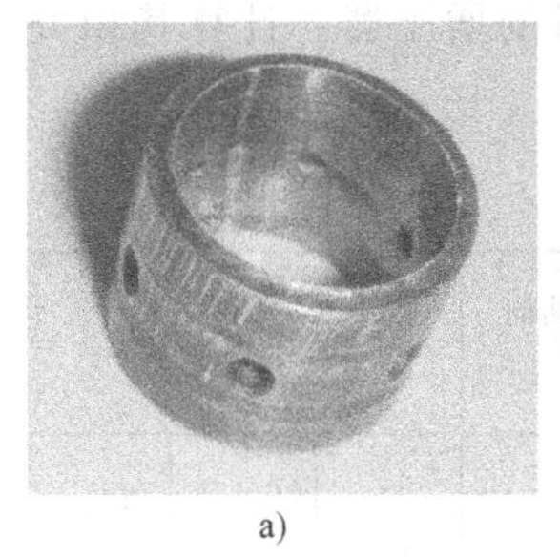
a)

b)

c)

d)

图 6-23　烧结的浮动轴承、轴封定套、轴颈和密封环

2. 增压器漏油通道分析

图 6-24 所示为径流式涡轮增压器剖面模型。图 6-25 所示为增压器油道示意图。由图 6-25 所示可见，润滑油进入中间体 D，由三路分别进入浮动轴承 E 及推力轴承 H。在浮动轴承 E 内外建立油膜，确保整个转子悬浮着工作。在推力轴承 H 的两侧表面建立油膜，承受转子双向轴向力。与此同时带走从涡轮端传入的热量以及高速旋转产生的摩擦热。

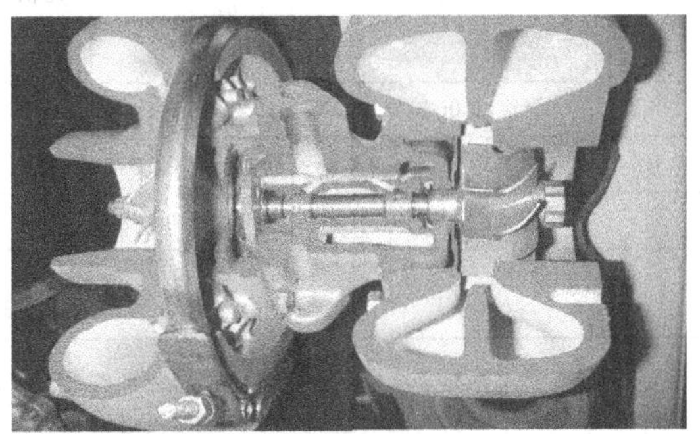

图 6-24　径流式涡轮增压器剖面模型

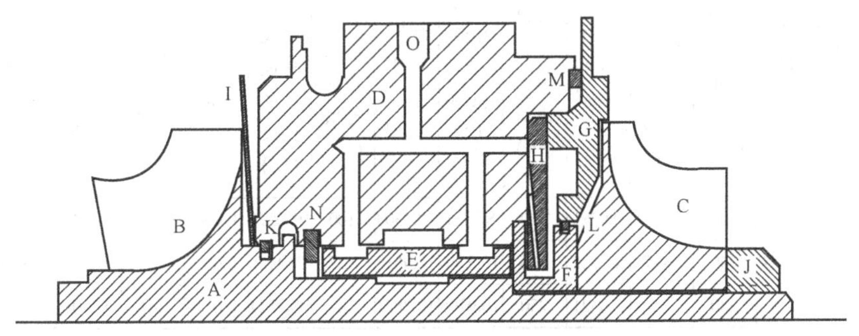

图 6-25　增压器油道示意图

A—轴　B—涡轮叶轮　C—压叶轮　D—中间壳　E—浮动轴承　F—轴封定套
G—扩压板　H—推力轴承　I—挡热板　J—锁紧螺母　K—涡端密封圈
L—压端密封圈　M—扩压板密封圈　N—挡圈　O—进油口

润滑油在正常工作的同时向两端泄漏。漏向压叶轮端的润滑油分两股泄漏：一股从轴封定套 F 及压叶轮孔与轴之间的间隙漏向压气机叶轮 C 的进口处，随着吸入的空气进入叶轮；另一股从轴封定套 F 外侧，经密封环 L 流向压气机叶轮 C 的轮背，随着摩擦鼓风运动的气流卷向叶轮出口处。这两股泄漏量随着压缩空气通过扩压器、集气壳、进气管，最后进入柴油机（非中冷式），或再经中冷器进入柴油机（中冷式）。漏向涡轮端的另一股润滑油泄漏量先经挡圈 N 及轴上的甩油环，再经密封圈 K，接着随涡轮叶轮 B 的轮背在做摩擦鼓风运动的气流卷向叶轮进口处，受高温废气点燃燃烧，排出涡轮，然后进入排气管或后处理装置，最后排入大气。

漏油油道面积的大小会对漏油量有较大影响。选三台不同漏油量的增压器，计算其相关内外漏油通道的面积，见表 6-4 及表 6-5。

表 6-4　增压器压端漏油内流道流通面积统计表

增压器号	增压器压端漏油状态	轴阶梯最小径向流通面积			轴封定套内孔最小轴向流通面积			压叶轮内孔最小轴向流通面积			内流道总流面积		
		实际面积/mm^2	相对A台对应面积的比值(%)	相对本台总内流通面积的比值(%)	实际面积/mm^2	相对A台对应面积的比值(%)	相对本台总流通面积的比值(%)	实际面积/mm^2	相对A台对应面积的比值(%)	相对本台总流通面积的比值(%)	实际面积/mm^2	相对A台对应面积的比值(%)	相对本台总流通面积的比值(%)
A	少	0.06283	100	19.503	0.1414	100	43.913	0.1176	100	36.52	0.322	100	100
B	中	0.0754	120	19.5135	0.1696	144	43.8922	0.1414	144	36.594	0.3364	120	100
C	多	0.1131	180	0.5205	0.1885	160	0.8674	0.1131	115	0.5205	0.4147	128.79	100

表 6-5　增压器压端漏油外流道流通面积统计表

增压器号	增压器压端漏油状态	轴封定套侧面最小径向流通面积			压端密封环侧最小径向流通面积			压端密封环内孔最小轴向流通面积			压端密封环开口轴向流通面积			本机径向轴向总流通面积		
		实际面积/mm^2	相对A台对应面积的比值(%)	相对本台总流通面积的比值(%)	实际面积/mm^2	相对A台对应面积的比值(%)	相对本台总流通面积的比值(%)	实际面积/mm^2	相对A台对应面积的比值(%)	相对本台总流通面积的比值(%)	实际面积/mm^2	相对A台对应面积的比值(%)	相对本台总流通面积的比值(%)	实际面积/mm^2	相对A台对应面积的比值(%)	相对本台总流通面积的比值(%)
A	少	0.0314	100	0.2822	0.9281	100	8.3421	10.1303	100	91.0521	0.036	100	0.3236	11.1255	100	100
B	中	0.0754	240	0.3457	2.2622	244	10.3714	18.9616	187	36.932	0.051	141	0.2338	21.3506	191.9	100
C	多	0.0754	240	0.355	2.3321	250	10.9795	18.7821	185	38.4524	0.051	141	0.2401	21.2405	190.91	100

1）由图 6-24、图 6-25 及图 6-26 看出，增压器压端润滑油路分内流道和外流道两部分。

2）在压端内流道中，浮动轴承处的润滑油在 0.15～0.6MPa 的压力作用下，经轴阶梯段最小径向流通面、轴封定套内孔最小轴向流通面及压叶轮内孔最小轴向流通面流到压叶轮进口处。其流量大小受两端压力差及这三段中流通面积最小段的面积的制约。

3）在压端外流道中，一股漏油量从浮动轴承处在 0.15～0.6MPa 的压力作用下，经推力轴承、轴封定套、压端密封环，进入轮背；另一股漏油量来自轴封定套及压叶轮轮背结合面，在轴封定套内孔压力与压叶轮轮背处压力的压差作用下，流向压叶轮轮背。

4）内、外流道两股漏油量在压叶轮轮背处汇合，共同流向压气机扩压器、集气壳，直至柴油机燃烧室。

5）漏油量大小受两个因素制约：一是浮动轴承处润滑油的压力与压气机叶轮进、出口压力之差；二是最小油道截面积。

对上述不同漏油量的三台径流式增压器，分别测出内、外油道各段的流通面积，列于表

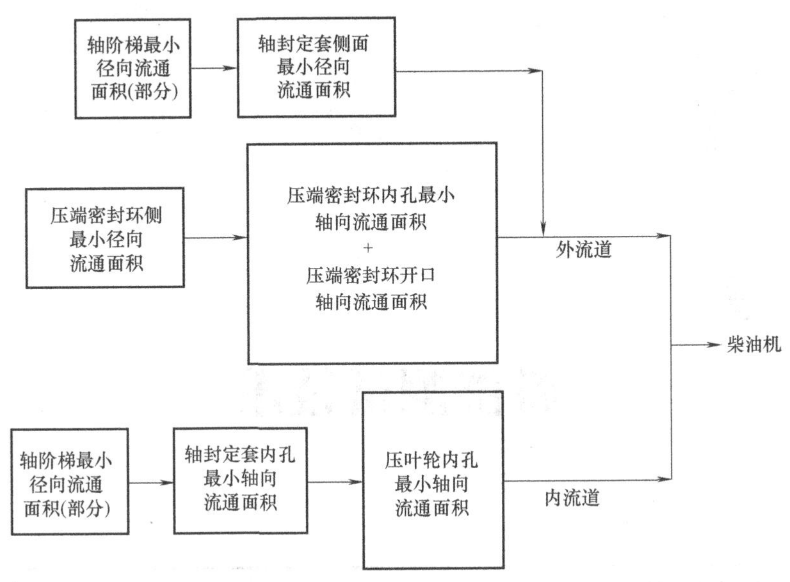

图 6-26 增压器端漏油线路图

6-6。由表 6-6 可见，在相同压差情况下，最小通道面积与漏油量成正比。

表 6-6 增压器压端漏油油路流通面积（最小）比较表

增压器编号	轴阶梯面径向流通面积		轴封定套侧面径向流通面积		压叶轮背面径向流通面积		压叶轮与轴向流通面积		定套与轴向流通面积		密封环内孔轴向流通面积		密封环与槽径向流通面积		密封环开口间隙轴向流通面积（工作状态）		漏油状况
	面积/mm^2	相对值(%)	面积/mm^2	相对值(%)	面积/mm^2	相对值(%)	面积/mm^2	相对值(%)	面积/mm^2	相对值(%)	面积/mm^2	相对值(%)	面积/mm^2	相对值(%)	面积/mm^2	相对值(%)	
A	0.06283	100	0.0314	100	0.0314	100	0.1176	100	0.1414	100	10.1303	100	0.9281	100	0.036	100	好
B	0.0754	120	0.0754	240	0.0754	240	0.1414	144	0.1696	144	18.9615	187	2.2622	244	0.051	141	一般
C	0.1131	180	0.0754	240	0.0754	240	0.1131	115	0.1885	160	18.7821	185	2.3321	250	0.051	141	差

3. 增压器的漏油试验

为验证以上漏油油路流通面积分析的有效性，在海拔 500m 的试验基地上进行柴油机漏油试验，共分三批，每批 20 台，试验条件如下：

柴油机转速：750r/min

柴油机负荷：空载

机油温度：70℃

润滑油压力：0.4MPa

压气机进口真空度：1500mmH_2O

每台柴油机运行时间：30min

在第三批控制了轴阶梯段最小径向流通面积及压端密封环与槽最小径向流通面积，试验结果：每台停机拆检，在压气机进口、压叶轮表面及背面未见漏油痕迹，满足主机厂的要求。

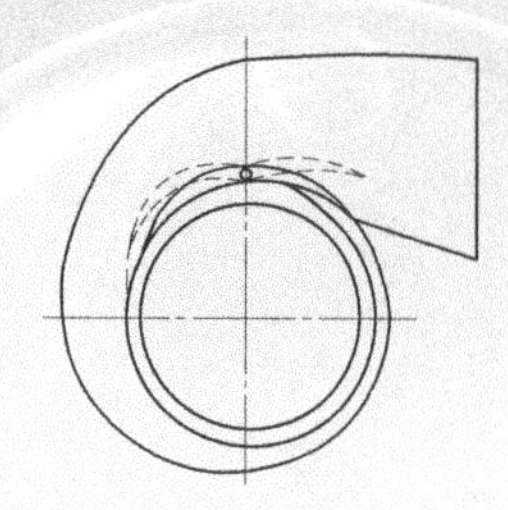

第 7 章 性能测试技术

7.1 压气机性能测试

7.1.1 压气机性能试验台组成及其功能

压气机性能包括流量、压比、效率及转速四个参数。在内燃机增压匹配中必须事先掌握压气机的性能。在一台新增压发动机研发初期，增压器和发动机同步开发，往往用仿真计算方法先算出压气机的性能曲线。但影响压气机性能的因素很多，仿真计算得到的性能曲线如果没有实测数据佐证较难准确反映出其真实性能，因而必须通过试验积累大量的实测数据。这个测试装置就是压气机性能试验台。压气机性能试验台组成包括恒温进气系统、驱动系统、润滑系统和测控系统等，如图 7-1 所示。

7.1.2 压气机性能试验台的关键问题

1. 进气系统

这里的进气是指进入压气机的空气。压气机绝热压缩功可用下式计算：

$$W_{ack}=\frac{k}{k-1}RT_1(\pi_k^{\frac{k-1}{k}}-1) \tag{7-1}$$

式中，k 为空气等熵指数；R 为空气气体常数；T_1为压气机进口温度；π_k为压气机压比。

可见，压气机绝热压缩功和等熵指数、气体常数、进口温度及压比有关。对空气来说，气体常数是定值；等熵指数是比定压热容和比定容热容之比，是温度的函数，但随温度变化极小；当压比一定时，绝热压缩功 W_{ack} 主要受进口温度 T_1的影响。计算表明：T_1增减 10℃，W_{ack}增减 3.5%。

绝热效率可用下式表示：

$$\eta_{ack}=\frac{W_{ack}}{W}=\frac{T_1}{T_k-T_1}(\pi_k^{\frac{k-1}{k}}-1) \tag{7-2}$$

式中，T_k 为实际压缩终温；W 为实际耗功。

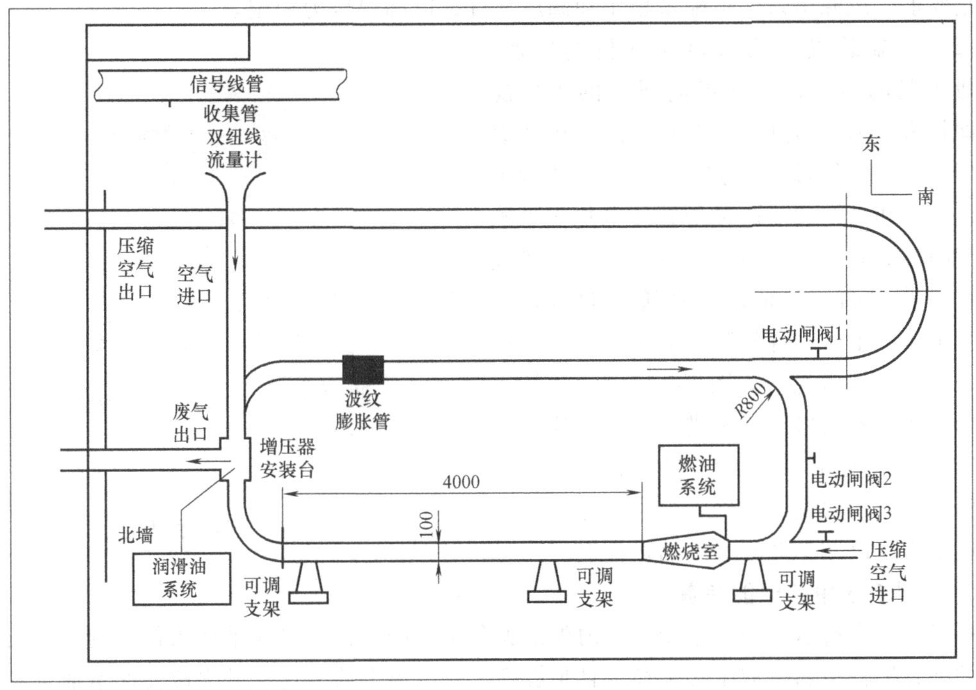

技术要求

1.压气机进气口双组线流量计置静室，弯头越少越好。
2.压气机出气口置墙外，设铁丝网，弯头越少越好。
3.燃烧室出口直线段大于4000mm。
4.涡轮排气口进入消音坑。
5.循环气道弯头曲率半径大于800mm。
6.测线经摇臂式管进入控制室。
7.循环管道竖置在可调支架上。
8.管径为100mm及150mm两组并列，间隔均布。

图 7-1　压气机性能试验台示意图

计算表明：压比一定时，T_1增加 60℃，η_{ack}只降低 0.5%。以上表明，压气机性能试验时，为提高测试的准确性要尽量保持进口温度稳定，为此一般采取以下措施：

1）若风源压力足够大，冷吹比热吹准确性好。

2）设一个带滤网和进气消声装置的静室，静室取气于空旷、干净的大车间或其他非阳光直射的大空间。试验表明：一个 48m^{3}的静室，一台最大空气流量为 540m^3/h 的压气机连续测试 6h，大气升温 8℃，静室内压气机进口温度 T_1只变化 0.5℃。

3）压气机进口管道隔热。

4）测试室空气流通良好。设测试室容积为 V(m^3)，排风扇流量应大于（V/120）(m^3/s)。

2. 驱动系统

测量压气机性能必须有驱动装置，只要能达到压气机最高转速、最大流量，采取何种驱动装置均可，通常有机械式和气动式两大类。机械式可用电动机、柴油机等动力源通过升速装置直接驱动被测压气机。气动式可用高压的风源再串接升温装置来实现。气动式驱动装置由于结构较简单，已被广泛应用。

（1）风源　对车用、工程机械、移动电站及高速船机等动力装置用的废气涡轮增压器，测量其压气机性能用的风源以多级离心式压缩机和螺杆式压气机为宜，其流量和压比一般均

可满足要求。风源出口必须配备稳压和调压装置，以确保压力稳定。

（2）升温装置　为满足压气机高转速、大流量工况的需求，必须提高涡轮的入口能量，即将来自风源的压缩空气加温后吹动涡轮，即将“冷吹”改为“热吹”。升温装置可分为电加热和燃烧加热两种形式。电加热可确保气流的稳定和清洁，但建台成本较高。燃烧加热容易获得高温气流，但系统和调节较复杂，且工质不干净，容易脏污涡轮，若燃气流不均匀还会烧坏涡轮，如图7-2所示。为解决这问题，燃烧室出口至涡轮进口的距离应大于30倍管径。燃烧室供油系统和喷雾系统是确保试验工况稳定的关键部件。燃烧室至涡轮的管道应绝热，以减少对测试室的热辐射。

图7-2　烧损的涡轮

3. 润滑系统中的储能装置

压气机能高速运转是与浮动轴承内外油膜分不开的，油膜是靠油压来保证的，在长达数小时的试验过程中润滑油压必须稳定且足够高。一旦停电或其他意外事故使润滑油泵停止工作，润滑系统立即卸压，而风源因稳压箱有储气功能仍在继续供气，也就是说，这个瞬间增压器在干摩擦工况下运行，几秒内就会出现严重事故使增压器报废。为此润滑油路中必须设一个储能装置，如图7-3所示。试验表明：当油泵停止工作后，一个10L的储能装置，其内部压缩空气膨胀，借助进出油口处的单向阀，仍可向增压器方向供油，足够维持8~10min。

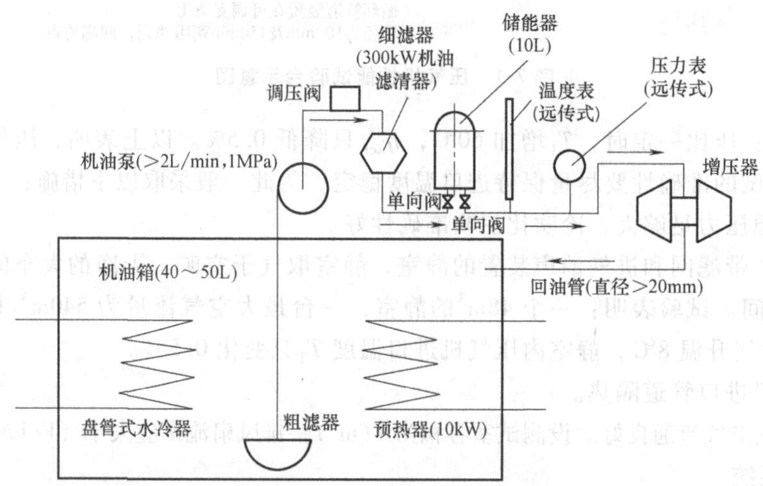

图7-3　润滑油系统示意图

4. 自循环的温升比

在压气机性能试验中，当压气机出口压力超过风源出口压力时，就有可能用增压器的压缩空气代替风源气体，通过燃烧室升温补充能量吹动涡轮，驱动压气机，构成自循环。这种方法不仅可以做压气机高工况性能试验，还可以做增压器耐久试验。在自循环管路中存在着压力损失和漏泄损失，必须提高涡轮进口的温度，达到能量平衡后，才能维持自循环稳定运行。温升比是指涡轮进口温度 T_T 与压气机出口温度 T_k 之比，可用下式表示：

$$\frac{T_T}{T_k}=\left(\frac{A}{\eta_{Tk}}\right)\left(\frac{1}{q_m}\right)\left(\frac{p_m}{p_n}\right) \tag{7-3}$$

式中，$A=\frac{kR}{k-1}\frac{k_T R_T}{k_T-1}$；$\eta_{Tk}$ 为压气机绝热效率 η_k、涡轮效率 η_T 及增压器机械效率 η_m 的乘积；$q_m=1+\frac{q_\varphi}{q_k}-\Sigma\frac{q_{sp}}{q_k}$，为计及燃料流量及漏泄量的压气机质量流量；$q_\varphi$ 为燃烧室的燃料流量；q_k 为压气机的空气流量；Σq_{sp} 为管路系统全部漏泄量；$p_m=\left(\frac{p_k}{p_0-\Sigma p_1}\right)^{\frac{k-1}{k}}-1$，表示压气机进气管路中的相对压力损失；$p_n=1-\left(\frac{p_0'}{p_k-\Sigma p_k}\right)^{\frac{k_T-1}{k_T}}$ 表示压气机出口至涡轮进口管路中的相对压力损失。

由上式可见：

1）管路中漏泄量越多，温升比越大；压力损失越多，温升比越大。

2）漏泄量的多少与安装质量有关；压力损失与管道设计及管内壁表面粗糙度有关。管道弯头曲率半径越小，管内压力损失越多。试验表明：一般曲率半径大于 800mm 较合适。温升比大小反映了台架的工作效率。

3）温升比大到涡轮及相应管路材料耐热极限，表明该台架已达工作极限。

7.2 涡轮性能检测

7.2.1 重视涡轮性能的改善

涡轮性能主要由涡轮膨胀比、涡轮转速、涡轮流量、涡轮效率和涡轮膨胀功等参数组成。由于涡轮性能参数变化域较宽，在增压匹配中往往能涵盖压气机性能参数变化域，故涡轮性能常被忽略，只注重压气机性能，其实这是一个误区。在当今排放法规日益严格的情况下，后处理装置占据了一段排气压差，影响了涡轮充分膨胀，不得不以提高增压比及增压器总效率来加以补偿。因而提高涡轮性能越来越受到重视。

7.2.2 涡轮膨胀功的测试

涡轮性能测试中的关键问题主要是涡轮膨胀功的测试。由于增压器转速高达 30 万 r/min 左右，给涡轮膨胀功测试带来一定困难。当前测定涡轮膨胀功最佳方案是用特制的高速测功器测定，但这种高速测功器成本高，目前尚未普及。

测试涡轮膨胀功一般情况下用压气机作测功器，这种测试方法的主要优点是：

1）涡轮及压气机的性能同时测定，减少了系统测试误差。

2）台架结构相对简单，成本较低，操作也较方便。

主要缺点是：

1）涡轮工况不稳，影响测试精度。

2）以燃气为工质，涡轮进口界面温度不均匀，容易出现炭黑污染甚至局部烧结等现象。

3）燃烧室及其后管段对环境散热，容易引起压气机性能漂移。

4）工质电加热测试涡轮性能，这是较为理想的方案，工质干净，不损坏工件，易调节进口温度，但经济性较差。

7.2.3 涡轮综合试验台

1. 涡轮综合试验台的组成

鉴于以上分析，研究人员提出一个压气机、涡轮性能综合测试的试验台方案，如图 7-4 所示。

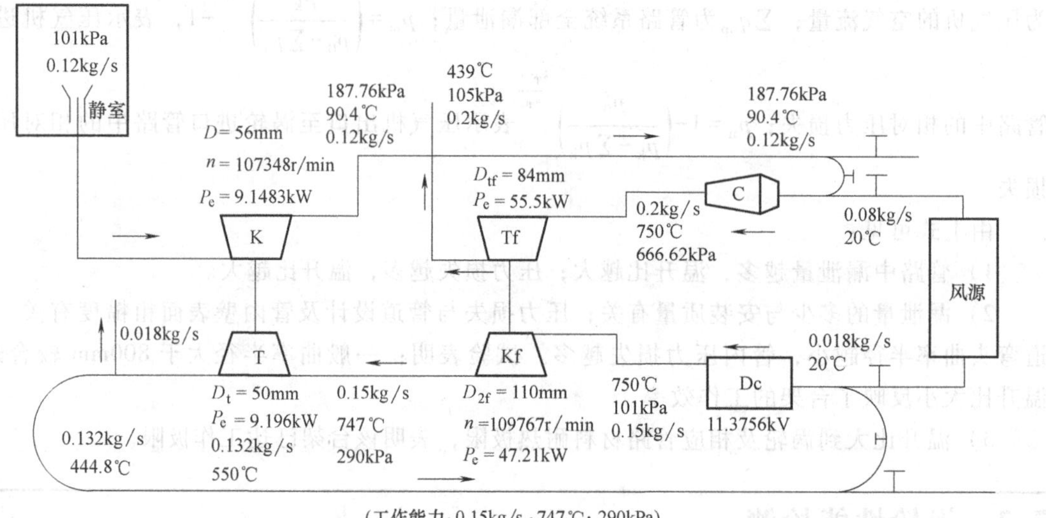

图 7-4 涡轮试验台示意图

K—压气机 Tf—燃气涡轮 C—燃烧室 T—涡轮 Kf—高温气体压缩机 Dc—电加热器

该台架由开式的压气机性能测试回路和闭式的涡轮性能测试回路联合组成。中间有一个燃气涡轮 Tf（又称辅助涡轮）和离心式高温气体压缩机 Kf（又称辅助压缩机）。静室是测压气机性能所必需的装置。气源的流量和压比都较小，因其仅作补充或增量而设。图 7-4 所示的参数是涡轮综合试验台作为一个示例计算其能量的授受关系而得的。

2. 涡轮综合试验台的工作机理

在闭式涡轮性能测试回路中以空气为工质，被测件涡轮 T 进口的压力和温度是由辅助压缩机 Kf 保证的，若辅助压缩机出口的温度不够高，可以通过电加热器 Dc 加以补充。辅助压缩机出口压力的高低是由开式的压气机性能测试回路中的燃烧室 C 的供油量多少通过辅助涡轮 Tf 转速高低来控制的。闭式回路中若出现漏泄量，可由风源加以补充。闭式回路中工质稳定且干净，能确保涡轮性能测试的准确性。正因为涡轮运行平稳，确保了被测件压气机 K 的参数准确性。

3. 涡轮综合试验台的特点

图 7-4 所示涡轮综合试验台主要有以下一些特点：

1）涡轮压气机运行平稳，参数测定的准确性高。

2）工质干净，不污染涡轮。

3）回路闭式，电加热器 Dc 耗能少；压气机的开式回路中也可实现自循环节省能耗。风源主要对回路补气，耗气量很少，风源本身能耗很少，故台架经济性好，尤其适于耐久试验。

4）两回路之间通过屏蔽可改善测试环境，减少压气机性能测定时的热辐射干扰。

5）台架实现远距离全程自动控制，工作条件可以大为改善。

7.3 超速包容性检测

7.3.1 超速包容性检测的必要性

涡轮增压器在高温、高速环境下工作，若再考虑材质和热加工工艺的不稳定性，会对其工作可靠性带来很大的影响。工伤事故已有发生，因此，对产品进行超速性。包容性检测十分必要，尤其是新产品或重大改进后的产品。超速、包容性检测一般情况下可同时进行。

7.3.2 超速包容性检测要求

1）记录叶轮飞裂转速。

2）搜集飞裂碎片，以分析飞裂原因。

3）确保碎片穿不透保护装置，做到绝对安全。

7.3.3 超速包容性检测装置

超速包容性检测试验可在压气机、涡轮性能综合测试台上进行。检测时在被测件旋转平面处加一个移动式保护装置。保护装置由左保护罩、右保护罩、安装导板及移动式支架等组成，如图 7-5~图 7-7 所示。为确保综合测试台设施完整无缺，保护装置做成左右两半拼合

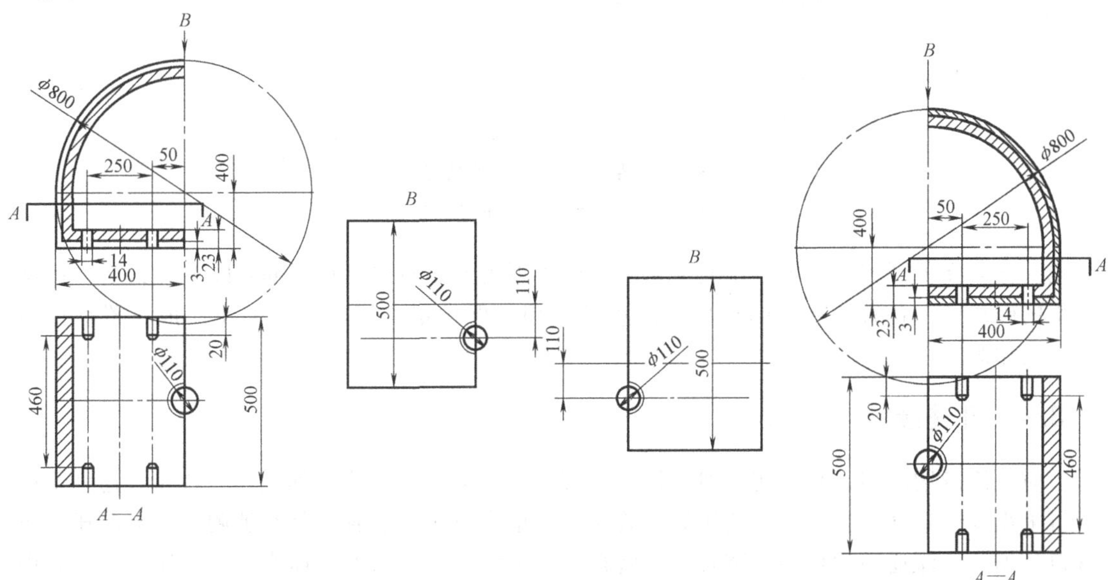

图 7-5 超速包容试验保护罩

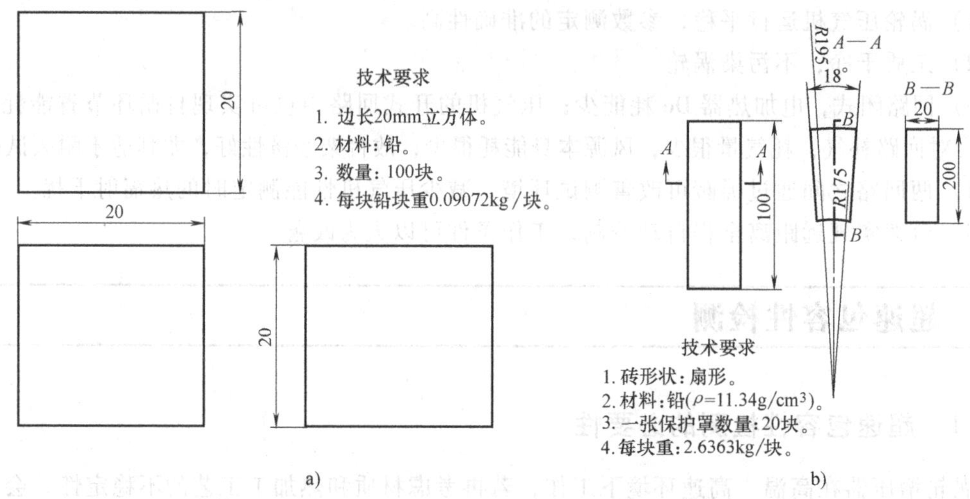

图 7-6　铅砖示意图

a）罩直壁内层用　b）罩顶内层用

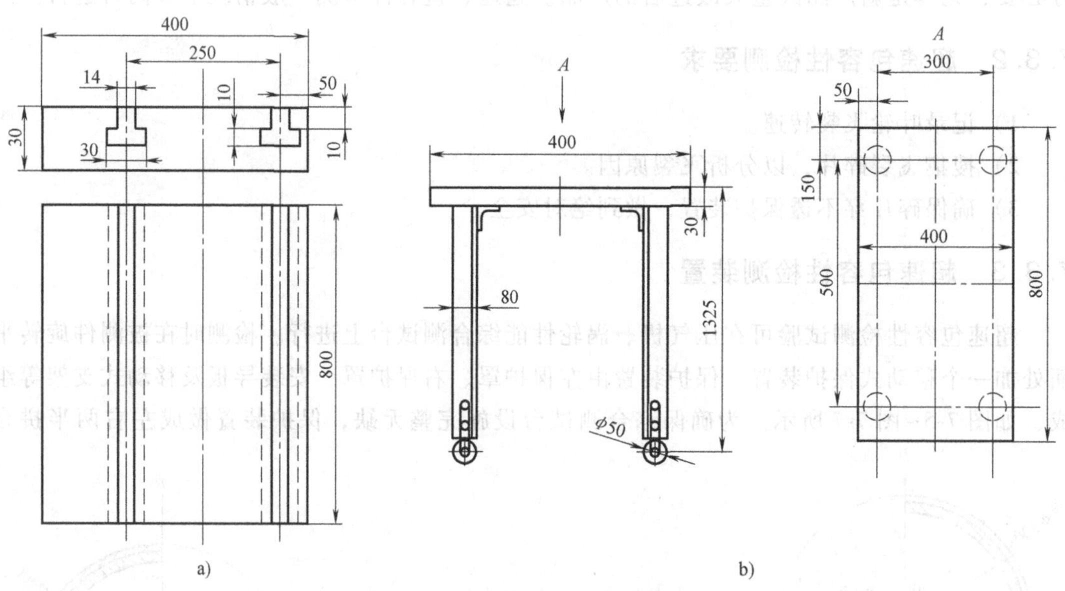

图 7-7　保护罩安装导板及支架

a）保护罩安装导板　b）保护罩安装支架

而成。支架高低可调，满足三维安装需求。保护罩内层镶有厚度在 20mm 以上的铅块，确保搜集的碎片齐全备查。更换的铅块可以重复使用。保护罩外层由钢板冲压而成，罩顶设吊环，操作既安全，又方便。

7.3.4　升速装置

对大流量增压器，转子转动惯量较大，若台架动力不足，达不到规定的转速，这种情况下可采用真空进气装置，又称负压进气装置。所谓真空进气装置就是在被测增压器的压气机进口处加一个流通面积可调的装置，也就是节流装置，使进入的气体产生一个压力损失，即产生一个真空度，使这部分空气密度减小，从而使压气机耗功减少，相应转速可以提高。在采用真空进气装置时，要避免“进口死区”，即节流装置背后的空气涡旋区。因为这个区域的一部分气流不往前流动，而在原地强烈扰动，由动能变为热能，一旦这个区域扩大也会影响压气机耗功。

7.4 密封性检测

在第 6 章中已叙述了涡轮增压器漏油的必然性及其危害性，本节主要讨论如何较为精确地定量反映漏油状态，找出漏油的结构因素，为提高密封性、减少漏油量提供手段。

7.4.1 密封性试验台的工作机理

由于润滑油的黏滞性大及其影响因素多元性，密封性试验台以空气取代润滑油作为台架试验的工质。正因为工质不同，各自的影响因素只能相对而言。这就是说，检测结果只是增压器生产单位的企业标准。不同产品、不同结构可以有对应的企业标准；离开了具体产品，检测结果只能作定性分析。

根据质量守恒定律，对一个封闭体系来说，流入的质量总和必等于流出的质量总和。对一台增压器来说，在稳定流动下，从中间壳流入的空气质量 G_z 必等于压气机端流出的质量 G_k及涡轮端流出的质量 G_t 之和，即

$$G_z = G_k + G_t \tag{7-4}$$

代入双纽线流量计的流量计算式，得

$$A_z\left(\frac{\Delta p_z\rho_z}{1+\xi_z}\right)^{\frac{1}{2}} = A_k\left(\frac{\Delta p_k\rho_k}{1+\xi_k}\right)^{\frac{1}{2}} + A_t\left(\frac{\Delta p_t\rho_t}{1+\xi_t}\right)^{\frac{1}{2}} \tag{7-5}$$

式中，A_z、A_k、A_t 分别为中间壳、压气机壳、涡轮壳端的流量计的流通面积；Δp_z、Δp_k、Δp_t 分别为中间壳、压气机壳、涡轮壳端的流量计的压差；ρ_z、ρ_k、ρ_t分别为中间壳、压气机壳、涡轮壳端的流量计的空气密度；ξ_z、ξ_k、ξ_t分别为中间壳、压气机壳、涡轮壳端的流量计的流量系数。

将状态方程代入式（7-5）后并考虑到三个流量计面积相同，化简得

$$\left[\frac{\Delta p_z T_z}{p_z(1+\xi_z)}\right]^{\frac{1}{2}} = \left[\frac{\Delta p_k T_k}{p_k(1+\xi_k)}\right]^{\frac{1}{2}} + \left[\frac{\Delta p_t T_t}{p_t(1+\xi_t)}\right]^{\frac{1}{2}} \tag{7-6}$$

式中，p_z、p_k、p_t 分别为中间壳、压气机壳、涡轮壳端的流量计的压力；T_z、T_k、T_t 分别为中间壳、压气机壳、涡轮壳端的流量计的温度。

因而当工况稳定后分别测出三个流量计的压差、当地的压力和温度，就可测出对应的空气流量值。考虑到仪表误差、测试误差、双纽线流量计的加工误差、流量系数标定误差等因素，通过一批产品的实际检测，用式（7-6）确定一个综合误差范围，并确定该批产品合格与否的企业内部控制标准。图 7-8 表示出了密封性试验台的工作机理。

7.4.2 密封性试验台的台架组成

密封性试验台由压缩空气源、集气系统、测量系统及数据处理系统组成。图 7-9 所示为一个简易的密封性试验台。

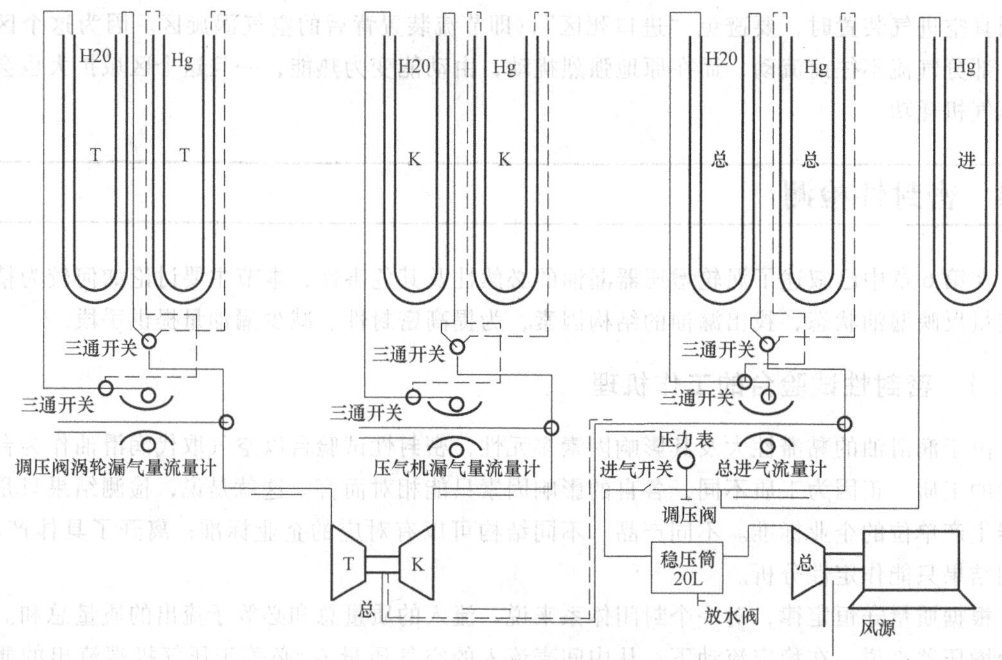

图 7-8　密封性试验台的工作原理

(1) 压缩空气源　包括一台空气压缩机、一个 1~2m^3 的稳压筒及一套除水装置，要求稳压、无水、出气最高压力≥0.8MPa。

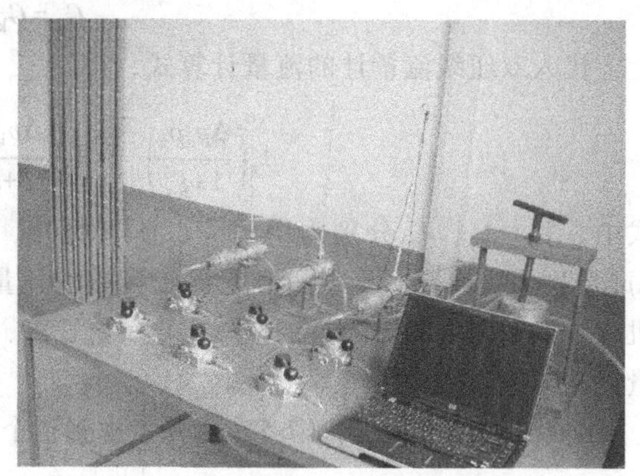

图 7-9　一个简易的密封性试验台

(2) 集气系统　包括压端集气壳、涡端集气壳、转子体安装支架、控制阀及管路等部件。压端集气壳及涡端集气壳尽量满足一壳多用。转子体安装支架可气动压紧，也可手动压紧。为减少漏气道中零件自重带来的测试误差，增压器轴卧置比竖置合理。控制阀可用电动式或手动式两位三通阀，要求绝对不漏气。管路中若有积水会对测试带来较大误差。

(3) 测量系统 由测漏流量计、温度传感器、压力传感器等组成。测漏流量计如图7-10所示，它是密封性试验台的关键测量件。为减少流动阻力，喇叭形进口圈的子午剖面线呈双纽线曲线。流量系数 ξ 可用本章第 7.5 节介绍的方法计算。温度传感器要求分辨率为 0.1℃

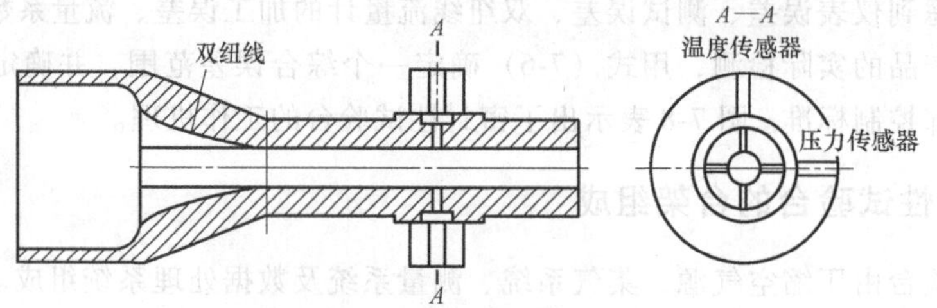

图 7-10　测漏流量计示意图

或更小，电子式传感器适合遥控遥测。不管电子式还是玻璃棒式温度计必须严格校准，否则会带来较大的测试误差。压力传感器可用电子式或U形压力计，要求分辨率为1mm水柱或±10Pa。

（4）数据处理系统　在检测之前必须严格查漏，待工况稳定2min后开始记录。把采集的数据输入计算机，按输入的程序运算，即可显示结果，判断产品合格与否。在开发新产品过程中，显示的结果为分析漏油原因、改进密封结构提供了依据。

7.5　双纽线流量计流量系数的测定

7.5.1　问题的提出

空气流经双纽线流量计压力损失少，因而双纽线流量计在增压系统研发过程中得到了广泛的应用。但双纽线数学表达形式不同，双纽线流量计结构至今未能实现标准化，从而测得的流量值各有所异，影响增压匹配效果。为了较准确地表达流经双纽线流量计的实际流量，必须提高测量精度，关键在于准确表达双纽线流量计的流量系数。在热工测量中，用钟罩式标准流量计标定流量，从而确定其流量系数，这是行之有效的方法，并得到了广泛的应用。在内燃机增压系统的匹配试验中，空气流量变化域较宽，常规标定方式无法涵盖这一宽广的流量变化域，研究人员采用了标准流量计分段反拷法来求取双纽线流量计的流量系数。

7.5.2　双纽线流量计流量系数的测量系统

1. 测量系统

为了在压气机试验台上测量双纽线流量计的流量系数，对压气机试验台（简称平台）作一简单调整，如图7-11所示。图中双纽线流量计和标准喷嘴流量计或标准孔板流量计串接在压气机进口侧，两流量计间的管道内径为D，孔板流量计前段管长大于$10D$；后段管长大于$5D$（参考表7-1），管道内侧必须平直光滑。流量量程大小由涡轮转速控制，涡轮转速高低由燃烧室的喷油系统及来自气源并经减压阀、涡轮进气阀的空气量来调节。进入双纽线流量计的气流来自平台的静室（见第7.1节），压气机后压缩空气及涡轮废气通过烟囱排出室外。

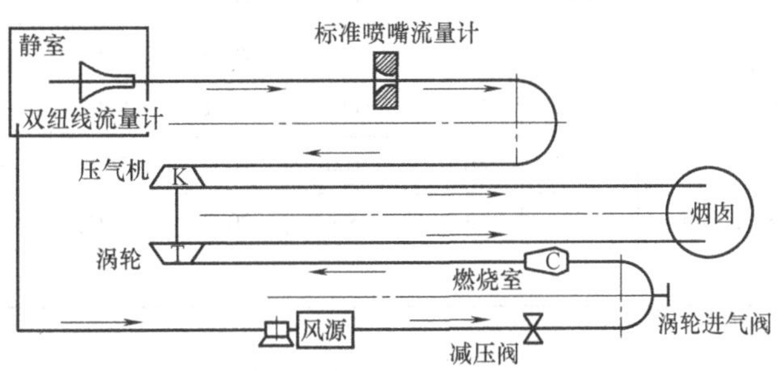

图7-11　双纽线流量计流量系数测量系统示意图

2. 流量系数测定探索

探索试验是在压气机性能试验台上进行的。先在测量段流量范围内选取三个流量值，用双纽线流量计的流量计算式$q=A[(2\Delta p_s\gamma)/(1+\xi)]^{1/2}$反算出三个流量系数$\xi_1$、$\xi_2$、$\xi_3$作为初始设定值。以涡轮进气阀三个开度为一组，涡前压力为自变量，测定两个流量计相应的流量参数，并得出相应的流量值。由于影响流量的因素众多，两个流量不可能一两次测定就吻合。当两个流量不相吻合时，修正设定值ξ_1、ξ_2、ξ_3，直至两个流量相吻合，这个修正值ξ

可作为该双纽线流量计该段流量工况下的流量系数 ξ_d。两个流量相吻合程度取决于该双纽线流量计测量精度的要求。试验值记录示于表 7-1 及图 7-12 上。

表 7-1　流量系数测定记录

序号	涡轮进气阀开度（%）	涡前压力 /mmHg	标准喷嘴流量计		双纽线流量计		双纽线流量计内径 /mm	标准喷嘴流量计内径/外径（管内径）/（mm/mm）	标准喷嘴流量计流量/（kg/s）	双纽线流量计流量 /（kg/s）	双纽线流量计实测流量系数 α
			流量计前温度 /℃	流量计压差 /mmH_2O	流量计温度/℃	流量计压差 /mmH_2O					
1	100	720	48	80	20.7	570	40	60/108	0.16286	0.10104	0.00403
2	80	555	45.1	65	21	460	40	60/108	0.13952	0.09128	0.00327
3	60	385	39.1	48	21.1	335	40	60/108	0.12543	0.09128	0.0028
4	100	888	57.6	92	21.4	670	40	60/108	0.13634	0.10898	0.00465
5	80	700	51.15	78	21.2	550	40	60/108	0.12758	0.09935	0.00389
6	60	590	47.5	68	21	480	40	60/108	0.11717	0.09315	0.00342
7	100	1010	60.8	100	21	720	40	60/108	0.13486	0.11268	0.00501
8	80	790	54.45	85	21.1	600	40	60/108	0.12238	0.1035	0.00423
9	60	615	47.4	70	21	490	40	60/108	0.11252	0.09406	0.00349
10	100	1130	63.2	110	20.5	770	40	60/108	0.13017	0.11622	0.00543
11	80	870	55.5	90	20.5	630	40	60/108	0.11882	0.1059	0.00446
12	60	690	49.3	75	20.5	535	40	60/108	0.10709	0.09806	0.00377
13	100	1285	64.8	110	20.5	790	40	60/108	0.13017	0.1176	0.00549
14	80	1075	60.5	100	20.5	720	40	60/108	0.11252	0.11268	0.00501
15	60	720	50.5	75	20.5	540	40	60/108	0.10709	0.09849	0.00378
16	100	1387	70.1	115	20.1	820	40	60/108	0.12206	0.11963	0.00572
17	80	1070	60.2	100	20.3	700	40	60/108	0.11223	0.1113	0.00496
18	60	830	53.4	85	20.2	600	40	60/108	0.10465	0.1035	0.00424

平均流量系数：0.00431283

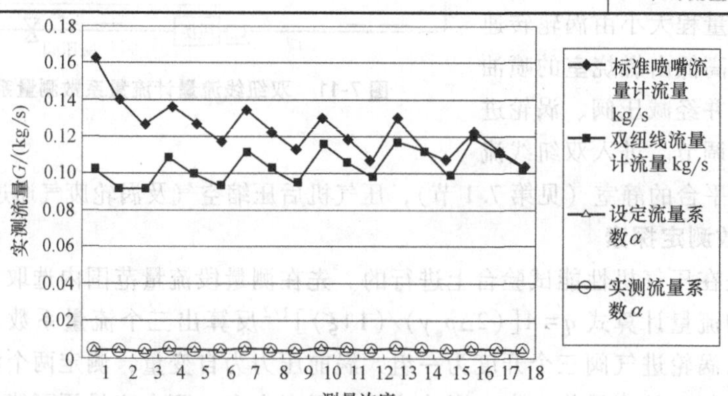

图 7-12　流量计及流量系数变化图

3. 误差分析

由表 7-1 及图 7-12 可以看出：

1）不同涡轮进口工况下对应压气机有不同的转速，从而有不同的流量。在所测流量变化域中，两个流量计测得的流量变化趋势相同。

2）流量系数与流量成正比。

3）由于涡轮进口工况不稳，重复性欠佳，导致流量系数跳动，多次反复测定才能得到相对稳定的数值。

4）流量计不同尺寸、不同材质、不同表面粗糙度等因素都会影响流量系数的大小。

7.5.3 改进的流量系数校验台

为了提高测量精度和测量效率，采用改进的流量系数校验台更显合理。图 7-13 所示为改进的流量系数校验系统示意图。由图 7-13 可见，该系统主要由双纽线流量计、标准喷嘴流量计、抽风机、变频电动机和圆形截面管道组成。

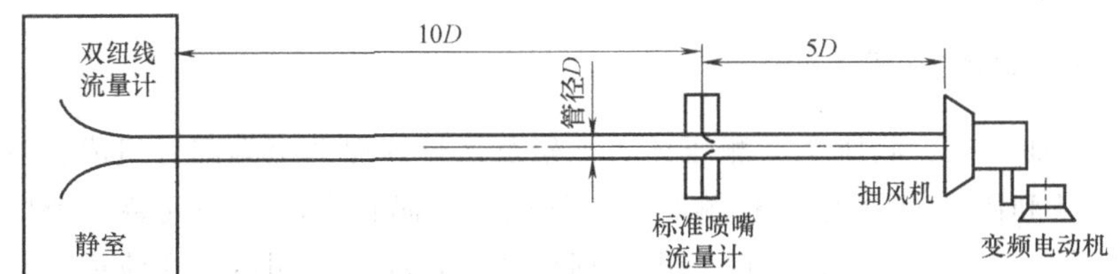

图 7-13 改进的流量系数校验系统示意图

（1）标准流量计　这里指的标准流量计是指国家标准 GB/T 2624.1~2624.4—2006 里所述的孔板、喷嘴、文丘里喷嘴及文丘里管。不同标准流量计对应管道尺寸及雷诺数极限范围各有所异，本校验系统以孔板流量计为例进行说明。

（2）直线圆形截面管道　连接双纽线流量计和标准孔板流量计之间的是直线圆形截面管道。管道直线度有严格要求，其偏离轴线<0.4%；内壁清洁，无瑕疵等污物；管内气流处无旋涡状态；管内壁表面粗糙度满足相关标准要求，对孔板流量计来说，其表面粗糙度 $Ra<(10\sim4)d$，其中 d 为标准孔板流量计的内孔直径，一般 $d>12.5$mm。流量计内孔直径 d 与直线圆形截面管道内径 D 之比为 β，即 $\beta=d/D$，是流量计的重要结构特征参数。双纽线流量计内孔直径 d_s 尽量等于直线圆形截面管道径 D，以提高校验精度。直线圆形截面管道长度可参照表 7-2。

表 7-2 双纽线流量计流量系数校验装置管长（参考值）

标准孔板内孔直径 d 与管道内径 D 之比 β	上游管长 L_1	下游管长 L_2
0.2	12D	8D
0.4	32D	12D
0.5	44D	12D
0.6	84D	14D
0.67	84D	14D
0.75	84D	14D

（3）标准孔板流量计取压口位置　上游设在距迎风面 D 处，下游设在距迎风面 $D/2$ 处。

取压口直径 $d_p<0.13D$ 或<13mm，d_p 下限以不阻塞为原则。

(4) 风机及变频电动机　流经双纽线流量计的空气量由标准孔板流量计之后的风机抽吸来实现，风机的最大流量必须满足校验系统最大值，可单台风机或多台风机并联抽气。风机由变频电动机驱动，可方便地调节流量，以满足校验需要。

7.6　流道面积检测

7.6.1　问题的提出

废气涡轮增压器内部空间小，形状复杂，其中的气体流动参数很难测量，尤其是与气流流线相垂直的流道面积至今很少见不接触式测量方法的报道。这里提出了一种不接触式的涡轮及压气机流道内部气流参数的测量装置，可以较准确地测量各流动截面气流的总压、静压和总温三个参数，从而算出流道面积，为正确设计增压器流道提供一种手段。

7.6.2　检测系统的组成

检测系统由抽风机、测压头、测压体、支架及信号处理系统等部分组成，测压头和测压体分别如图 7-14 和图 7-15 所示。检测时在压气机壳或涡轮壳出口处安装一个抽风机，以抽风量多少模拟实际气流大小。测试时，事先锁住叶轮转动，使测压头在流道内自由移动。对小流量叶轮，流道面积过小，尤其导风轮处，测压头难以移动，可将叶片铣削掉，这虽与实际流动状态有一定偏差，引起一定误差，但可用修正系数加以补偿。这个修正系数与叶片几何形状有关，反映了叶片铣削前后流道面积的变化规律。由于测压头体积很小，在压气机及涡轮的流道中测试时对流场不会引起较大的误差。检测系统具体分述如下：

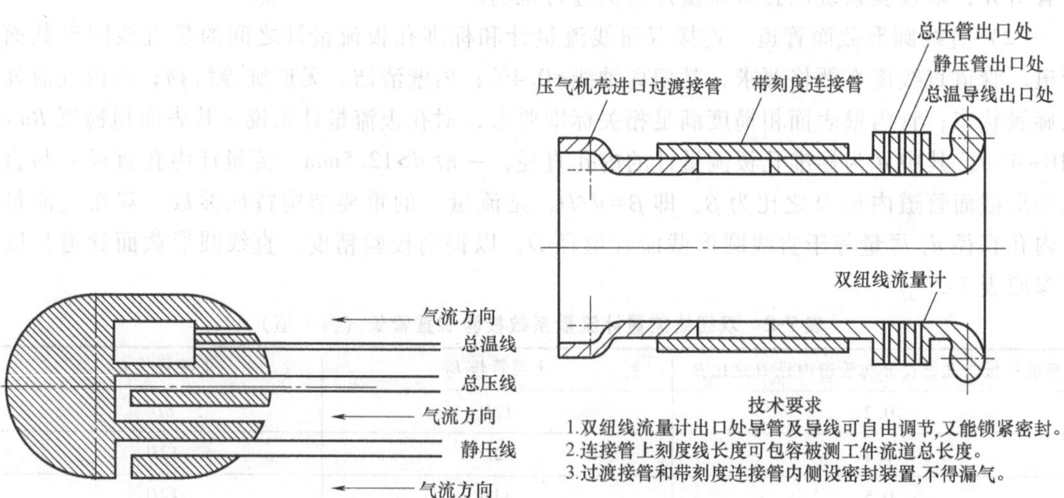

图 7-14　流道测压头示意图　　图 7-15　流道测压体示意图

1. 测压头

测压头由静压管、总压管及温度传感器组成，用环氧树脂固封在测压头外壳内。测压头也可用铜或不锈钢材料直接加工而成。测压头依靠测压管支承。测压头在流道中的位置通过双纽线流量计的移动来调节。双纽线流量计的移动尺寸有刻度显示。

2. 测压体及支架

测压体由双纽线流量计、过渡接管及连接管组成，如图 7-15 所示。支架主要用来承托双纽线流量计、U 形管或压力、温度传感器。

3. 信号处理系统

测取的信号输入计算机，通过预编程序进行处理、显示和存储。

7.6.3 流道面积的计算方法

双纽线流量计流量系数预先标定后，只要测出各截面的静压压力、总压压力和总温，对应流道面积 A 可用双纽线流量计的计算式算出

$$q = A\left(\frac{2\Delta p_s \gamma}{1+\xi}\right)^{\frac{1}{2}}$$

式中，Δp_s 为当地总压压力与静压压力之差；γ 为当地气流的比重，可由当地测得的总温计算出。

7.7 增压舷外柴油机性能检测

7.7.1 问题的提出

随着人们生活水平的提高，游艇事业得到快速发展，其在动力性和排放特性等方面的要求日益变高；军用舰艇为确保安全，以柴油为燃料的发动机逐步取代传统的汽油机。因而，舷外柴油机采用增压及中冷技术成了首选的方案。对舷外增压柴油机、螺旋桨、船体三者的特性匹配和性能检测技术的研究成了当前的一项关注的课题。

7.7.2 试验台架组成

试验台架如图 7-16 及图 7-17 所示。

试验台架主要包括：

(1) 大平板测功系统　在大平板上安装了发动机测功系统，包括转矩、转速、油耗及烟度等参数测量设备。测量的目的在于选用的发动机参数是否满足设计要求，是否达到船、桨、机的匹配性能要求。在大平板下面由空气弹簧支承，以消除振动。发动机及涡轮增压器

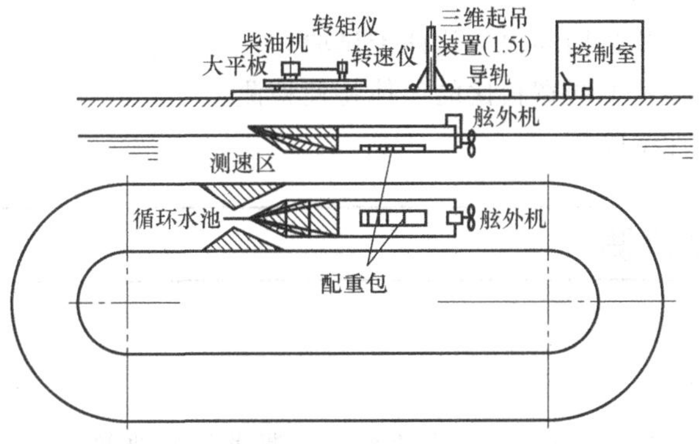

图 7-16　多功能舷外柴油机试验台示意图

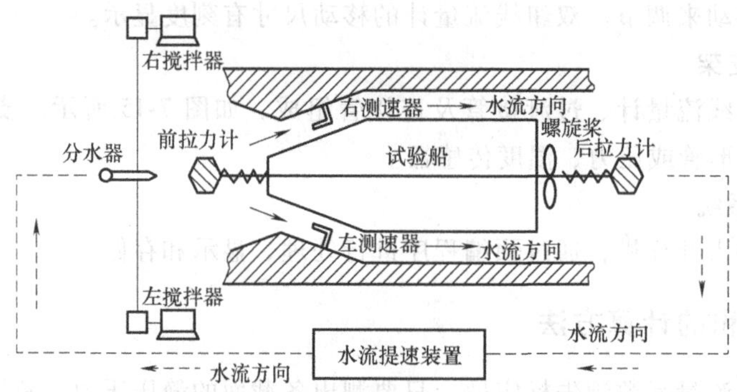

图 7-17　船桨特性测试系统示意图

旋转面必须避开控制室。旋转面对应墙面必须有安全装置。

（2）船体模型与循环河道　船的宽长比由专设船体模型来实现，如图 7-17 所示。河道呈椭圆形，河水循环流动，水流速度大小由专用的水流提速装置进行调节。航速由船边的水速对应。水速测定区域由专设航道形状调整机构确保其数据稳定可信。分水器确保船两边的水速一致。

（3）移动盖板和三维起吊装置　为使操作方便、安全，河道上方设有移动盖板，盖板上对应船尾处开设窗孔，移动盖板可在专用导轨上来回移动，借助三维起吊装置方便而安全地进行舷外机装卸和配重操作。

（4）遥控遥测控制室　为了实现遥控遥测，试验台设有控制室，数据自动采集、处理、储存、打印输出。

（5）测试仪表　本测试系统设转矩仪、拉力计、深度计、流速计、油耗仪、烟度计、噪声仪、高低温度计、增压系统压力、温度、转速测量系统等。

整个台架布置在室内，试验船在循环水道中可自由进出。发动机排气由专设烟道排出。测点布置、试验规范必须遵循相关国家标准。

7.7.3　检测内容

增压舷外柴油机螺旋桨特性检测主要包括以下一些内容：

1）增压柴油机的动力性、经济性和排放特性复核检测。

2）舷外机实船螺旋桨特性测定。

3）舷外机机械效率测定。

4）螺旋桨及变速系统结构参数优化匹配试验。

5）船速、吃水深度及不同宽长比的船体特性检测。

6）可靠性、耐久性试验等。

7.8　换热器虚焊检测

7.8.1　问题的提出

内燃机增压系统中有水箱油冷器、中冷器、冷凝器等换热部件，多为铝制片及不锈钢片钎焊而成。这些部件在出厂之前已做了 5~10 倍工作压力的高压试验，但产品使用过程中还会遇到热冲击、剧烈振动等恶劣环境，使其本来钎焊合格的隔层脱焊，造成油水混合的严重事故。这种钎焊失效模式通常叫作“虚焊”。由于这种换热器虚焊失效模式用通常的检测手段很难识别，因而为生产部门对产品质量控制带来一定困难。

7.8.2 双腔闭式的换热器虚焊检测技术

对油、水或气、水双腔闭式的换热器虚焊失效模式的检测，采用气测法。图 7-18 所示为双腔闭式的换热器示意图，当一腔充入高压气体时，其压力升高、容积膨胀，与其相邻的另一腔容积必定缩小。根据气体状态方程原理，另一腔压力有所升高。通过实测双腔闭式的换热器气体压力变化规律，得到以下几种情况：

1）双腔闭式的换热器压力试验曲线如图 7-19 所示。由图 7-19 可见，当油腔压力升至 1MPa 时，水腔产生 10mm H_2O 表压力，即相当 100Pa 数量级的表压力。当油腔压力升至 5.5MPa 时，水腔压力升至 60~100mm H_2O，即相当 600~1000Pa 数量级的表压力。这就为创建气测法验证了理论。

2）在油腔压力相同时，水腔虚焊面积大者，其容积缩小量显著，其压力升高值大；反之则小。

3）当油腔压力升高时，水腔压力升高；当油腔压力降低时，水腔压力降低。表明水腔容积变化是可逆的，属于弹性变形。另一种情况是水腔容积变化是不可逆的，即油腔压力降低时，水腔压力不再降低，属于塑性变形。

以上试验结果，找到了虚焊面积和腔压的内在联系，从而为确定虚焊面积的失效界限创造了条件。

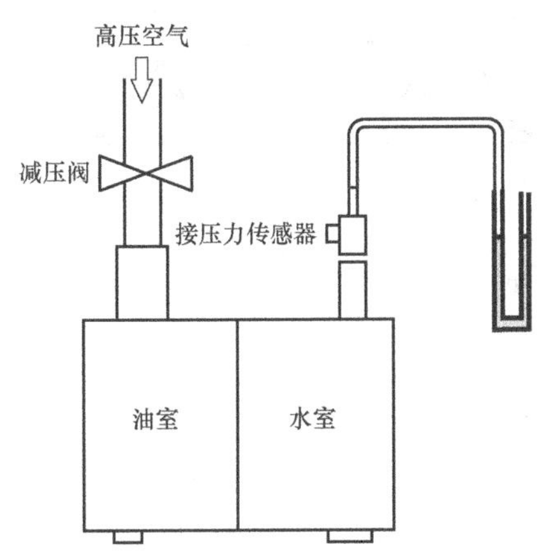

图 7-18 双腔闭式的换热器示意图

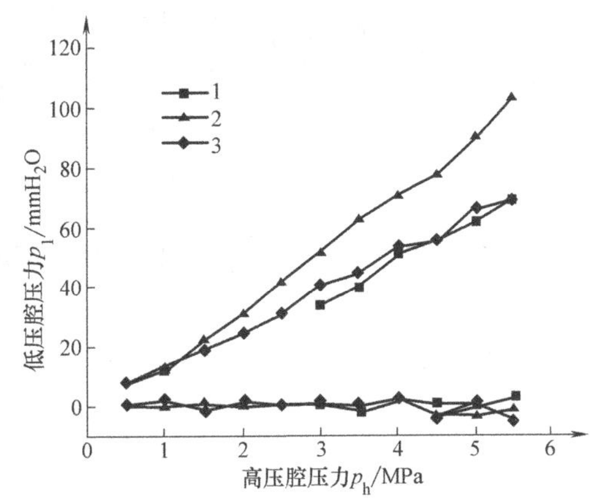

图 7-19 双腔闭式的换热器压力试验曲线

7.8.3 一腔闭式一腔开式的换热器虚焊检测技术

对油、水或气、水只有一腔闭式的换热器虚焊失效模式的检测，采用光测法。所谓光测法，即对闭式腔充高压空气，虚焊部位产生“鼓泡”，如图 7-20 所示。通过实测这类换热器充高压空气后的“鼓泡”变化情况，得到以下

图 7-20 鼓泡概念图

几种结果：

1）对预置不同虚焊面积的工件充入压力同样高的压缩空气，试验数据显示：虚焊面积与“鼓泡”面积成正比。

2）对53个流水线上随机的工件充入压力同样高的压缩空气，实测结果如图7-21所示。由图7-21可见，这批工件示出了2000~14000个像素所示的面积差值。说明高压气体充入后，每个工件或多或少都有“鼓泡”现象产生。卸压后，弹性变形的“鼓泡”回落；塑性变形的“鼓泡”还存在。

3）像素多少与所选用相机有关，像素越多，“鼓泡”面积分辨率越大。

4）“鼓泡”面积测录清晰度受环境光源、振源严重干扰。

5）“鼓泡”面积测录覆盖率与相机对工件的位置有关，与相机台数有关。

以上试验揭示了工件虚焊面积与“鼓泡”面积的内在联系，通过大量试验可以找出虚焊面积的合格标准，为设计制作虚焊失效检测设备提供依据。虚焊失效检测设备具备以下几项功能：

1）可随生产流水线检测，节拍不大于40s。

2）检测面≥98%。

3）不同产品有相应的虚焊面积合格标准。

4）对不合格产品打上标记，以声、色报警，现场分类。

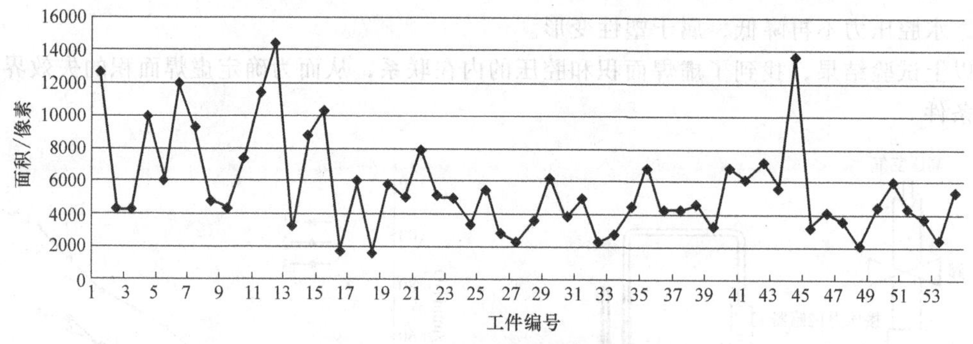

图7-21 小阈值检测面积/像素

参考文献

[1] 万欣. 燃气叶轮机械 [M]. 北京：机械工业出版社，1987.

[2] 王延生，黄佑生. 车辆发动机废气涡轮增压 [M]. 北京：国防工业出版社，1984.

[3] 顾宏中. 内燃机中的气体流动及其数值分析 [M]. 北京：国防工业出版社，1985.

[4] 顾宏中. 涡轮增压柴油机热力过程模拟计算 [M]. 上海：上海交通大学出版社，1985.

[5] 蒋德明. 内燃机的涡轮增压 [M]. 北京：机械工业出版社，1986.

[6] 顾宏中，邬静川. 柴油机增压及其性能优化 [M]. 上海：上海交通大学出版社，1989.

[7] 朱大鑫. 涡轮增压与涡轮增压器 [M]. 北京：机械工业出版社，1992.

[8] 陆家祥. 车用内燃机增压 [M]. 北京：机械工业出版社，1993.

[9] 陆家祥. 柴油机涡轮增压技术 [M]. 北京：机械工业出版社，1999.

[10] 张晋东，李洪武. 车用柴油机涡轮增压技术的新发展 [J].《车用发动机》，2002（1）：1-4.

[11] 顾宏中. 涡轮增压柴油机性能研究 [M]. 上海：上海交通大学出版社，1998.

[12] 顾宏中. MIXPC 涡轮增压系统研究与优化设计 [M]. 上海：上海交通大学出版社，2006.

[13] 王桂华. 气-气中冷器温度场的测定及其特性研究 [D]. 济南：山东工业大学，1995.

[14] 陆国栋. 冷轧梯形剖面肋片管传热特性的研究 [D]. 济南：山东工业大学，2000.

[15] 李国祥. 车用柴油机气-气中冷器稳态特性研究 [D]. 上海：上海交通大学，1996.

[16] 刘云岗，陆家祥，黄宜谅. 变几何增压器与柴油机的匹配特性 [J]. 内燃机工程，1989（2）：27-32.

[17] 王仁人. 舌形变截面涡轮增压器的模拟试验研究 [D]. 济南：山东工业大学，1990.

[18] 秦立军. 舌形变截面涡轮增压器与柴油机的特性匹配试验与计算 [D]. 济南：山东工业大学，1991.

[19] 邵莉. VGT 自动控制系统的研究 [D]. 济南：山东工业大学，1992.

[20] 刘云岗，邵莉，陆辰，等. 增压柴油机自动控制微处理装置的开发 [J]. 内燃机学报，1995（3）：260-265.

[21] 王仁人. 变截面涡轮蜗壳内气体流动与增压器性能的研究 [D]. 上海：上海交通大学，1996.

[22] 谭丕强. 共轨顶阀增压蓄压式柴油机电控喷油系统的研究 [D]. 济南：山东工业大学，1998.

[23] 王桂华. 车用柴油机排放和中压共轨燃油喷射系统的研究 [D]. 上海：上海交通大学，1998.

[24] 周兴利. 微粒预测模型及其在电控柴油机 ECU 设计中的应用 [D]. 济南：山东大学，2002.

[25] 王钧效. 高压共轨系统喷射过程模拟及其构件的理论研究 [D]. 上海：上海交通大学，2002.

[26] 李树生. 190 柴油机排放及控制的研究 [D]. 济南：山东大学，2002.

[27] 谭丕强. 直喷式柴油机微粒排放预测模型的研究 [D]. 上海：上海交通大学，2004.

[28] TAN Piqiang，LU Jiaxiang. Particulate Matter Emission Modeling of Diesel Engines [J]. SAE Paper 2003-01-1904.

[29] TAN Piqiang，LU Jiaxiang，DENG Kangyao. CO-PM Modeling for Particulate Matter Emission of Diesel Engines [J]. ASME 2003 Internal Combustion Engine Division Spring Technical Conference. 2003：181-186.

[30] 国务院办公厅. 国务院办公厅关于加强内燃机工业节能减排的意见 [Z]. 2013.

[31] 中华人民共和国环境保护部，国家质量监督检验检疫总局. 非道路移动机械用柴油机排气污染物排放限值及测量方法（中国第三、四阶段）[S]. 北京：中国环境科学出版社，2014.

[32] 国务院. 节能与新能源汽车产业发展规划（2012—2020 年）[Z]. 2012.

[33] 中商产业研究院. 2014—2017 年全球及中国汽车涡轮增压器行业研究报告 [R]. 2016.

[34] 郑明强. 基于 CFD 技术的汽车中冷器性能分析及结构优化 [D]. 贵阳：贵州大学，2016.

[35] 马秀勤. 汽车散热器的多场耦合分析与结构优化 [D]. 贵阳：贵州大学，2016.

[36] VERSTEEG H K，MALALASEKERA W. An Introduction to Computational Fluid Dynamics [M]. New York：Pearson Education Limited，1995.

[37] 张飞. 基于 FLUENT 的换热管换热性能分析 [J]. 内燃机与动力装置, 2017, 34 (5): 31-34.

[38] E R G, R J. 传热学测试方法 [M]. 蒋章焰, 何文欣, 陈文芳译. 北京: 国防工业出版社, 1987.

[39] 杨泽宽, 王魁汉. 热工测试技术 [M]. 沈阳: 东北工学院出版社, 1987.

[40] 叶大钧. 热力机械测试技术 [M]. 北京: 机械工业出版社, 1981.

[41] KAYS W M, LONDON L. Compact heat exchangers [M]. 3nd ed. New York: MacGraw-Hill Book Company, 1984.

[42] SHAH R K, PIGNOTTI A. Thermal Analysis of Complex Crossflow Exchangers in Forms of Standard Configuration [J]. ASME J. Heat Transfer, 1993 (115): 353-359.

[43] 周永昌, 李美玲, 周春伟. 平行多股流板翅式换热器理论和试验研究 [R]. 全国高校第三届工程热物理全国学术会议, 1990.

[44] COWELL TA, et al. Flow and heat transfer in compact louvered fin surfaces [J]. Experimental Thermal and Fluid Science, 1995 (10): 192-199.

[45] SURESH V G, DANIEL J S. Influence of fin aspect ratio on heat transfer enhancement [C]. SAE920547.

[46] UNAL H C. Temperature distributions in fins with uniform and non-uniforn heat generation and non-uniform heat transfer coefficient [J]. Int. J. Heat Mass Transfer, 1987 (30): 1465-1477.

[47] THEODORE L. Bulk fluid temperature and pipe wall temperature may be different depending upon the bulk fluid [J]. Heat Transfer Engineering, 1994, 15 (4): 75-77.

[48] THOMBRE S B, SUKHATME S P. Turbulent flow heat transfer and friction factor characteristics of shrouded fin arrays with uninterrupted fins [J]. Experimental Thermal and Fluid Science, 1995, 10 (3): 388-396.

[49] ZHU J X, MITRA N K. Effects of longitudinal vortex generators on heat transfer and flow loss in turbulent channel flows [J]. Int. J. Heat Mass Transfer, 1993 (36): 2339-2347.

[50] FEHLE R, KLAS J, MAYINGER F. Investigation of local heat transfer in compact heat exchangers by holographicinterferometry [J]. Experimental Thermal and Fluid Science, 1995 (10): 181-191.

[51] 吕崇德. 热工参数测量与处理 [M]. 北京: 清华大学出版社, 1990.

[52] LEUNG W P, TAM A C. Thermal conduction at a contact interface measured by plused photo thermal radiometry [J]. Journal of Applied Physics, 1988, 63 (9): 4505-4510.

[53] LIN Z Z, et al. A method for researching natural convection heat transfer from a nozzle thermal vertical plate by infrared thermovision [J]. International Journal of Heat & Mass Transfer, 1991, 34 (11): 2813-2818.

[54] BLAIR M F, LANDER R D. New techniques for measure film cooling effectiveness [J]. Journal of Heat Transfer Transactions of Asme, 1975, 97 (4): 539-543.

[55] SASAKI M, KUMAGAI T. Film cooling effectiveness for injection from multirow holes [J]. Asma Transactions Journal of Engineering for Power, 1979, 101 (1): 101-108.

[56] THOMAN H, FRISK B. Measurement of heat transfer with an infrared camera [J]. International Journal of Heat Mass Transfer, 1968, 11 (5): 819-826.

[57] DE LUCA L, et al. Boundary layer diagnostics by means of a infrared scanning radiometer [J]. Experiments in Fluids, 1990, 9 (3): 121-128.

[58] CARLOMGNO G M, DE LUCA L, ALZIARY t. Heat tansfer measurements with an infrared camera in hypersonic flow [J]. 4th Int. Conf. on Computational Methods and Experimental Measurements, 1989.

[59] GARTENKERG E, et al. Infrared imaging and tufts styles of boundary layer regimes on a NACA 0012 airfoil [J]. Journal of Aircraft, 1991 (28): 225-230.

[60] BRANDON J M, et al. In-flight flow visualization using infrared imaging [J]. Journal of Aircraft, 1990, 27 (7): 612-618.

[61] GARTENDERG E, ROBERTS A S. Twenty-Five years of aerodynamic research with infrared imaging [J].

Journal of Aircraft, 1992, 29 (2): 161-171.

[62] BRAUNLING W, et al. Detection separation bubbles by infrared images in transonic turbine cacades [J]. Journal of Turbomachinery, 1988, 110 (4): 504-511.

[63] LI Guoxiang, LIU Yungang, LU Jiaxiang, et al. Temperature field measurement of gas flow with infrared thermovision [J]. Journal of Biological Chemistry, 1996 (31).

[64] Probeye TVS3500 技术手册 [Z], Hughes Aircraft Company, 1988

[65] 王丰. 相似理论及其在传热学中的应用 [M]. 北京: 高等教育出版社, 1990.

[66] 李国祥, 等. 增压器中冷器内温度场测试探讨 [J]. 农业机械学报, 1996 (3): 104-108.

[67] Kato S, Maruyuma N. Holographic interferometer measurements of the 3-D temperature field with thermally developing flow in the measuring beam direction [J]. Experimental Thermal and Flurid Science, 1989, 2 (3): 333-340. Thermodynamic., 1988, 425-431.

[68] 侯天理, 何国炜. 柴油机手册 [M]. 上海: 上海交通大学出版社, 1993.

[69] 佐藤熏, 刘耀庭. 汽车柴油机发展动向 [J]. 国外内燃机, 1993, (6): 2-8.

[70] MENNE R J, RECHS M, et al. Entwicklungs Ten Denzen bei Pkw-Dieselmotoren [J]. Motortechnische Zeitschrift, 1994 (55) 322-330.

[71] ZELENKA P, et al. Ways Toward the Clean Heavy-Duty Diesel [C]. SAE 900602.

[72] ENGLER B H , et al. Diesel Oxidation Catalysts with Low Sulfate Formation for HD-Diesel Engine Application [C]. SAE910607.

[73] GILL, ALAN P. Design Choice for 1990's Low Emission Diesel Engines [C]. SAE 880350.